中等职业学校教学用书（计算机应用专业）

Word 2010、Excel 2010、PowerPoint 2010
实用教程

许昭霞　　主　编

张文红　　王阿芳
陈顺新　　吕彩哲　　副主编

电子工业出版社

Publishing House of Electronics Industry

北京·BEIJING

内 容 简 介

本书根据当前职业院校的需要和常用软件的应用现状编写,共 13 章,从使用 Office 2010 的必备知识入手,详细介绍了 Office 软件包中使用率最高的三个组件:Word 2010、Excel 2010 和 PowerPoint 2010 的常用功能和使用技巧。

为了适用于教学,书中列举了必要的实例,部分知识点后面的实用技巧可帮助学生提高实际操作能力。本书内容丰富翔实,语言浅显易懂,注重实用性和可操作性。

本书可供职业院校使用,也可以作为一般计算机操作人员的参考和自学用书。

图书在版编目(CIP)数据

Word 2010、Excel 2010、PowerPoint 2010 实用教程 / 许昭霞主编. —北京:电子工业出版社,2016.8

ISBN 978-7-121-29787-8

Ⅰ. ①W… Ⅱ. ①许… Ⅲ. ①文字处理系统—职业教育—教材②表处理软件—职业教育—教材③图形软件—职业教育—教材 Ⅳ. ①TP391.1②TP391.41

中国版本图书馆 CIP 数据核字(2016)第 205190 号

策划编辑:杨　波
责任编辑:关雅莉
印　　刷:三河市鑫金马印装有限公司
装　　订:三河市鑫金马印装有限公司
出版发行:电子工业出版社
　　　　　北京市海淀区万寿路 173 信箱　邮编　100036
开　　本:787×1 092　1/16　印张:18.75　字数:480 千字
版　　次:2016 年 8 月第 1 版
印　　次:2025 年 2 月第 16 次印刷
定　　价:38.00 元

凡所购买电子工业出版社图书有缺损问题,请向购买书店调换。若书店售缺,请与本社发行部联系,联系及邮购电话:(010)88254888,88258888。

质量投诉请发邮件至 zlts@phei.com.cn,盗版侵权举报请发邮件至 dbqq@phei.com.cn。

本书咨询联系方式:(010)88254617,luomn@phei.com.cn。

前言 ▍PREFACE

Office 目前仍是国内应用最广的办公软件。Word、Excel 和 PowerPoint 是 Office 软件包中使用率最高的三个组件，适用于制作各种文档、电子表格和演示文稿，可以完成大部分日常的文档处理工作。本书的编写以职业教育应培养实用人才和熟练操作人员为宗旨，重点介绍了 Word、Excel 和 PowerPoint 的常用功能和使用技巧，培养学生应用办公软件解决工作与生活中实际问题的能力，使学生初步具有应用计算机进行现代化办公的能力，为其职业生涯的发展和终身学习奠定基础。

本教材共 13 章，从使用 Office 2010 的必备知识入手，详细介绍了 Word 2010、Excel 2010 和 PowerPoint 2010 的基本功能和深入应用。第 1 章简单介绍了 Office 2010 中文版的组成；第 2～6 章详细介绍了 Word 2010 的常用功能和使用技巧；第 7 章进一步介绍了 Word 2010 的高级应用技巧，包括处理长文档、邮件合并等功能；第 8～11 章由浅入深地介绍了 Excel 2010 的常用功能和实用技巧。第 12 章具体介绍了 PowerPoint 2010 的实用功能，第 13 章简单介绍了 Word 2010、Excel 2010、PowerPoint 2010 的综合应用。

由于本课程主要面向职业院校广大学生，所以在内容编排上避繁就简，突出可操作性；在说明方法上尽量做到简单明了、通俗易懂，并侧重于实践应用和社会需要。为了适用于教学，书中列举了丰富的实例，并在每章都配置一定数量的理论题和实操题以利于学生对知识的掌握和巩固。另外，部分知识点后面的实用技巧可帮助学生提高实际操作速度。

参加本书编写工作的有张文红、王阿芳、陈顺新、吕彩哲、何小琴、王品、王东宏、曹清、刘媛媛、兰丽娜、聂凤丹、马浩锟、左爱敏、程鹏、付海峰、乔德琢、张东菊、史文。全书由许昭霞进行了统稿。由于编者经验不足、水平有限，书中错误和不妥之处在所难免，恳切希望广大教师和读者批评指正。

编　者

CONTENTS | 目录

第1章

Office 2010 简介

学习目标

■ 了解 Office 2010 的组成及各组件的功能
■ 熟练掌握 Office 2010 组件的启动与退出
■ 熟练掌握 Office 助手的使用方法
■ 了解 Office 的在线帮助

  Office 2010 是由 Microsoft 公司推出的一套办公自动化集成软件，它主要由 Word 2010、Excel 2010、PowerPoint 2010 和 Access 2010 等组件构成，其方便实用的用户界面、稳定安全的文件格式、高效的运作机制，使其成为众多办公软件中的佼佼者，备受广大计算机用户的喜爱。

  Office 2010 中窗口顶部在外观上有显著变化，如图 1.1 所示为 Word 2010 窗口的功能区，之前版本的工具栏和菜单外观已被窗口顶部的功能区所取代。较之以前版本，Office 2010 的工作窗口包含了更多的工具，可以快速找到常用的命令，使用起来更加方便。

图 1.1   Word 2010 窗口的功能区

1.1　Office 2010 **的组成**

1.1.1　Office 2010 基本组件的新功能

1．Word 2010

Word 2010 是一个功能强大的文字处理软件，适合于办公人员和专业排版人员使用。它除了具有中英文文字录入、编辑、排版和灵活的图文混排功能外，还可创建有专业水准的文档，可以绘制各种各样的商业表格，可以更加轻松地与他人协同工作，并可在任何地点访问工作的文件。新改进的"查找"功能可以在导航窗格中查看搜索结果的摘要，并单击以访问任何单独的结果。改进的导航窗格会提供文档的直观大纲，使浏览、排序和查找更快捷。Word 2010 还重新定义了文档协同工作的方式，可以在编辑论文的同时，与他人分享观点，查看一起创作文档的人的状态，并在不退出 Word 的情况下轻松发起会话。

2．Excel 2010

Excel 2010 是用于创建和维护电子表格的软件，用它可以制作各种统计报表和统计图。它除了能够完成各种复杂的数据统计运算外，还可以进行数据分析和预测，并且具有强大的制作图表的功能及打印功能等。Excel 2010 中包含了可以帮助业务分析师的许多功能，如：在一个单元格内建立汇总数据图表的迷你图；仪表盘式地轻松管理数据透视表分段和筛选的切片器；可以根据多达 100 万行的数据来源（数据库、电子表格、网站）来快速创建数据透视表的 PowerPivot；可以让许多企业在之前老版本的规划求解返回不正确答案时，找到最好解决方案的改进的求解器等。

3．PowerPoint 2010

PowerPoint 2010 是用于制作和演示幻灯片的软件。利用 PowerPoint 可以轻松地将用户的想法变成极具专业风范和富有感染力的演示文稿，通过计算机屏幕或者投影机播放，主要用于广告宣传、产品演示等。PowerPoint 2010 中可以直接插入视频，并能进行更正颜色等样式设置，也可以将 PPT 动画转换为视频格式，使动画功能更加丰富和完善。新引入的联机功能可以将 PPT 直接保存到微软的网盘，它可以发布到 SharePoint 与他人协作完成演示文稿等。

4．Access 2010

Access 2010 是 Office 2010 中用于数据库管理的应用软件，用于创建数据库和程序来跟踪与管理信息，它还具有承担小型动态网站的后台数据库管理的功能。

5．Outlook 2010

Outlook 2010 是 Office 2010 中创建、查看和管理个人信息的中心。用户可以使用它来收发 Internet 上的电子邮件，安排工作日程，存储个人通信地址簿和 WWW 地址，保存日记，创建便笺，还可用它来组织商务会议，安排工作进程等。

6．Microsoft Publisher 2010

这是出版物制作程序，用来创建新闻稿和小册子等专业品质出版物及营销素材。

Office 2010 中包含用来设计动态表单，以便在整个组织中收集和重用信息的 Microsoft

InfoPath Designer 2010；还有用来填写动态表单，以便在整个组织中收集和重用信息的 Microsoft InfoPath Filler 2010 等。

本教材只介绍 Office 2010 中最常用的三个组件 Word 2010、Excel 2010 和 PowerPoint 2010。

1.1.2　Office 2010 组件的启动

Office 2010 是一个应用程序集合，它所包含的各组件的启动方式基本相同，这里以 Word 2010 的启动为例加以说明。

1．利用"开始"菜单启动

（1）单击 Windows 任务栏中的"开始"按钮，弹出"开始"菜单。

（2）单击"所有程序"命令，弹出"程序"子菜单。

（3）单击"程序"子菜单中的"Microsoft Office"命令，在其子菜单中选择"Microsoft Office Word 2010"即可启动 Word 2010。

2．利用已有文档启动

在"我的电脑"中双击一个 Word 2010 文档的文件名，系统会自动启动 Word，并将该文档装入到系统内。如果要打开的文档最近刚使用过，可以单击"文件"按钮，在如图 1.2 所示的"文件"窗格中单击"最近所用文件"命令，在右侧的窗格中选择打开最近使用过的文档。

3．利用快捷方式启动

双击桌面上的 Word 快捷方式图标，即可启动 Word 2010。

（1）在桌面上创建 Word 2010 快捷方式的具体操作步骤。

➢ 在 Windows 桌面上的空白区域单击鼠标右键，弹出快捷菜单。

➢ 单击快捷菜单中的"新建"命令，打开"新建"子菜单。

➢ 单击"新建"子菜单中的"快捷方式"命令，打开"创建快捷方式"对话框，如图 1.3 所示。

图 1.2　"文件"窗格

图 1.3　"创建快捷方式"对话框

➢ 单击"浏览"按钮，打开"浏览"对话框，找出 Office 2010 应用程序所在的文件夹，再选择文件名为 winword.exe 的文件。

➢ 单击"打开"按钮，将其路径添加到"创建快捷方式"对话框的命令行文本框中。

➢ 单击"下一步"按钮，在出现的"选择程序标题"对话框中输入快捷方式的名称，然后单击"完成"

按钮。

还可以直接用"开始"菜单创建 Word 2010 快捷方式。

➤ 单击 Windows 任务栏中的"开始"按钮，弹出"开始"菜单。

➤ 单击"所有程序"命令，在"程序"列表里单击"Microsoft Office"命令，按住"Microsoft Office Word 2010"拖曳到桌面上，就可直接创建 Word 2010 快捷方式。

1.1.3 Office 2010 组件的退出

当完成了某项工作，或者需要为其他应用程序释放内存时，应退出当前使用的 Office 组件。退出 Word 2010 有以下几种方法：

➤ 单击"文件"菜单中的"退出"命令。

➤ 按【Alt+F4】组合键。

➤ 双击 Word 窗口左上角的 Word 图标 W 。

➤ 单击 Word 窗口右上角的"关闭"按钮 X 。

以上是四种常用的退出方法。如果对任何一个文档进行了修改，Word 会自动打开一个信息框询问是否保存文档。单击"是"按钮，保存对文档所进行的修改；单击"否"按钮，放弃此次对文档所进行的修改。

1.2 使用联机帮助

Office 2010 提供了强大的联机帮助功能，能够帮助解决在使用中遇到的各种问题。因此使用联机帮助有助于加快学习和工作的速度，大大提高工作效率。

获取联机帮助的常用方法有以下几种。

1.2.1 使用"屏幕提示"认识屏幕元素的名称、功能

把鼠标移到工具按钮上稍候片刻，鼠标下面会出现一个显示该按钮名称及功能的小窗格，如图 1.4 所示。

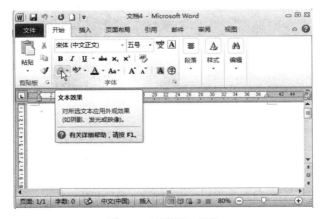

图 1.4　屏幕提示窗格

1.2.2　从"帮助"窗格获取帮助

除了通过 Office 屏幕提示了解各按钮的名称及功能，还可以通过以下途径打开帮助主题窗口，获取相应的帮助信息。

➢ 单击 Word 窗口右上角的问号按钮 。

➢ 单击"帮助"菜单中的"Microsoft Office Word 帮助"命令。

➢ 按键盘上的【F1】功能键。

例如：在 Word 2010 环境中单击"帮助"菜单中的"Microsoft Office Word 帮助"命令，则打开帮助主题窗口，如图 1.5 所示。单击所要了解的主题，即可得到相应的帮助信息。

图 1.5　"Word 帮助"窗口

 习题 1

一、选择题

1．Office 2010 组件的启动方式（　　）。

　　A．利用"开始"菜单启动　　　　　　B．利用已有文档启动

　　C．利用快捷方式启动　　　　　　　　D．利用"运行"按钮启动

2．Word 2010 组件的退出方式（　　）。

　　A．单击"文件"菜单中的"退出"命令。

B．按【Alt+F4】组合键。

C．双击 Word 窗口左上角的 Word 图标。

D．单击 Word 程序窗口右上角的"关闭"按钮。

3．Office 2010 中获取帮助的方法（　　　）

A．单击"常用"工具栏右端的问号按钮。

B．单击"帮助"菜单中的"Microsoft Office Word 帮助"命令。

C．按键盘上的【F1】功能键。

D．单击 Word 窗口右上角的问号按钮。

二、操作题

1．在桌面创建 Word 2010 的快捷方式。

2．上网搜索 Office 2010 新增功能。

第 2 章

Word 2010 基础知识

学习目标

- 熟悉 Word 2010 的工作界面
- 熟练掌握在 Word 2010 中创建新文档的各种方法
- 能够正确编辑、保存文档
- 掌握输入文档内容的实用技巧
- 了解各种视图的特点

中文 Word 2010 是 Microsoft 推出的 Office 2010 中最常用的一个组件,适于制作各种文档,如信函、传真、公文、报纸、书刊和简历等。

2.1 Word 2010 中文版工作界面

2.1.1 Word 2010 窗口结构

Word 2010 中文版启动后,其工作窗口如图 2.1 所示。窗口分为标题栏、"文件"按钮、快速访问工具栏、功能区、"编辑"窗口、"显示"按钮、滚动条、缩放滑块、状态栏等几个区域。

Word 2010、Excel 2010、PowerPoint 2010 实用教程

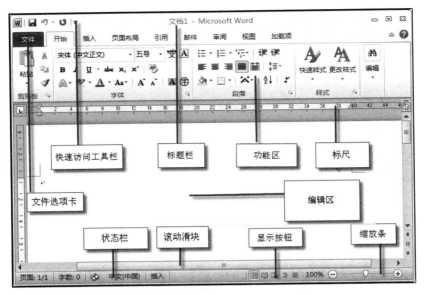

图 2.1　Word 2010 窗口

1．标题栏

显示所编辑的文档名和程序的名称，如"文档 1- Microsoft Word"。单击标题栏最左端的控制菜单按钮，可打开 Word 控制菜单，菜单中的命令用于改变 Word 窗口的大小、位置及关闭 Word 等。标题右端的前两个按钮用于调节 Word 窗口的大小，第三个按钮为"关闭"按钮，单击该按钮可以关闭 Word 窗口。

2．"文件"按钮

Word 2010 最显著的一个变化就是用"文件"按钮代替了 Word 2007 中的"Office"按钮，这样能让 Word 2003 的用户更快的适应 Word 2010 的环境。单击左上角的"文件"按钮，默认打开"文件"菜单的"信息"选项卡，如图 2.2 所示。

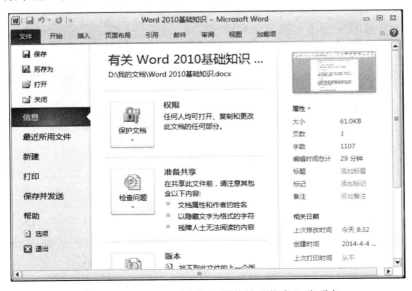

图 2.2　Word 2010 "文件"菜单的"信息"选项卡

8

3.快速访问工具栏

默认的快速访问工具栏只包含四个常用功能按钮:"保存"、"撤销"、"重复"、"新建"。单击快速访问工具栏右侧按钮。

(1)添加个人命令。

在如图 2.3 所示的菜单中可添加个人常用命令。如果经常使用的命令不在菜单中显示,那么单击"其他命令",在"Word 选项"窗口中可以多次添加不同的按钮,所添加的命令按钮会在快速访问工具栏右侧显示出来。

(2)调整"快速访问工具栏"位置。

在如图 2.3 所示的列表中,选中"在功能区下方显示"命令,可将"快速访问工具栏"移至"功能区"下方。

图 2.3 自定义快速访问工具栏

4.功能区

功能区是启动 Word 后分布在软件顶部的水平区域,工作中所需的功能按钮按功能分组排列在选项卡中,如"开始"、"插入"、"页面布局"等选项卡。通过单击选项卡可以切换显示的命令集。

除了使用鼠标来切换选项卡,按【Alt】键能显示各选项卡的快捷键,通过键盘来进行快捷操作,如图 2.4 所示。

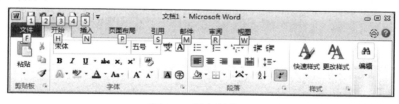

图 2.4 组合键窗口

➢ **隐藏与显示"功能区":** 如果觉得功能区占用太大的版面位置,单击屏幕右上方的"功能区最小化"按钮 即可将"功能区"隐藏,同时该按钮改为"展开功能区"按钮 ,如图 2.5 所示,再次单击 ,重新显示"功能区"。

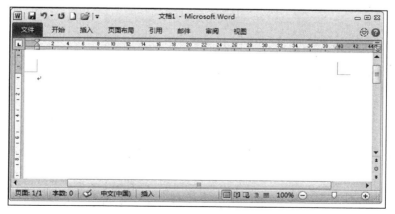

图 2.5 "功能区"隐藏窗口

将"功能区"隐藏起来后,只要单击要使用的任一选项卡,也能打开功能区。如果要固定

Word 2010、Excel 2010、PowerPoint 2010 实用教程

显示功能区，可在功能区上单击右键，在弹出的快捷菜单中，取消选中"功能区最小化"选项，如图 2.6 所示。

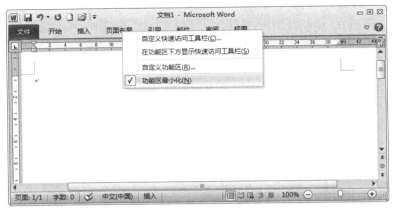

图 2.6 "功能区最小化"选项

功能区中提供的按钮均是 Office 程序的一些常用操作。单击工具栏中的按钮即可执行相应的命令。如图 2.7 所示，单击"开始"选项卡中"段落"功能区中的"两端对齐"按钮，可以将选中的段落设置为两端对齐。

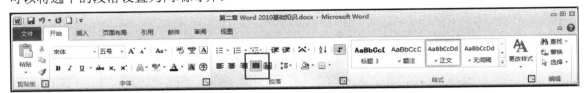

图 2.7 "开始"选项卡中"段落"功能区

➢ **扩展按钮** ：在许多功能区的右下角都有一个扩展按钮，这些按钮的外形虽然都一样，但是其功能和名称却不同。当鼠标指向某扩展按钮时，会在鼠标指针下方显示按钮将打开的对话部件的名称，其实这也可以作为此扩展按钮的名称，如"字体"扩展按钮、"段落"扩展按钮、"剪贴板"扩展按钮、"样式"扩展按钮等，单击可以弹出一个对话框，例如单击"段落"功能区中的 按钮，将打开如图 2.8 所示的"段落"对话框。

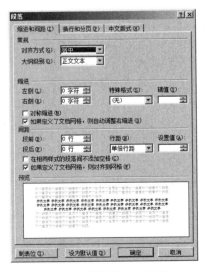

图 2.8 "段落"对话框

5．"编辑"区

在编辑区中可以输入、编辑、排版文本，还可以插入图片、创建表格等。

6．滚动条

滚动条包括垂直滚动条和水平滚动条，拖曳滚动条中的滚动块或者单击滚动箭头，可以查看文档的不同位置。

7．状态栏

显示正在编辑的文档的相关信息。状态栏中显示的信息从左向右依次为：页号/总页数、文档总字符数、拼写检查、语言国家地区和插入。

8. "显示"按钮组

在状态栏的右侧有 5 个视图方式切换按钮:"页面视图"、"阅读版式视图"、"Web版式视图"、"大纲视图"、"草稿视图",用于改变文档的显示方式。

9. 缩放滑块 100%

拖曳滑块可以随意放大或缩小显示比例,单击"–"或"+"按钮,调整幅度为 10%。

2.1.2 对话框

对话框是人机交流的窗口,如图 2.9 所示的是"字体"对话框。对话框通常由选项卡、选项组和按钮组成。在对话框中单击选项卡对应的选项卡,就可打开该选项卡。例如,"字体"对话框中有"字体"、"高级"两个选项卡,"字体"选项卡中有"中文字体"、"字形"、"字号"等选项组,在选项组中进行单项设置,"设为默认值"、"确定"、"取消"按钮用来响应用户的操作。

图 2.9 "字体"对话框

1. 选项组部件的分类

根据功能的不同选项组部件可以分为以下几种。

(1) 文本框

可输入表达特定信息的文本,如图 2.9 中的"字形"、"字号"下面的长方形框。

(2) 复选框

左端带有小方框的选项称为复选框,用鼠标单击左端小方框可选中或撤销该复选框。在一组复选框中,可以同时选中多个或一个,也可以不选,如图 2.9 中"效果"选项组中的"删除线"、"双删除线"、"上标"等复选框。

(3) 单选按钮

如图 2.10 所示的"脚注和尾注"对话框中,"位置"选项组中的"脚注"、"尾注"单选按钮,左端有一小圆框称为单选按钮,单击可选中或撤销选中,同一组单选按钮中只能选中一个,既不能多选也不能不选。

（4）下拉列表框 页面底端

框中右侧有一个向下箭头的域称为下拉列表框。单击该向下箭头可打开一个下拉列表，单击可选择相应选项，如图 2.10 中"编号格式"域。

（5）增量框 1

在"页面布局"选项卡的"页面设置"功能区中，单击右下角的 按钮，打开如图 2.11 所示的"页面设置"对话框。"页边距"选项卡中，"上"、"下"、"左"、"右"、"装订线"框的右侧有上、下箭头，这样的域称为增量框。可以在增量框中输入数值或按上、下方向键来调整数值，也可用鼠标单击其右边的上、下箭头来微调数值。

图 2.10　"脚注和尾注"对话框

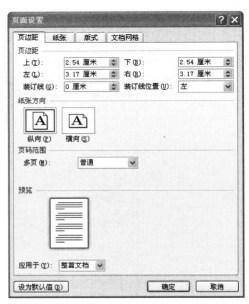

图 2.11　"页面设置"对话框

2．常用按钮

常用的按钮主要有以下几个：

➤ "确定"按钮：保存在对话框中做的任何修改，并关闭对话框。

➤ "取消"按钮：不保存在对话框中做的任何修改，并关闭对话框。

➤ "设为默认值"按钮：将用户的设置设定为以后 Office 2010 程序启动时的默认设置。

➤ "应用"按钮：在不退出对话框的前提下，使设置立即生效。

2.1.3　快捷菜单

快捷菜单是 Office 为了方便操作而采用的一种智能交互技术，在工作时如果 Office 程序可对该区域中的对象操作，单击鼠标右键或按【Shift＋F10】组合键，则会弹出一个快捷菜单，此菜单中列出了可能对此对象进行的最常用的操作。例如，在文本段落中激活的快捷菜单如图 2.12 所示，用鼠标单击命令或用【↑】、【↓】光标键选择后用【Enter】键选定都可执行快捷菜单中的命令。在快捷菜单之外单击鼠标左键或按【Esc】键即可关闭快捷菜单。

在实际工作中，快捷菜单有非常高的使用率，对于提高工作效率来说意义重大。

2.1.4　任务窗格

任务窗格类似于对话框，不同之处在于，任务窗格作为窗口的一个附件，刚打开时"吸附"在窗口的一侧，拖曳可以移动到窗口中其他位置。任务窗格中没有"确定"、"取消"等按钮。单击"开始"选项卡的"样式"功能区右下角的 按钮，打开如图 2.13 所示的"样式"任务窗格。

图 2.12　快捷菜单

图 2.13　"样式"任务窗格

2.1.5　"开始"选项卡各功能区介绍

1．"剪贴板"功能区

"剪贴板"功能区如图 2.14 所示，其中各按钮的功能见表 2.1。

图 2.14　"剪贴板"功能区

表 2.1　"剪贴板"功能区中各按钮的功能

名称	功能
剪切	将选定的内容剪切下来并存放到剪贴板中
复制	将选定的内容复制到剪贴板中
粘贴	在插入点位置插入剪贴板中的内容
格式刷	将选定格式复制至指定的区域

2．"字体"功能区

"字体"功能区如图 2.15 所示，其中各按钮的功能见表 2.2。

图 2.15　"字体"功能区

表 2.2　"字体"功能区中各按钮的功能

名称	功能
字体 黑体	改变选定文字的字体
字号 小四	改变选定文字的字号
增大字体 A	将选中的文字字号增大
缩小字体 A	将选中的文字字号缩小
更改大小写 Aa	将所选中的文字更改为全部大写/全部小写或其他常见大小写形式
清除格式	清除所选内容的所有格式，只留下纯文本
拼音指南	显示所选字符的拼音以明确发音
字符边框 A	为选定文字添加边框
加粗 B	使选定文字加粗
倾斜 I	使选定文字倾斜
下画线 U	为选定文字添加多种类型的下画线
删除线 abc	在所选文字的中间画一条线以示删除
下标 x	将所选中的文字设置下标形式
上标 x	将所选中的文字设置上标形式
文本效果 A	对所选文本应用外观效果（阴影、发光等）
突出显示	可以将选中的文字上色突出显示
字体颜色 A	给选定文字设置不同的颜色
字符底纹 A	为选定文字添加底纹
带圈字符	将选中的字符加上圈号

3. "段落"功能区

"段落"功能区如图 2.16 所示，文中按钮功能见表 2.3。

图 2.16　"段落"功能区

表 2.3　"段落"功能区中各按钮的功能

名称	功能
项目符号	创建项目符号列表
编号	创建编号列表
多级列表	启动多级列表
减少缩进量	使选定的段落缩进到前一个制表位
增加缩进量	使选定的段落缩进到下一个制表位
中文版式	自定义中文或混合文字的版式
排序	按字母顺序排列所选文字或对数值数据进行排序
显示/隐藏编辑标记	显示段落标记和其他隐藏的格式符号
左对齐	使选定的段落按照左缩排对齐
居中	使选定的段落居于文档的中间
右对齐	使选定的段落按照右缩排对齐
两端对齐	使选定的段落按照左右缩排对齐
分散对齐	使选定的段落均匀分布对齐
行和段落间距	用以选择行距的比例
底纹	设置所选文字或段落的背景色
下框线	自定义所选文字或单元格的边框

4."样式"功能区

"样式"功能区如图 2.17 所示。

"样式"功能区的左侧是"快速"样式
列表，即系统默认设置的样式名称及样式内
容，如"正文"、"标题 1"等，其中默认"正
文"的样式为：

图 2.17　"样式"功能区

- ➢ **字体**：（中文）+中文正文（宋体）（默认）+西文正文（Calibri），两端对齐；
- ➢ **字号**：五号；
- ➢ **行距**：单倍行距。

更改样式：更改此文档中使用的样式集、颜色、字体及段落间距。

5."编辑"功能区

"编辑"功能如图区如图 2.18 所示，其中各按钮功能见表 2.4。

图 2.18　"编辑"功能区

表 2.4　"编辑"功能区中各按钮的功能

名称	功能
查找 ▾	在文档中查找文本或其他内容
替换	替换文档中的文本
选择 ▾	按要求选择文档中的文本或对象

2.2　新建文档

使用 Microsoft Word 2010 开始创建新的空白文档非常简单，借助于模板还可以快速创建
特定类型的文档，如业务计划或简历。

2.2.1　创建新的空白文档

（1）单击如图 2.19 所示"文件"选项卡中的"新建"命令。

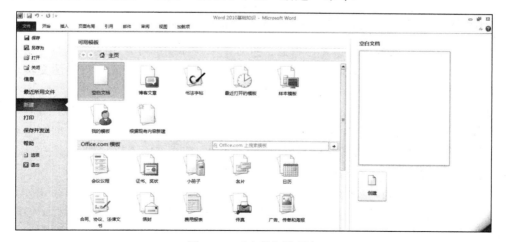

图 2.19　"文件"选项卡

（2）双击"空白文档"，或单击"空白文档"再单击"创建"按钮。

2.2.2　使用模板建立新文档

如果要创建的不是普通文档，而是传真、信函或简历等，可以使用 Word 提供的模板来建立文档。

【**实例 2-1**】制作一份如图 2.20 所示的书法字帖。

（1）在"文件"选项卡中，双击"可用模板"选项组中的"书法字帖"选项，打开如图 2.21 所示的"增减字符"对话框。

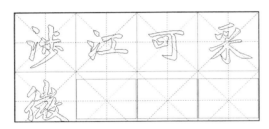
图 2.20　"书法字帖"模板文档

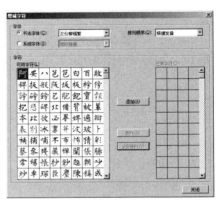
图 2.21　"增减字符"对话框

（2）在"书法字体"列表框中选择所需要的字体，将字符的"排列顺序"设置为"根据发音"。

（3）拖曳"可用字符"右侧的滑块，选择要用的字符，单击"添加"按钮，将所有要用到的字符显示在"已用字符"中。

（4）单击"关闭"按钮即可生成一份精美的字帖。

2.3　输入文档内容

在 Word 中，文档内容包括英文、中文、符号、表格和图形等。本节介绍如何在文档中输入英文、中文、符号及在输入过程中怎样使用自动拼写检查、自动更正和自动图文集功能，而有关插入表格和图形的内容将在以后的章节中介绍。

在输入文本时，屏幕上不断闪烁的竖直线称为"插入点光标"，以后简称为"插入点"，它所在的位置就是当前输入的文本将出现的位置。当输入文本时，插入点会随之向右移动。当所输文本排满一行后，插入点会自动移到下行行首。因此，在文本输入过程中，应注意以下几点：

➢ 要开始一个新段落时才按【Enter】键，在各行结尾处不按此键。

➢ 对齐文本时不要使用插入空格的方法，应在输入结束后使用制表符、缩进等功能对齐文本。

每次按回车键后，段尾都将出现一个 ↵ 符号，即硬回车符，也可称为段落标记。段落标记会保留上一个段落的格式设定（如对齐方式等）。如果要在段落中开始新行，应按【Shift+Enter】

组合键，这样可以在一个段落中强行插入分行符↵，可以用来输入地址或列表。

2.3.1 输入英文

在输入英文时主要应注意怎样使用连字符或不间断空格等控制段落中的分行。

➢ **普通连字符"-"**：用于两个单词之间的连接。如果带普通连字符的单词位于行尾，Word 将在连字符处将该单词断开。

➢ **可选连字符【Ctrl + -】**：当单词位于行尾时，可选连字符的意义同于普通连字符。但当因为添加或删除文字而使整个单词移至行中时，可选连字符将消失。

➢ **不间断连字符【Ctrl + Shift + -】**：可使用连字符连接的单词在分行位置上不被断开。例如，负数中的负号就应使用该连字符，这样在分行时，Word 会将整个单词移到下一行中，而不将其分开。不间断连字符总是可见，且可以打印出来。

➢ **不间断空格【Ctrl + Shift + 空格键】**：如果不希望在两个单词之间分行应使用不间断空格。例如，数值与其度量值之间就不应分行。

2.3.2 输入中文

使用键盘切换到中文输入状态的操作步骤如下：

（1）用【Ctrl+空格】组合键切换中/英文输入状态。

（2）用【Ctrl+Shift】组合键切换至所需中文输入法。

这里以"五笔字型"输入法为例进行介绍，如图 2.22 所示。

➢ **标点符号的输入**：中文标点状态 ，西文标点状态 ；

➢ **全角/半角切换**："全角"指一个字符占用两个标准英文字符的位置，汉字是全角字符；"半角"指一个字符占用一个标准英文字符的位置。数字及英文字母有全角、半角的区别。例如，全角数字：４５，半角数字：45；全角英文字母：ＡＢ，半角英文字母：AB。单击按钮 将切换为全角状态，按钮变为 形状，再次单击切换回半角状态。也可以用组合键【Shift+空格键】来进行全角/半角的切换。

➢ **"软键盘"开关**：单击该按钮将打开软键盘，如图 2.23 所示，再次单击将关闭软键盘。

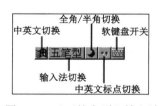

图 2.22 "五笔字型"输入法

图 2.23 软键盘

实用技巧：

在"软键盘"按钮上单击右键，将弹出相应的软键盘选择列表，如图 2.24 所示，单击列表中的选项可以打开相应的软键盘，如，"拼音"的软键盘如图 2.25 所示。

图 2.24 "软键盘"列表 　　　　　　　　　　图 2.25 "拼音"软键盘

2.3.3 插入符号

在输入文本的同时，经常要插入一些键盘上没有的特殊符号，如希腊字符、数字符号、图形符号及全角字符等，这就需要使用 Word 提供的插入符号和特殊字符功能。

【实例 2-2】在文档中插入符号"§"。

（1）将插入点移到要插入符号的位置。

（2）单击如图 2.26 所示"插入"选项卡中的"符号"按钮，或单击鼠标右键，在快捷菜单中选择"插入符号"命令。

图 2.26 "插入"选项卡

（3）在如图 2.27 所示的列表中选择常用符号，如果在这里没有找到需要的符号，单击菜单底部的"其他符号"选项，打开如图 2.28 所示的"符号"对话框。

图 2.27 "符号"列表

图 2.28 "符号"对话框

（4）"符号"对话框中有"字体"和"子集"两个下拉列表框。选择不同的字体和子集，在中部列表框中将显示出相应的字符。

（5）单击选中列表框中所需的符号。

（6）双击要插入的符号或单击"插入"按钮，就可以在插入点处插入该符号。

（7）插入符号后，"取消"按钮变为"关闭"按钮。单击"关闭"按钮，关闭对话框。

【实例 2-3】在文档中插入特殊字符——版权符号©。

（1）将插入点移到要插入版权符号©的位置。

（2）单击"符号"对话框中的"特殊字符"选项卡，打开"特殊字符"选项卡，如图 2.29 所示。

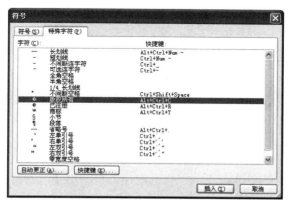

图 2.29 "特殊字符"选项卡

（3）从列表框中选择要使用的特殊字符——"版权所有"字符，单击"插入"按钮，就可以将版权符插入到文档中。

（4）单击"关闭"按钮关闭对话框。

2.3.4 输入时自动更正错误

Word 的自动更正功能使文本的输入更为准确、快捷。例如，在文档中输入"wriet"后按空格键后，Word 会自动将其更正为"write"；在文档中输入"鞠躬尽莘"后自动更正为"鞠躬尽瘁"，并且一点儿也不影响正常的输入工作。在 Word 2010 中，自动更正功能除了可以更正一些常见的输入错误、拼写错误和语法错误之外，还可以用于快速插入数学符号等。

1. 设置自动更正功能

（1）单击"符号"对话框中的"自动更正"命令按钮，打开"自动更正"对话框，如图 2.30 所示。

（2）根据需要选中相应复选框。

➢ **更正前两个字母连续大写**：将单词中第二个大写字母改

图 2.30 "自动更正"对话框

为小写。

> **句首字母大写**：将每句的第一个英文字母都改为大写。
> **表格单元格的首字母大写**：将单元格的首字母都改为大写。
> **英文日期第一个字母大写**：将英文日期第一个字母改为大写。
> **更正意外使用大写锁定键产生的大小写错误**：更正因误按【Caps LK】键而输入的"WORD"等错误。
> **输入时自动替换**：录入文本时用列表中的词条内容取代相应的词条名。

（3）单击"确定"按钮。

2．创建自动更正词条

Word 的自动更正功能虽然可以更正一些常见的英文单词错误或中文成语错误，但把每个用户经常输错的所有字、单词或符号都纠正过来是不可能的，在 Word 中可以根据自身的需要创建适合自己情况的自动更正词条，具体操作步骤如下：

（1）单击"符号"对话框中的"自动更正"命令按钮，打开"自动更正"对话框。
（2）在"自动更正"选项卡的"替换"文本框中，输入要更正的容易出错的单词或文本。
（3）在"替换为"文本框中，输入正确的单词或文本。
（4）单击"添加"按钮，把自动更改词条添加到列表中。
（5）单击"确定"按钮，关闭对话框。

除了可以将易出错的英文单词或中文成语创建为自动更正词条外，还可以将经常要输入的一部分文本创建为自动更正词条。

【实例 2-4】 创建自动更正词条，在每次输入"二职"时自动更正为"石家庄市第二职业中专"。

（1）在"替换"文本框中输入缩写的词条名"二职"，如图 2.31 所示。
（2）单击"纯文本"单选按钮。
（3）在"替换为"框中，输入"石家庄市第二职业中专"。
（4）单击"添加"按钮，将该词条添加到自动更正的列表框中。
（5）单击"确定"按钮。

图 2.31 创建自动更正词条

3．插入自动更正词条

当创建了一个自动更正的词条之后，只要将插入点移到要插入词条的位置，然后输入词条名，例如，输入"二职"后 Word 会立即用"石家庄市第二职业中专"来更正"二职"。

实用技巧：

如果就是要输入"二职"，不想使用自动更正功能，可在自动更正后，按【Ctrl+Z】组合键取消刚才的自动更正；如果不再需要该自动更正词条，可在"自动更正"对话框中选中不需要的词条，单击"删除"按钮。

2.4 设置文档保存

养成及时保存文档的习惯是非常重要的，否则一旦突然断电或死机，刚刚完成的工作成果将全部丢失。

2.4.1 保存文档

1．保存新的未命名的文档

Word 虽然在新建文档时自动为新文档赋予"文档 1"之类的名称，但在保存新建文档时，必须为文档指定一个文件名。

【实例 2-5】在 D 盘创建文件夹"Word 练习"，将当前文档命名为"会议通知"并保存在该文件夹中。

（1）单击"文件"菜单中的"保存"命令或"快速访问"工具栏中的"保存"按钮，打开"另存为"对话框，如图 2.32 所示。

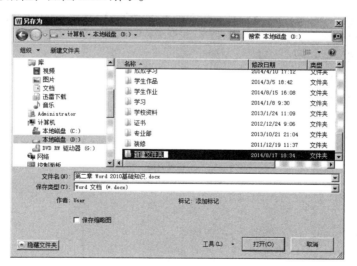

图 2.32 "另存为"对话框

（2）在左侧的"保存位置"列表框中选择"本地磁盘（D：）"，并单击对话框上方的"新建文件夹"按钮，将右侧的"名称"列表框中的"新建文件夹"更名为"Word 实例"，在 D 盘根目录下创建"Word 实例"文件夹。

（3）在"文件名"文本框中，输入文档的名称"会议通知"。

（4）在"文件类型"列表框中选择"Word 文档"选项。

（5）单击"保存"按钮。

2．保存已有文档

如果保存的文件是已有文件，而且文件名及其位置保持不变，可以直接单击"快速访问"工具栏中的"保存"按钮■或按【Ctrl+S】组合键。

3．对已有文件进行备份

（1）单击"文件"选项卡中的"另存为"命令，打开"另存为"对话框。

（2）在左侧的保存位置列表框中选择要保存文件的新文件夹则可以原名保存，如果要保存在原有文件夹中，则必须在"文件名"列表框中输入新的文件名。

注意：

输入的文件夹名称中不能包含<、>、/、*、?、\等符号。

4．保存为其他文档格式

保存文档时，Word 按照 Word 中的格式自动保存该文档，也可以将 Word 创建的文档保存为其他的格式。

【实例 2-6】将"会议通知"文档保存为网页文档格式。

（1）单击"文件"菜单中的"另存为"命令，打开"另存为"对话框，单击"保存类型"右侧的下拉列表，从中选择"网页"，如图 2.33 所示。

```
Word 文档 (*.docx)
启用宏的 Word 文档 (*.docm)
Word 97-2003 文档 (*.doc)
Word 模板 (*.dotx)
启用宏的 Word 模板 (*.dotm)
Word 97-2003 模板 (*.dot)
PDF (*.pdf)
XPS 文档 (*.xps)
单个文件网页 (*.mht;*.mhtml)
网页 (*.htm;*.html)
筛选过的网页 (*.htm;*.html)
RTF 格式 (*.rtf)
纯文本 (*.txt)
Word XML 文档 (*.xml)
Word 2003 XML 文档 (*.xml)
OpenDocument 文本 (*.odt)
Works 6 - 9 文档 (*.wtf)
```

图 2.33　"文件类型"列表

（2）单击"保存"按钮，关闭对话框。

5．保存并发送

"保存并发送"功能可以将文件保存为多种类型，并以电子邮件的形式发送。

【实例 2-7】将当前的文档作为邮件的附件发送。

（1）在如图 2.34 所示的"保存并发送"的选项框中，选择"使用电子邮件发送"，并选中"作为附件发送"，将文档的副本附加到电子邮件中。

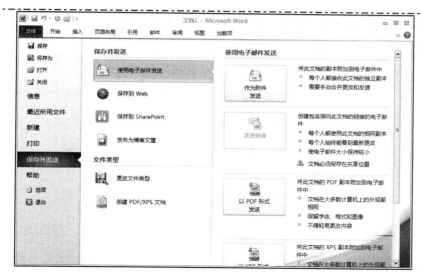

图 2.34　"保存并发送"窗口

（2）在如图 2.35 所示的"Outlook"工作窗口中，当前文档已经以附件的形式保存在邮件中。

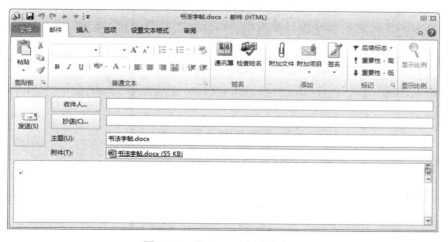

图 2.35　"Outlook"工作窗口

注意:

如果事先没有在 Outlook 中进行相应的邮箱设置，将无法完成"使用电子邮件"发送功能。如果安装了其他邮件发送软件，则也可直接打开，并以附件形式发送。

2.4.2　给文档加密码

如果要防止他人打开或修改某些文档，可以为该文档指定一个密码，这样在打开该文档时就需要输入正确的密码。设置"打开权限密码"可避免让其他人阅读该文档；设置"修改权限密码"可避免让其他人修改文档内容。不知道密码的用户可以按只读文档的方式来打开文档，可以阅读文档，但不能对文档进行修改。

【实例 2-8】给"会议通知.doc"文档设置打开密码为"123"。

（1）打开如图 2.36 所示的"信息"选项卡，单击"保护文档"按钮。

图 2.36 "信息"选项卡

（2）从弹出的下拉菜单中选择"用密码进行加密"选项，打开如图 2.37 所示的"加密文档"对话框。

（3）在"密码"文本框中输入密码"123"。

（4）单击"确定"按钮，并在打开的"确认密码"对话框中重新输入一次密码之后，单击"确定"按钮。

图 2.37 "加密文档"对话框

注意：

➢ 输入的密码区分大小写

➢ 如果要取消密码设置，可重复上面的操作，在"加密文档"对话框中清空"密码"文本框中的内容即可。

2.4.3 设置文档属性

在要保存的文档中，设置文档的属性也可以方便文档的查找。所有的 Office 文档均可由创建或编辑它的程序设置其属性，如作者姓名、摘要信息等，还可由作者自定义文档的其他属性，如作者办公室、电话号码、参考信息、创建日期等。

（1）单击"信息"选项卡右侧"属性"按钮，在如图 2.38 所示的"属性"下拉菜单中选择"高级属性"命令。

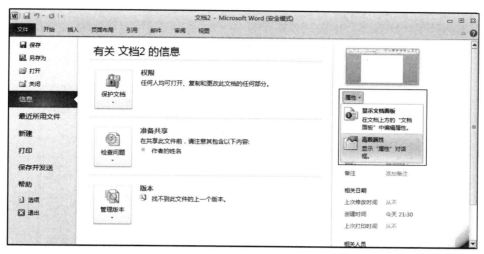

图 2.38　"属性"下拉菜单

（2）打开"文档属性"对话框中的"摘要"选项卡，如图 2.39 所示，输入文档的各项摘要信息。还可打开"自定义"选项卡，在"名称"、"类型"、"取值"文本框中选择或输入相应的值，然后单击"添加"按钮将该项属性添加到"属性"框中。

图 2.39　"摘要"选项卡

2.4.4　设置自动保存功能

如果自己编辑的 Word 文档还没来得及保存，计算机就突然断电了，或在未保存文档的情况下就关闭了 Word 文件，那么前面的工作就要重新做。设置自动保存功能就能将这样的风险降至最低。

（1）在"文件"选项卡左侧的功能列表中选择"选项"，打开"Word 选项"对话框，打开如图 2.40 所示的"保存"选项卡。

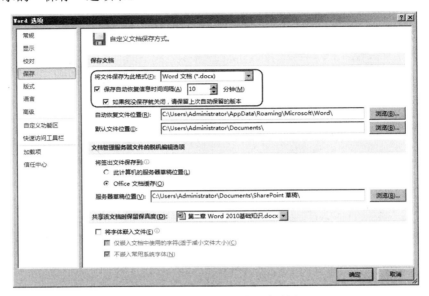

图 2.40 "Word 选项"对话框

（2）选中"保存自动恢复信息时间间隔"复选框，并在增量框中调整自动保存的时间。

2.5　打开和关闭文档

2.5.1　打开文档

1．打开一个已有的文档

（1）单击"文件"选项卡中的"打开"按钮，或按【Ctrl+O】组合键，系统自动弹出"打开"对话框，如图 2.41 所示。该对话框中各按钮的作用与"另存为"对话框中的基本相同。

图 2.41 "打开"对话框

（2）在左侧的位置列表框中选择文件所在的位置。

（3）在文件列表框中选择要打开的文档，然后单击"打开"按钮，也可以在文件列表框中直接双击要打开的文档。

2．打开最近用过的文档

单击"文件"选项卡中的"最近所用文件"选项，在如图 2. 42 所示的列表中可以快速查找到最近用过的文件。

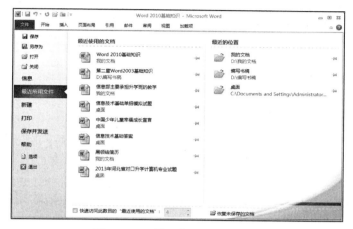

图 2.42　"最近使用文件"窗口

2.5.2　关闭文档

关闭当前活动文档，可以通过以下三种方式来完成。

➢ 单击标题栏右侧的"关闭"按钮。

➢ 单击"文件"选项卡中的 关闭 命令。

➢ 按【Ctrl+W】或【Ctrl+F4】组合键

在关闭时，如果文件有改变，会弹出对话框，提示用户是否进行保存，如图 2.43 所示。

图 2.43　保存提示对话框

2.6　设定窗口显示方式

视图是相对于文档窗口而言的，不同的视图在文档窗口中的显示方式不同，其作用也就不同。Word 2010 中提供了多种视图模式供用户选择，这些视图模式是"页面视图"、"阅读版式视图"、"Web 版式视图"、"大纲视图"和"草稿"。用户可以在如图 2.44 所示的"视图"选项卡的"文档视图"功能区中选择需要的文档视图模式，也可以在 Word 2010 文档窗口的右下方单击视图按钮选择视图。

图 2.44　"视图"选项卡

2.6.1　视图模式

1．页面视图

"页面视图"可以显示 Word 2010 文档的打印结果外观，主要包括页眉、页脚、图形对象、分栏设置、页面边距等元素，是最接近打印效果的视图，如图 2.45 所示。

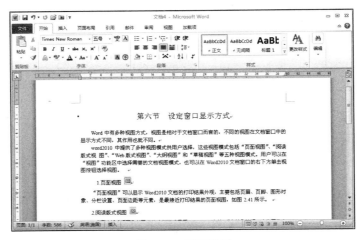

图 2.45　页面视图

2．阅读版式视图

"阅读版式视图"以图书的分栏样式显示 Word 2010 文档，"文件"按钮、功能区等窗口元素被隐藏起来。在"阅读版式视图"中，用户还可以单击"工具"按钮选择各种阅读工具，如图 2.46 所示。

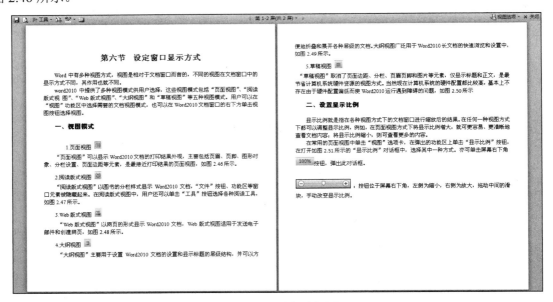

图 2.46　阅读版式视图

3．Web 版式视图

"Web 版式视图"以网页的形式显示 Word 2010 文档，Web 版式视图适用于发送电子邮件和创建网页，如图 2.47 所示。

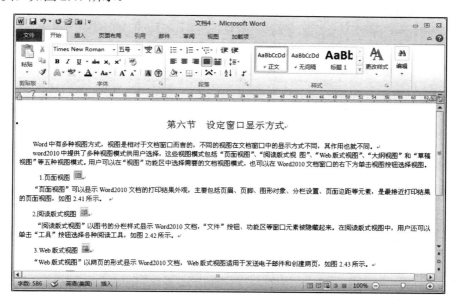

图 2.47　Web 版式视图

4．大纲视图

"大纲视图"主要用于设置和显示 Word 2010 文档标题的层级结构，并可以方便地折叠和展开文档的各种层级，如图 2.48 所示。大纲视图广泛用于 Word 2010 长文档的快速浏览和设置中。

图 2.48　大纲视图

5．"草稿"视图

"草稿"视图取消了页面边距、分栏、页眉页脚和图片等元素，仅显示标题和正文，是最节省计算机资源的视图方式，如图 2.49 所示。当然现在计算机系统的硬件配置都比较高，基本上不存在由于硬件配置偏低而使 Word 2010 运行遇到障碍的问题。

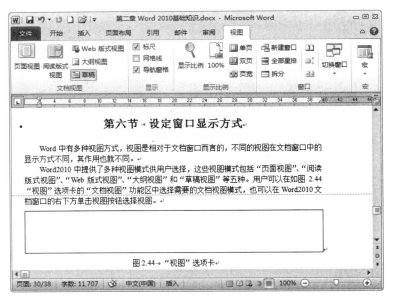

图 2.49 "草稿"视图

2.6.2 设置显示比例

显示比例是指在各种视图方式下对文档窗口进行缩放后的结果。在任何一种视图方式下都

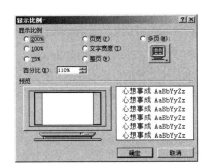

图 2.50 "显示比例"对话框

可以调整显示比例。例如，在"页面视图"方式下将显示比例增大，就可更清晰地查看文档内容；将显示比例缩小，则可查看更多的内容。

（1）在"视图"选项卡的"显示"功能区中，单击"显示比例"按钮，打开如图 2.50 所示的"显示比例"对话框，根据需要选择其中一种显示方式。单击屏幕右下角状态栏中的 100% 按钮，也可以弹出此对话框。

（2）拖曳状态栏中"显示比例"按钮 的滑块可以快速调整显示比例，单击左右两侧的加减按钮，可以每次以 10%的变化调整显示比例。

2.6.3 显示或隐藏非打印字符

在文章中，会用到空格符、制表符、软回车符、硬回车符和可选连字符等。这些符号在 Word 中统称为非打印字符，因为这些符号显示在文档中的作用只是辅助排版，并不能打印输出。

➤单击"开始"选项卡"段落"功能区中的"显示/隐藏编辑标记"按钮 ，可显示或隐藏非打印字符。

实用技巧：

在排版过程中，应尽可能显示非打印字符，它能使排版工作变得更轻松。

2.6.4 显示或隐藏网格线

网格线起到辅助线的作用，它可以标示出文档每一页的行数或列数，方便查看和定位。例如，在排版标题时，可查看每一个标题占用了几行；在排版图形时，可以沿着网格线进行对齐。

➤ 单击"视图"功能区中的"网格线"复选框 ☑网格线 ，即可显示网格线。网格线与非打印字符一样，只能在屏幕上显示，不能打印输出，如图 2.51 所示。

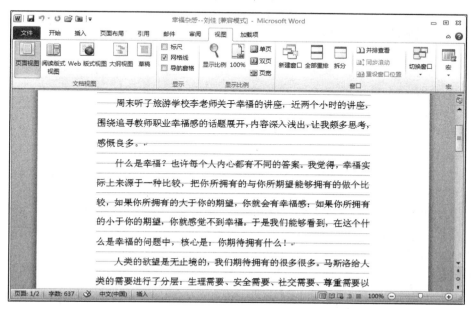

图 2.51 显示"网格线"效果

➤ 若要隐藏网格线，再次单击，即可取消。

 习题 2

一、选择题

1. 在 Word 2010 中，下列（　　）操作可帮助用户快速建立一个商业信函、传真等类型的文档。

    A．打开"开始"选项卡，选择相应的模板

    B．打开"插入"选项卡，选择相应的模板

    C．单击快速工具栏上的"新建"按钮，选择相应的模板

    D．执行"文件"选项卡"新建"命令，选择相应的模板

2. 在 Word 2010 中，默认保存后的文档格式扩展名为（　　）。

    A．.dos   B．.docx   C．.html   D．.txt

3. Word 程序允许打开多个文档，用（　　）选项卡可以实现文档窗口之间的切换。

    A．页面布局   B．窗口   C．视图   D．开始

4．在 Word 编辑状态下，切换中/英文输入状态的组合键是（　　）。

　　A．Ctrl+空格键　　　　B．Alt＋Ctrl　　　　　C．Shift+空格键　　　　D．Alt+空格键

5．在 Word 编辑状态下，当前输入的文字显示在（　　）。

　　A．鼠标光标处　　　　B．插入点处　　　　　C．文件尾部　　　　　D．当前行尾部

6．如果要输入希腊字母 Ω，则需要使用的功能区是（　　）。

　　A．视图　　　　　　　B．插入　　　　　　　C．开始　　　　　　　D．引用

7．可以使用（　　）组合键，调出快捷菜单。

　　A．Ctrl+空格键　　　　B．Shift＋F10　　　　C．Shift+空格键　　　　D．Alt+F4

8．如果以层级的模式显示文档，可以选择（　　）视图模式。

　　A．页面视图　　　　　B．草稿　　　　　　　C．大纲视图　　　　　D．阅读版式视图

9．在 Word 中，单击（　　），可以显示或隐藏标尺。

　　A．☑ 标尺　　　　　　B．☐ 网格线　　　　　C．☐ 导航窗格　　　　D．☐ 单页

二、上机练习

1．新建文件名为"使用说明"的文档，录入以下文字并保存在 D 盘根目录下"Word 实例"文件夹中。

家用计算机

　　其实，家用计算机与普通电脑本来就没有什么区别，只是随着电脑越来越多地进入家庭，才出现了"家用计算机"这个名词。所谓家用计算机是指由个人购买并在家庭中使用的电脑。

　　家用计算机在家庭中能发挥什么样的作用？这是每个购买家用计算机或打算购买家用计算机的家庭所面临的问题。家用计算机在家庭中所起的作用主要体现在教育、办公、家政、娱乐等方面……

2．新建一封电子邮件正文，录入以下文字并将其以附件形式发送至自己的电子邮箱。

《中国少年儿童幸福成长宣言》

我要成长，快乐健康成长比成绩更重要。

我要乐观，每天发现一件新的美好事情，学会对压力说没关系。

我要自信，相信并发现自己独特的价值。

要超越，只跟自己比，超越自己就是赢。

我要感恩，珍惜身边人、身边事，每天想三个值得感激的理由。

我要分享，就像生日蛋糕，和你一起分享的人越多，快乐越多。

3．新建文件名为"文字录入练习"的文档，录入以下文字、字母、标点符号、特殊符号等，保存在"My Documents"文件夹下新建的"Word 练习"文件夹中。

　　提示：常用符号多在"Wingdings"字体中。

　　🖳"多媒体"一词译自英文，是由 multiple 和 media 复合而成。与多媒体对应的一词叫单媒体（monomania）。从字面上看，多媒体是由单媒体复合而成，而事实也是如此。

　　多媒体❶一词来源于视听工业。它最先用来描述由计算机控制的多投影仪的幻灯片演示，并且配有声音通道。如今，在计算机领域中，多媒体是指文（text）、图（image）、声（audio）、像（video）等单媒体和计算机程序融合在一起形成的信息传播媒体。

第 3 章

编辑功能

学习目标

- 掌握移动插入点的实用技巧
- 掌握选定各种文本的方法
- 熟练地掌握复制、删除、粘贴等操作
- 熟练掌握查找和替换特殊字符、各种格式的文字的操作

Word 的基本编辑功能包括：移动插入点、选定文本、移动、复制、删除、改写文本及查找和替换等。

3.1 移动插入点

插入点通常显示为一条闪烁的小竖线，它标志着新输入的文字或者插入的对象要出现的位置，可以使用鼠标或者键盘来移动插入点。

3.1.1 使用鼠标移动插入点

使用鼠标移动插入点的方法很简单：只要把"I"形鼠标指针移到要设置插入点的位置，然后单击即可。但是当所编辑的文档太长，在文档窗口中不能看到要编辑的文档内容时，这就要首先使用滚动条将需要编辑的部分显示在文档窗口中，然后用"I"形鼠标指针单击插入点需要放置的位置。

➢ 单击垂直滚动条的按钮 ▲ 或 ▼ 可以向上或向下滚动一页。

➢ 用鼠标拖曳滚动块可以快速定位。

➢ 单击"选择浏览对象"按钮 ，利用该按钮可快速按指定项目浏览。

【实例 3-1】快速浏览文档中的图片。

（1）单击垂直滚动条中的"选择浏览对象"按钮，出现如图 3.1 所示的菜单。

（2）在菜单中选择所要浏览的项目"按图形浏览"。

（3）单击"前一张图形"按钮，显示上一个图片；单击"下一张图形"按钮，显示下一个图片。

（4）单击上面的"取消"按钮就可以关闭当前的图片快速浏览模式。

图 3.1 "选择浏览对象"菜单

3.1.2 使用键盘移动插入点

除了使用鼠标来移动插入点之外，还可以使用键盘来移动插入点，按键及功能部分说明见表 3.1。

表 3.1 使用键盘移动插入点

按键	移动插入点
Ctrl+←	左移一个字或单词
Ctrl+→	右移一个字或单词
Ctrl+↑	移至当前段的开始处，如果插入点已位于段落的开始处，则把插入点移至上一段的开始处
Ctrl+↓	移至下一段的开始处
Home	移至行首
End	移至行尾
Page Up	上移一屏
Page Down	下移一屏
Ctrl+Page Up	上移一页
Ctrl+Page Down	下移一页
Ctrl+Home	移至文档的开头
Ctrl+End	移至文档的末尾

3.1.3 定位到书签

在阅读一本书时，常常在书中夹一个精美的书签，以标明看到了哪一页。在 Word 文档中也可以插入书签以便快速定位插入点。

1．设置书签

（1）将插入点定位在要设置书签的位置。如果要用书签标识一定数量的文本，则选定这些文本。

（2）单击"插入"选项卡，在"链接"功能区中单击"书签"按钮，出现如图 3.2 所示的"书签"对话框。

（3）在"书签名"文本框中输入书签名。

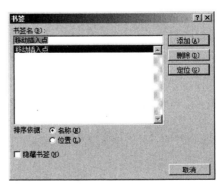

图 3.2 "书签"对话框

注意:

书签名必须以字母和文字开头，可包含数字但不能有空格。

（4）单击"添加"按钮。此时，插入点位置或者选定的文本区域被加上了书签，相应的书签名将出现在"书签"对话框中。

2．定位到书签

使用"定位"功能快速翻阅文档，不仅可以定位到书签，还可以定位到指定的页数、脚注、表格和批注处。

（1）单击"插入"选项卡中"链接"功能区中的"书签"按钮，在如图 3.2 所示的"书签"对话框中，选择要用到的书签，单击右下方的"定位"按钮。

（2）按【Ctrl+G】组合键，打开"查找和替换"对话框中的"定位"选项卡，如图 3.3 所示。在"定位目标"列表框中选择"书签"选项，在"请输入书签名"列表框中选择要定位到的书签，单击"定位"按钮。

图 3.3 "定位"选项卡

3．显示书签指示器

如果指定了文本块或某一项的书签，该书签将以方括号（[…]）的形式出现在屏幕上。如果指定了某个位置的书签，该书签将以"I"形标记的形式出现。方括号和"I"形标记均不会被打印。

单击"文件"选项卡中的"选项"，选择"高级"，然后在如图 3.4 所示的"显示文档内容"选项组中选中"显示书签"复选框，可以在文档中显示书签。

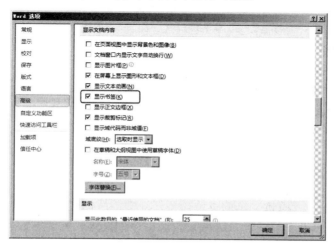

图 3.4 "显示文档内容"选项组

3.1.4 插入超链接

在 Word 文档中可以插入指向当前文档某一位置、指向其他文档中特定位置或指向电子邮件地址的超链接，单击已创建的超链接可以实现插入点的快速定位。

【实例 3-2】在如图 3.5 所示的文档中综合使用"书签"与"超链接"功能实现长文档的索引，使浏览更灵活。

具体操作是：在第二段段首插入书签"运算器"；在第三段段首插入书签"控制器"；并对第一段的文字创建相应的超链接。插入超链接的具体步骤如下：

图 3.5　实例文字

（1）选择要用于代表超链接的文字或对象，即第一段中的"控制器"，在"插入"选项卡中，单击"链接"工作区中的"超链接"按钮，打开"插入超链接"对话框，如图 3.6 所示。

（2）单击右侧的"书签"按钮，打开如图 3.7 所示的对话框，在其中选择要链接到的书签"控制器"。

图 3.6　"插入超链接"对话框　　　　图 3.7　"在文档中选择位置"对话框

（3）单击"确定"按钮。

（4）重复以上操作，完成对文本"运算器"的超链接设置，就可以实现如同浏览网页的视觉效果。

如果要取消已创建的超链接，只需在代表超链接的文字或对象上单击鼠标右键，在弹出的快捷菜单中选择"取消超链接"命令。

3.1.5 返回上次的编辑位置

Word 可以跟踪输入或编辑文本的位置。在打开文档后按【Shift+F5】组合键，可将插入点移到上次保存该文档时编辑的位置，这在编辑长文档时非常有用。在正在编辑的文档中，连续按【Shift+F5】组合键，可以跟踪最近的三个插入点。

3.2　选定文本

在输入文本之后，如果需要移动、复制某部分文本，应先执行选定该文本的操作。被选定的文本部分将会出现淡蓝色底纹。

3.2.1　用鼠标选定文本

1．选定任意长度的文本

（1）将鼠标指针指向要选定文本的开始处。

（2）按住鼠标左键拖过想要选定的文本，直到要选定的文本全部出现淡蓝色底纹后释放鼠标左键。

2．选定一行文本

将鼠标移到该行的左侧，直到鼠标变成一个向右斜指的箭头，然后单击，即可选定一行文本。

3．选定多行文本

（1）将鼠标移到第一行的左侧，直到鼠标变成一个向右斜指的箭头。

（2）向下拖曳鼠标，直到要选定的最后一行。

（3）释放鼠标左键。

4．选定一个句子

按住【Ctrl】键，然后在该句的任何地方单击，即可选定一个句子。

5．选定一个段落

（1）将鼠标移到该段落的左侧，直到鼠标变成一个向右斜指的箭头。

（2）双击鼠标。

6．选定竖块文本

（1）将插入点移到要选定的竖块文本的一角。

（2）按住【Alt】键拖曳鼠标到文本块的对角即可选定竖块文本，如图 3.8 所示。

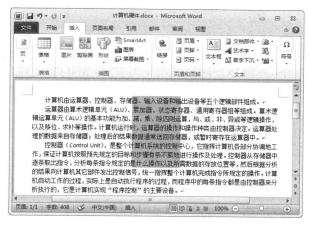

图 3.8　选定竖块文本

7．选定不连续的多个文本块

（1）先选中一个文本块。

（2）按住【Ctrl】键拖曳鼠标选其他的文本块。

3.2.2　用键盘选定文本

在实际操作中有时会觉得用键盘选定文本会比用鼠标更快捷、更准确。其常用的组合键说明见表 3.2。

表 3.2　用键盘选定文本的常用组合键

按键	作用
Shift+Ctrl+←	选定内容向前扩展至单词开头
Shift+Ctrl+→	选定内容向后扩展至单词结尾
Shift+Ctrl+↑	选定内容扩展至段首
Shift+Ctrl+↓	选定内容扩展至段尾
Shift+Home	选定内容扩展至行首
Shift+End	选定内容扩展至行尾
Shift+PgUp	选定内容向上扩展一屏
Shift+PgDn	选定内容向下扩展一屏
Shift+Ctrl+Alt+PgDn	选定内容至文档窗口结尾处
Shift+Ctrl+Alt+PgUp	选定内容至文档窗口开始处
Shift+Ctrl+Home	选定内容至文档开始处
Shift+Ctrl+End	选定内容至文档结尾处
Ctrl+A	选定整个文档

3.3　移动、复制、删除和改写文本

3.3.1　Office 剪贴板

在 Office 2010 中，剪贴板可以存储 24 项剪贴内容，并且这些剪贴内容可在 Office 2010 的所有组件中共享。如果 Office 剪贴板中已存满 24 项剪贴内容，又继续移动或复制新内容时，Office 会提示复制的内容将被添加到剪贴板的第一项并清除最后一项内容。

➢ 单击"开始"选项卡中剪贴板功能区右下角的"剪贴板"按钮，弹出"Office 剪贴板"任务窗格，如图 3.9 所示。在任务窗格中会出现前几次留在剪贴板上的内容，单击其中一项，则相应内容被粘贴到当前插入点的位置。

图 3.9　Office 剪贴板

3.3.2　移动文本

在编辑文档的过程中，常常需要将某些文本从一个位置移动到另一个位置，以重新组织文档的结构。在 Word 中，有多种移动文本的方法，以下是几种常用方法。

1．使用拖放法移动文本

如果要短距离移动文本，可以使用拖放法来移动文本。

（1）选定要移动的文本。

（2）将鼠标指针指向选定的文本。

（3）按住鼠标左键，鼠标将变成 形状，并且还会出现一条虚线插入点，表示移动的位置，拖曳鼠标至目的地，松开鼠标即可。

注意：

如果鼠标指针没有改变，应单击"文件"菜单中的"选项"按钮，从弹出的"Word 选项"卡中单击"高级"按钮，对"允许拖放式文字编辑"选项进行钩选。

（4）松开鼠标左键，选定的文本便从原来的位置移至新的位置。

实用技巧：

使用键盘也可以移动文本，选定要移动的文本后按【F2】键，状态栏中将提示"移至何处？"，再将插入点移到新位置后按回车键。

2．使用剪贴板移动文本

如果要长距离移动文本，可以使用剪贴板。

（1）选定要移动的文本。

（2）单击"开始"选项卡中"剪贴板"功能区的"剪切"按钮 或者按【Ctrl+X】组合键，将选定的文本删除并存放到剪贴板中。

（3）把插入点移到想粘贴的位置。如果是在不同的文档间移动内容，将另一个文档切换为活动文档。

（4）单击"开始"选项卡中"剪贴板"功能区的"粘贴"按钮 或者按【Ctrl+V】组合键。

3.3.3　复制文本

1．用拖放法复制文本

如要短距离复制文本，可以使用拖放法。

（1）选定要复制的文本。

（2）将鼠标指针指向选定的文本，鼠标指针变成箭头形状。

（3）按住【Ctrl】键，然后拖曳鼠标，鼠标指针将变成带加号的箭头形状，并且还会出现一个虚线插入点。

（4）当虚线插入点移至目的地时，松开鼠标左键，再松开【Ctrl】键，在新位置处将会出现要复制的文本。

2．使用剪贴板复制文本

如要长距离复制文本，应使用剪贴板。

（1）选定要复制的文本。

（2）单击"开始"选项卡中"剪贴板"功能区的"复制"按钮 或者按【Ctrl+C】组合键，选定的文本被存放到剪贴板中。

（3）把插入点移到想粘贴的位置。

（4）单击"开始"选项卡中"剪贴板"功能区的"粘贴"按钮 或者按【Ctrl+V】组合键。

3.3.4　删除文本

删除插入点左侧的一个字符按【Backspace】键，删除插入点右侧的一个字符按【Delete】键。要删除一大块文本，应先选定该文本块再按【Delete】键。

3.3.5　改写文本

如果某部分文本需要改写，一般最常用的方法是先将这部分内容删除，然后再插入正确内容。也可以使用改写方式，按【Insert】键，即可切换"改写/插入"模式，此时状态栏中出现"改写"字样，呈"改写"模式。将插入点移到要改写的文本右侧，然后输入新的内容，此时新的文字将逐字覆盖原来位置的文字。再次按【Insert】键，状态栏中出现"插入"字样，重新切换回"插入"模式。

3.3.6　重复、撤销和恢复

（1）在输入文本或对文档进行操作的过程中，单击"快速访问"工具栏中的"重复"命令或按【Ctrl+Y】组合键可重复刚进行的操作。

（2）按【Ctrl+Z】组合键可以撤销刚刚完成的最后一次操作。单击"快速访问"工具栏中的"撤销"按钮右侧的向下箭头，在打开的"撤销"下拉列表中拖曳鼠标可同时撤销多步操作。

（3）执行了"撤销"命令后，如果要恢复被撤销的操作应单击"快速访问"工具栏中的"恢复"按钮 。

3.4 查找与替换文本

由于 Word 窗口大小有限，最多每屏只能显示 20 行左右，所以对于篇幅较长的文档，若凭借眼睛逐行查找某部分文本，费时费力，可能还有遗漏。Word 提供的查找与替换功能，不仅可以方便地查找所需的文字，还可以把查找到的字句替换成其他字句，甚至还能查找指定的格式或其他特殊字符等，熟练使用查找和替换功能可以大大提高编辑工作的效率。

3.4.1 查找文本

在 Word 中，可以查找任意组合的字符，包含中文、英文、全角或半角等，甚至可以查找英文单词的各种形式等。

1．查找文本

（1）单击"开始"选项卡中"编辑"功能区的"替换"按钮或者按【Ctrl+H】组合键，打开"查找和替换"对话框，单击"查找"选项卡，如图 3.10 所示。

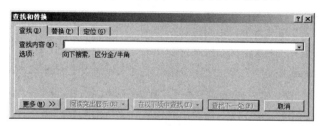

图 3.10 "查找和替换"对话框

（2）在"查找内容"文本框中输入要查找的字符串。例如，输入"导航"；也可打开"查找内容"下拉列表，可以从中选定要查找的内容；还可以在文档中选定要查找的内容，按【Ctrl+C】组合键复制内容，在"查找内容"文本框中按【Ctrl+V】组合键将内容粘贴过来。

（3）单击"查找下一处"按钮即可查找指定的文本。找到后会在屏幕上显示加有浅蓝色底纹的文本。如果仍要继续查找指定的内容应再次单击"查找下一处"按钮。

（4）单击"取消"按钮取消查找工作，并关闭对话框。

实用技巧：

当单击"查找和替换"对话框中的"取消"按钮返回到文档编辑窗口之后，还可以通过按【Shift+F4】组合键来完成重复查找的工作。利用【Shift+F4】组合键继续查找时，Word 不再显示"查找和替换"对话框，而是按照上次查找的内容来搜索，并加浅蓝色底纹显示搜索到的文本。

2．设置更多查找选项

要显示更多的查找选项，应单击"查找和替换"对话框中的"更多"按钮，打开"搜索"

选项设置，如图 3.11 所示。

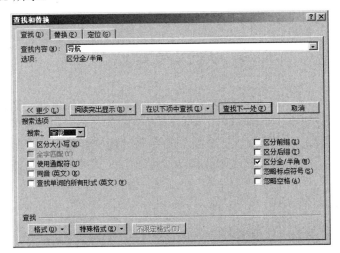

图 3.11　查找选项设置

常用的选项功能介绍如下：

① **"搜索"**列表框：用于指定搜索的范围，其中包括"全部"、"向上"和"向下"三个选项。

➤ **"全部"**：在整个文档中搜索指定的查找内容，它是指从插入点处搜索到文档末尾后，再继续从文档起始搜索到插入点位置。

➤ **"向上"**：从插入点位置搜索至文档起始处。

➤ **"向下"**：从插入点位置搜索至文档末尾处。

② **"区分大小写"**复选框：指定 Word 只能搜索到与目标内容英文字母大小写完全一致的文本。例如，当在"查找内容"框中输入单词 Word 时，仅能查找到 Word 本身，而 Word 以及 WORD 等不同的大小写格式将不被搜索。

③ **"全字匹配"**复选框：指定 Word 仅查找整个单词，而不是较长单词的一部分。

④ **"使用通配符"**：指定在"查找内容"框中可以使用通配符来查找文本。通配符 "?" 代表一个字符，通配符 "*" 代表任意多个字符。例如，在"查找内容"文本框中输入 "?角"，可以查找到的"全角"、"半角"等文本。

⑤ **"同音（英文）"**：指定 Word 查找与目标内容发音相同的单词。

⑥ **"查找单词的所有形式（英文）"**：指定 Word 查找与目标内容属于相同形式的单词。例如 is 的所有形式：are、were、was、am 和 be。

⑦ **"区分前缀"**：指定 Word 查找与目标内容开头字符相同的单词。

⑧ **"区分后缀"**：指定 Word 查找与目标内容结尾字符相同的单词。

⑨ **"区分全/半角"**：指定同一个字符的全角和半角形式将被认为是不相同的字符。

⑩ **"忽略标点符号"**：指定 Word 在查找目标内容时忽略标点符号。

⑪ **"忽略空格"**：指定 Word 在查找目标内容时忽略空格。

3．查找特殊字符

在 Word 中，可以查找特殊字符，如段落标记、制表符等。在查找不可打印的字符时，应先单击"开始"选项卡"段落"功能区中的"显示/隐藏编辑标记"按钮显示不可打印字符。

【实例 3-3】在文档中查找特殊字符。

　复制网页上的大段文本时，会将网页中的人工分行符也复制过来，这往往会影响到排版的效果，将人工分行符↵替换为段落标记↵的操作步骤如下：

　　（1）在文档中选中要查找的范围。

　　（2）按【Ctrl+H】组合键打开"查找和替换"对话框，单击"更多"按钮，打开"搜索"选项设置。

　　（3）清除"使用通配符"复选框的勾选。

　　（4）单击"特殊格式"按钮，打开"特殊格式"列表，如图图 3.12 所示。

　　（5）从"特殊格式"列表中单击"手动换行符"，"查找内容"文本框中将出现"^l"

　　（6）在"替换为"文本框中单击鼠标后，再单击"特殊字符"按钮，在"特殊字符"列表中单击"段落标记"，"替换为"文本框中将出现"^P"。

　　（7）单击"全部替换"按钮将替换所选范围内所有的人工换行符。

图 3.12　"特殊格式"列表

4．查找特定格式

　在 Word 中，可以查找文档中特定的格式。

【实例 3-4】查找文档中被修改后红色显示的更正字符。

　（1）按【Ctrl+H】组合键打开"查找和替换"对话框。

　（2）删除"查找内容"文本框中的所有文本。

　（3）单击"更多"按钮，展开"更多"查找选项。

　（4）单击"格式"按钮，弹出"格式"菜单，如图 3.13 所示，从菜单中选择"字体"命令，打开"查找字体"对话框，如图 3.14 所示。

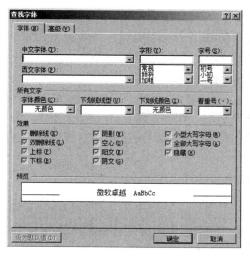

图 3.13　"格式菜单"　　　　　　　图 3.14　"查找字体"对话框

（5）单击"字体颜色"列表向下箭头，在"颜色"列表中选择"红色"。

（6）单击"确定"按钮，关闭"查找字体"对话框，返回"查找和替换"对话框。在"查找内容"下面的"格式"区中显示"字体颜色：红色"字样。

（7）单击"查找下一处"按钮，Word 将以浅蓝色底纹显示查找到的红色文本。

3.4.2 替换文本

在 Word 中，不仅可以替换一些普通的文字和符号，还可以替换带格式的文本及特殊符号。

1．替换文本

【实例 3-5】在编辑文档时需要将文档中的文字"数字"改为"数值"。

（1）单击【Ctrl+H】组合键，打开如图 3.15 所示的"替换"选项卡。

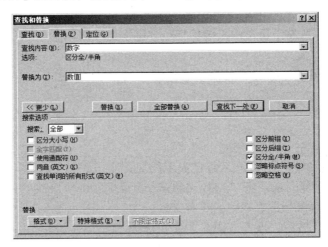

图 3.15　"替换"选项卡

（2）在"查找内容"文本框中输入要查找的文本"数字"。

（3）在"替换为"文本框中输入"数值"。

（4）单击"查找下一处"按钮。当查找到指定的内容之后，可以选择以下 3 种方式之一：

> ➢ 单击"查找下一处"按钮，忽略当前查找到的内容继续查找。

> ➢ 单击"替换"按钮，将查找到的内容替换为"数值"，并且继续进行查找。

> ➢ 单击"全部替换"按钮，将文档中所有的"数字"改为"数值"，不再提示。

（5）替换完毕后，Word 会显示一个消息框，表明已经完成文档的搜索，单击"确定"按钮关闭消息框；单击"关闭"按钮关闭"查找和替换"对话框，返回到文档中。

2．替换指定的格式

在 Word 中，可以替换指定的格式。

【实例 3-6】将文档中所有宋体字的文本替换为楷体。

（1）单击【Ctrl+H】组合键打开"查找和替换"对话框中的"替换"选项卡，单击"更多"按钮，打开更多选项设置。

（2）删除"查找内容"文本框中的内容。如果使用"查找"命令时设置了查找内容的格式，可以单击对话框下方的"不限定格式"按钮清除设置的格式。

（3）单击"格式"按钮，从"格式"菜单中选择"字体"命令，打开"查找字体"对话框。

（4）在"中文字体"列表框中选择"宋体"选项。

（5）单击"确定"按钮，在"查找内容"文本框下文的"格式"区中显示"字体：（中文）宋体"字样。

（6）将插入点移到"替换为"文本框中，删除其中的内容。

（7）单击"格式"按钮，从"格式"菜单中选择"字体"命令，打开"替换字体"对话框，如图 3.16 所示。

（8）在"中文字体"列表框中选择"楷体"，单击"确定"按钮返回到"查找和替换"对话框中。

（9）单击"全部替换"按钮，即可将文档中的宋体格式替换为楷体格式。Word 会显示一个消息框提示替换的次数，单击"确定"按钮关闭消息框。

（10）单击"关闭"按钮，关闭"查找和替换"对话框。

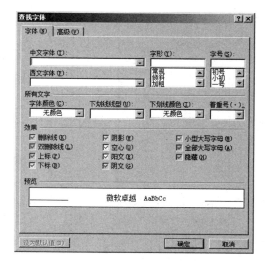

图 3.16　"替换字体"对话框

3.4.3　"导航"窗格

"导航"窗格是 Word 2010 的新增功能，使用它可以进行标题导航、页面导航、关键字（词）导航和特定对象导航，轻松查找、定位到想查阅的段落或特定的对象。

1．显示"导航"窗格

单击"视图"选项卡"显示"功能区中的"导航窗格"复选框，或使用【Ctrl+F】组合键，即可在 Word 2010 编辑窗口的左侧打开"导航"窗格如图 3.17 所示。

2．标题导航

文档标题导航使用方法很简单，但在使用前必须事先设置标题，应用标题样式，否则窗格将显示"此文档不包含标题"，无法用文档标题进行导航。

进行标题导航时，在打开"导航"窗格后，单击"浏览您的文档中的标题"选项卡，将文档导航方式切换到"文档标题导航"，如图 3.18 所示，Word 2010 会对文档进行智能分析，并将文档标题在"导航"窗格中列出，标题从上到下顺序排列。单击窗格中的标题，就会跳转定位到文档正文中相对应的章节。

3．页面导航

当需要从众多分页中找到其中某页时，使用"导航"窗格的浏览页面功能会很方便。单击"导航"窗格上的"浏览您的文档中的页面"选项卡，Word 2010 会在如图 3.19 所示的"导航"窗格上以缩略图形式列出所有文档分页。单击分页缩略图，光标就可以跳转定位到文档正文中相应页面。

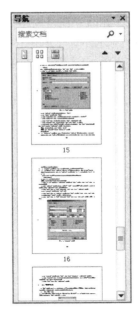

图 3.17　"导航"窗格　图 3.18　按标题样式浏览的"导航"窗格　图 3.19　按页浏览的"导航"窗格

4．关键字（词）导航

除了通过文档标题和页面进行导航之外，Word 2010 还可以进行关键（词）的导航。单击"导航"窗格上的"浏览您当前搜索的结果"选项卡，然后在"搜索文档框"文本中输入关键字（词），所有匹配项会按顺序排列在"导航"窗格中，文档正文中相应的匹配项也会突出显示为黄色底纹。单击这些导航链接，光标就可以快速跳转定位到文档中的相应位置。利用窗格中的向上箭头和向下箭头按钮也可进行相应跳转定位。

5．特定对象导航

在一篇长文档中，往往包含有文本以外的图形、表格、公式、批注等对象，Word 2010 的导航功能可以快速查找文档中的这些特定对象。单击"导航"窗格"搜索文档"文本框右侧放大镜或放大镜后面的"▼"，在出现的如图 3.20 所示的列表中选择相关选项，"导航"窗格的"搜索文档"文本框中出现查找内容字样，所有匹配项按顺序排列在"导航"窗格中，单击这些导航链接，就可以快速跳转定位到特定对象在文档中的位置。

图 3.20　查找对象列表

 习题 3

一、单选题

1．在 Word 编辑状态下，当"开始"选项卡中的"剪切"和"复制"按钮都呈灰色时，表明（　　）。

A．剪贴板上已无存放空间　　　　　B．可以用组合键进行剪切或复制

C．没有选定任何内容　　　　　　　D．没有选定文本内容

2．在 Word 的编辑状态下，有关删除文字的下列说法中，正确的是（　　）。

A．选中一些文字后，按【Delete】键或按【Backspace】键，都可以删除所选中的文字。

B．选中一些文字后，按【Delete】键和按【Ctrl＋X】组合键是相同的效果。

C．选中一些文字后，按【Delete】键删除后，不可以恢复删除；而按【Ctrl＋X】组合键删除后可以恢复。

D．按【Backspace】键删除光标以右的字符，按【Delete】键删除光标以左的字符。

3．假设 Windows 处于系统默认状态，在 Word 编辑状态下，移动鼠标至文档行首空白处（文本选定区）连击左键两下，结果会选择文档的（　　）。

A．一句话　　　　　B．一行　　　　　C．一段　　　　　D．全文

4．用拖曳的方法复制文本应先选择要复制的内容，然后（　　）。

A．拖曳鼠标到目的地后松开左键

B．按住【Ctrl】键并拖曳鼠标到目的地后先松开左键，再松开【Ctrl】键

C．按住【Shift】键并拖曳鼠标到目的地后先松开【Shift】键，再松开左键

D．按住【Ctrl】键并拖曳鼠标到目的地后先松开【Ctrl】键，再松开左键

5．在 Word 中，选取一行文字，可在该段左边（　　）。

A．单击　　　　　B．双击　　　　　C．右击　　　　　D．三击

6．在 Word 中，关于"剪贴板"的说法正确的是（　　）。

A．"剪贴板"大小可以自行设置

B．断电后，"剪贴板"中的内容还存在

C．"剪贴板"是一块外存区域

D．只有通过"剪切"或"复制"操作才能将选定内容存入"剪贴板"

7．Word 中的"撤销"命令是（　　）。

A．撤销选中的命令　　　　　　　　B．撤销刚才的输入

C．撤销最后一次操作　　　　　　　D．关闭当前文档

8．在 Word 中使用"替换"功能进行短语的替换，若想将文档中的"阳光"和"月光"全部替换成"自然光"，则查找内容可输入为（　　）。

A．阳光或月光　　　　　　　　　　B．阳光/月光

C．？光　　　　　　　　　　　　　D．阳光、月光

9．在 Word 编辑状态下，查找内容为"An"，"Another"没找到，是设置了（　　）。

A．区分大小写　　　　　　　　　　B．使用通配符

C．区分前缀　　　　　　　　　　　D．全字匹配

10．Word 中的"重复"按钮和"恢复"按钮（　　）。

A．不是同一个按钮　　　　　　　　B．是同一个按钮

C．按钮的图标相同　　　　　　　　D．它们的作用一样

二、上机实习

1．新建一个文件名为"网络文明"的文档，录入以下文字，并将文档中所有的"青年"替换为"青少年"，并保存在 D 盘根目录的"word 实例"文件夹中。

网络是青年的交流空间，以礼待人、互助互爱、诚信友善是构建文明网络交流空间的基础。同时网络是青年的学习空间，"近朱者赤，近墨者黑"，网络中传统美德、优秀文化、先进思想的涌现为青年成长发展创造了

良好的环境，网络中糟粕文化、不良信息、腐朽思想的存在使青年的健康成长受到威胁。因此，我们要大力**繁荣**符合青年成长需求的绿色网络内容，通过网络手段弘扬中华传统美德，引导青年在网络生活中践行社会主义荣辱观。

2. 新建一个文件名为"第四代移动通信"的文档，录入以下文字，保存在 D 盘根目录的"Word 实例"文件夹中，并使用查找替换命令在文章第二句中的"4G"后面添加"（第四代移动通信技术）"。

第四代移动电话行动通信标准，指的是第四代移动通信技术，缩写为 4G。随着数据通信与多媒体业务需求的发展，适应移动数据、移动计算及移动多媒体运作需要的 4G 开始兴起，因此有理由期待这种 4G 技术给人们带来更加美好的未来。另一方面，4G 也因为其拥有的超高数据传输速度，被中国物联网校企联盟誉为机器之间当之无愧的"高速对话"。

3. 新建一个文件名为"光纤通信"的文档，录入以下文字，并完成指定操作：将第一行第三个字至第三行第七个字所形成的矩形文字块设置为黑体字，用拖放法将第一段复制到文档最后，用拖放法将第三段移动到第二段的前面，保存在 D 盘根目录的"Word 实例"文件夹中。

由于光纤通信具有大容量、长距离和抗电磁干扰等优点，使光纤通信很好地适应了当今电力通信发展的需要。特别是光纤复合架空地线，结合了铝包钢线的高机械、高导电性和良好的抗腐蚀性，将电力架空地线与通信光纤有效地结合在一起，因此受到电力系统行业的重视，并逐渐被推广使用。

光纤入户有很多种架构，其中主要有两种：一种是点对点形式拓扑，从中心局到每个用户都用一根光纤；另外一种是使用点对多点形式拓扑方式的无源光网络，采用点到多点的方案可大大降低光收发器的数量和光纤用量，并降低中心局所需的机架空间，具有成本优势，目前已经成为主流。

光纤接入所用的设备主要有两种，一种是部署在电信运营商机房的局端设备，叫光线路终端，另一种是靠近用户端的设备，叫光网络单元。从目前的发展情况看，光纤入户还涉及多个产业和门类，如室内光纤、工程以及应用，对整个电信业乃至信息业都是具有战略意义的。

第 4 章

排版与打印

学习目标

- 熟练掌握设置字符格式、间距、边框、底纹、中文版式的技巧
- 能够熟练运用格式刷复制各种样式
- 熟练掌握设置段落对齐方式和缩进格式的方法
- 灵活运用设置段落间距和行间距的方法
- 能够使用格式复制功能快速设置格式的方法
- 掌握分栏排版的方法
- 掌握设置边框与底纹的方法
- 掌握页面设置和打印预览的方法
- 能够熟练打印各种格式的文档

排版工作主要包括设置字符格式、设置段落格式和设置页面格式。在排版时，还可利用样式和模板功能简化操作过程。编辑排版结束后，使用 Word 的打印功能可以将文档打印输出。

4.1 设置字符格式

在 Word 中，字符是作为文本输入的字母、汉字、数字、标点符号以及特殊符号等，字符格式在 Word 中就是字符的外观，包括字体、字形、字号、颜色、下画线、着重号、动态效果等。

一般情况下，Word 用默认格式设置所输入字符的字体、字号及其他字体格式。如果要设置新的字符格式，可以在录入文本之前选择新的格式以改变原来的格式设置，也可以在输入之后选定文本，再设置新的格式。通常情况下，采用"先输入文本，后设置格式"的办法。

4.1.1　设置字体格式

设置字体格式的操作步骤如下：

（1）选定要设置字体的文本，或将插入点光标移到新文本开始的位置。

（2）单击"开始"选项卡"字体"功能区中的"字体"按钮，打开"字体"对话框，如所图 4.1 所示，在"中文字体"、"西文字体"列表框中分别选择中文字的字体和西文字的字体，Word 默认的中文字体是"宋体"，英文字体是"Times New Roman"，字号是"五号"。

（3）在"字形"框中可选择"常规"、"倾斜"、"加粗"、"加粗倾斜"四种字形，Word 默认设置为"常规"字形。

（4）在"字号"列表框中设置文本的大小，字号指文本的大小，Word 默认字号为五号。另外还有一种衡量字号的单位是"磅"（1 磅相当于 1/72 英寸）。"磅"与"号"两个单位之间有一定的关系，9 磅的字与小五号字大小相等。

（5）单击"字体颜色"框中向下箭头，弹出如图 4.2 所示的调色板，可以从中选定所需的颜色。如果"字体颜色"下拉列表中提供的颜色不符合要求，可单击"其他颜色"选项，打开如图 4.3 所示的"颜色"对话框，在其中定义新的颜色。

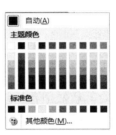

图 4.2　调色板图

图 4.1　"字体"对话框

4.3　"颜色"对话框

（6）单击"下画线"列表中的向下箭头，在如图 4.4 所示的"下画线"列表中选择要添加的下画线样式，例如选定"点线"。还可以在右侧的"下画线颜色"框中设置下画线的颜色。

（7）在"效果"选项组中，选择所需的效果选项，如上标、下标、删除线、双删除线等。在"预览"框中，可看到相应的效果。

> 删除线：选中该复选框，可以在选定的文本中间添加一条水平线，示意被删除。

> 双删除线：选中该复选框，可以在选定的文本中间添加两条水平线。

图 4.4　"下画线"列表

➤ **上标:** 选中该复选框,可以将选定的文本变小并升高到标准行的上方。例如,a^2 中的 "2" 即为上标效果。

➤ **下标:** 选中该复选框,可以将选定的文本变小并降低到标准行的下方。例如,H_2O 中的 "2" 即为下标效果。

➤ **小型大写字母:** 选中该复选框,可以将所选的英文小写字母变成小型的英文大写字母,即这些字母比大写字母略小一些。

➤ **全部大写字母:** 选定该复选框,可以将所选的英文字母全部改为大写字母。

➤ **隐藏文字:** 选中该复选框,将所选文本设置为隐藏文本,且不能被打印输出。

(8)在 "预览" 框中显示设置好的字体格式,单击 "确定" 按钮。

注意:

如果使用 "开始" 选项卡 "字体" 功能区中的 "字体" 下拉列表框,如图 4.5 所示,将不区分中、英文字体,都设置成一种字体,这种方法只适用于简单的文本设置。

图 4.5 "字体" 列表

实用技巧:

➤ 【Ctrl+B】组合键设置 "加粗"

➤ 【Ctrl+I】组合键实现 "倾斜"

➤ 【Ctrl+U】组合键实现添加 "下画线" 功能。

再一次单击相应的组合键就会取消相应的设置。

【实例 4-1】设置如图 4.6 所示的 "通知" 标题。

石家庄市新闻出版局
会议通知

图 4.6 文件标题

（1）选择要设置格式的文字

（2）单击"字体"功能区中"字体"列表选择"宋体"，在"字号"列表中选择"初号"，单击"字体颜色"按钮 **A▾**，在颜色列表中选择"红色"，单击"加粗"按钮 **B**，再单击"段落"功能区中"居中"按钮 **▆**，完成相应的设置。

图 4.7　"字体"对话框中"高级"选项卡

4.1.2　缩放字符

在 Word 中，可以很容易地设置扁体或长体文字。

（1）选定要水平缩放的字符或将插入点光标移到新设置的开始位置。

（2）打开"字体"对话框，单击"高级"选项卡中的"缩放"下拉列表，如图 4.7 所示。单击所需的比例（选择大于 100%的缩放比例，将设置成扁体字，选择小于 100%的缩放比例，将设置成长体字）。

注意：

缩放字符只是对文字在水平方向进行缩小或放大，而字号是对字符进行整体调整。

4.1.3　设置字符之间的距离

字符间距就是相邻字符之间的距离。通常情况下，无需考虑字符间距，Word 已经在字符之间设定了一定的间距。

（1）选定要设置字符间距的字符或将插入点光标移到新设置的开始位置。

（2）在"字体"对话框中选中"高级"选项卡。

（3）根据需要进行设置并在预览框中查看效果。

➢ **间距：**设置字符间距，有"标准"、"加宽"、"紧缩"三个选项。当选择"加宽"和"紧缩"两个选项时，可以在"磅值"增量框中输入一个数值，改变字符水平间距。

➢ **位置：**有"标准"、"提升"和"降低"三个选项。"提升"和"降低"两个选项可以设置选中字符在所在行中升高或降低的距离。

字符标准间距

字 符 加 宽 2 磅 的 间距

字符紧缩2磅的间距

字符提升 3 磅

➢ **调整字体的字间距：**选中该复选框可以让 Word 在大于或等于某一尺寸的条件下自动调整字符间距。

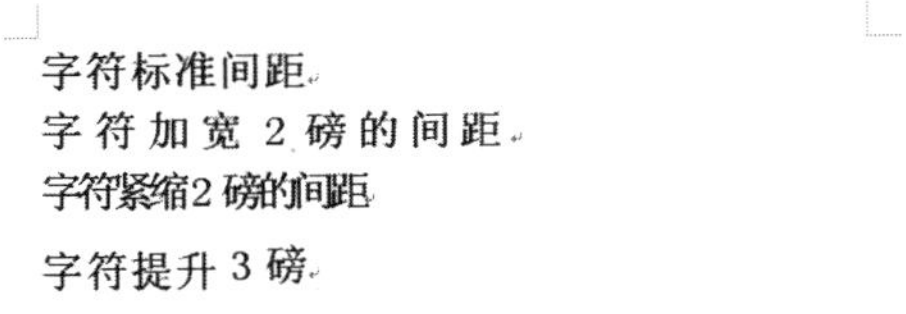

图 4.8　字符间距效果示例

（4）单击"确定"按钮，关闭对话框，设置字符间距效果示例如图 4.8 所示。

【实例 4-2】对【实例 4-1】中的文字进一步设置为如图 4.9 所示的效果。

石家庄市新闻出版局会议通知

图 4.9 "通知"标题

通过观察可以发现在【实例 4-1】中由于文字多而且字号大，文件头出现了自动换行的现象，而文件头一般要在一行内完成。可是，如果文件头的字号固定的话，就只能通过缩放字符和修正字符间距来实现该效果。

（1）选择相应的文字。

（2）在"字体"对话框的"高级"选项卡中，在"缩放"框中输入"85%"设置字符缩放的比例。

（3）在"间距"框中选择"紧缩"，在"磅值"框中输入"2"磅。

（4）单击"确定"按钮。

4.1.4 设置文字的文本效果

在 Word 文档中可以为所选的字符应用文本效果，例如：文本填充、文本边框、轮廓样式、阴影等，以便更引人注目。

（1）选定要设置文本效果的字符或将插入点移到新设置的开始位置。

（2）在"字体"对话框中单击"文字效果"按钮，打开"设置文本效果格式"对话框，如图 4.10 所示。先在左侧要选择要填加的文本效果类别如"文本填充"，然后在右侧设置相应的效果如"纯色填充"。

（3）单击"关闭"按钮，关闭对话框。

图 4.10 "设置文本效果格式"对话框

4.1.5 设置字符边框和底纹

1．给字符添加边框

（1）选定要添加边框的字符。

图 4.11 "边框"选项卡

（2）单击"页面布局"选项卡，单击"页面背景"功能区中的"页面边框"按钮，打开"边框和底纹"对话框，选择"边框"选项卡，如图 4.11 所示。

（3）从"设置"选项组中选择所需边框样式。在"样式"列表框中可选择所需的边框线型。"颜色"列表框用于给边框设置颜色，单击"颜色"列表框右侧的箭头，打开调色板，从中可选择所需的颜色。"宽度"列表框用于设置边框线条的粗细，打开"宽度"下拉列表，可从中选择所需的线条宽度。

（4）在"应用于"下拉列表框中，选择"文字"选项。

（5）单击"确定"按钮，关闭对话框。

【实例 4-3】 给文字添加 1.5 磅红色的三线边框，如图 4.12 所示。

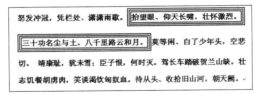

图 4.12　文字边框实例

如果只想给所选定的字符添加简单的单线边框，可单击"开始"选项卡中"字体"功能区中的按钮 Ⓐ 。

选定已添加边框的文本后，再次单击"开始"选项卡中"字体"功能区中的按钮 Ⓐ ，可删除已有的边框。

2．给字符添加底纹

（1）选定要设置底纹的字符。

（2）打开"边框和底纹"对话框，再选中"底纹"选项卡，如图 4.13 所示。

图 4.13　"底纹"选项卡

（3）"填充"列表框中列出了各种填充颜色，从中选择所需的颜色。打开"式样"下拉列表，从中选择所需的填充图案。

（4）在"颜色"列表框中选择图案的颜色

（5）在"应用于"下拉列表框中选择"文字"选项。

（6）单击"确定"按钮，关闭对话框。

【实例 4-4】 填充"灰色 35%"的底纹，效果如图 4.14 所示。

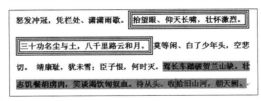

图 4.14　底纹效果

给所选字符添加简单的底纹，可单击“开始”选项卡中“字体”功能区中的按钮A。添加底纹后，再次单击按钮A，可删除已有的底纹。

4.1.6 设置首字下沉

为了强调段落或章节的开头，可以将第一个字符放大并下沉以引起注意，这种字符效果叫做首字下沉，如图 4.15 所示。

【实例 4–5】设置“怒”字为首字下沉。

具体的操作步骤如下：

（1）把插入点放到要设置首字下沉的段落中。

（2）单击“插入”选项卡中“文本”功能区中的“首字下沉”按钮，选择其窗格中的“首字下沉选项”，打开“首字下沉”对话框，如图 4.16 所示。

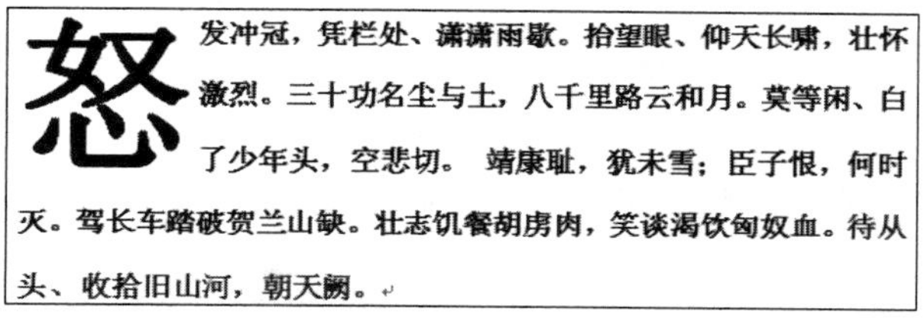
怒发冲冠，凭栏处、潇潇雨歇。抬望眼、仰天长啸，壮怀激烈。三十功名尘与土，八千里路云和月。莫等闲、白了少年头，空悲切。 靖康耻，犹未雪；臣子恨，何时灭。驾长车踏破贺兰山缺。壮志饥餐胡虏肉，笑谈渴饮匈奴血。待从头、收拾旧山河，朝天阙。

图 4.15 首字下沉实例

首字下沉
位置
无(N)
下沉(D)
悬挂(M)
选项
字体(F):
宋体
下沉行数(L): 3
距正文(X): 0 厘米
确定
取消

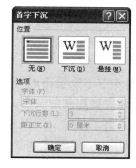

图 4.16 “首字下沉”对话框

（3）在“位置”选项组中，选择“下沉”，如果选择“无”，则取消已设置的首字下沉。

（4）在“选项”栏的“字体”列表中设置下沉字符的“字体”，在“下沉行数”中指定首字的高度，在“距正文”数值框中指定首字与段落中其他文字之间的距离。

（5）单击“确定”按钮，关闭对话框。

4.1.7 设置字符的其他格式

Word 还提供了很多特殊的字符排版功能，例如可以给中文字上面加拼音、给字符加圈、竖直排版、合并字符等。

【实例 4–6】给文字加拼音，效果如图 4.17 所示。

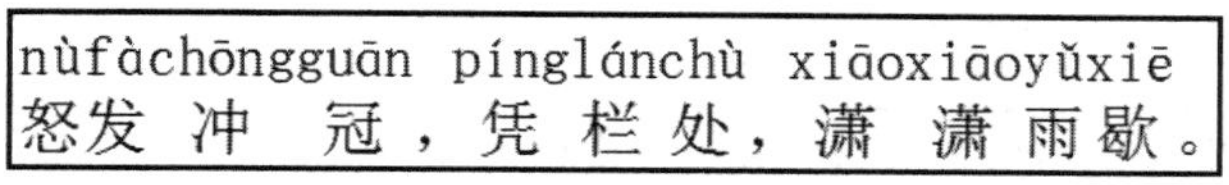
nùfàchōngguān pínglánchù xiāoxiāoyǔxiē
怒发 冲 冠，凭 栏 处，潇 潇 雨 歇。

图 4.17 加拼音文字示例

（1）选定要加拼音的文字。

（2）单击“开始”选项卡中“字体”功能区中的“拼音指南”按钮文，即弹出“拼音指南”对话框，如图 4.18 所示。

（3）在"基准文字"栏中显示刚才所选定的文字，在"拼音文字"栏中将显示与每个文字对应的拼音。

（4）在"对齐方式"中选择"居中"，在"字体"框中选择拼音所用的字体"宋体"，在"字号"框中选定拼音的字号，在"预览"框中观察效果。

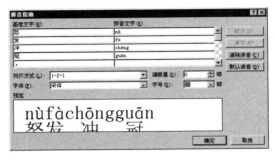

图 4.18　"拼音指南"对话框

（5）单击"确定"按钮，关闭对话框，示例如图 4.17 所示。

选定已添加拼音的文字后，单击"拼音指南"对话框中的"清除读音"按钮可取消拼音。

【实例 4-7】设置带圈字符，效果如图 4.19 所示。

（1）选定要加圈的文字。

（2）单击"开始"选项卡中"字体"功能区中的"带圈字符"按钮，即弹出"带圈字符"对话框，如图 4.20 所示。

图 4.19　带圈字符

图 4.20　"带圈字符"对话框

（3）在"文字"框中显示选中的字符，在"圈号"列表框中选择每个汉字所需的圈号样式。

（4）在"样式"选项组中选择所需样式。如果选择"无"，则撤销以前设置的带圈字符的圈号。

（5）单击"确定"按钮，关闭对话框，效果示例如图 4.19 所示。

【实例 4-8】合并字符，效果示例如图 4.21 所示。

合并字符是指将选定的多个字符组合为一个字符。

（1）先选定要合并的字符（最多六个汉字）。

（2）单击"开始"选项卡中"段落"功能区中的"中文版式"按钮，选择"合并字符"命令，打开"合并字符"对话框，如图 4.22 所示。

（3）选定的字符将出现在"文字"文本框中，在"字体"列表框和"字号"列表框中，选择合并后文字的字体和字号。

图 4.21　合并字符示例　　　　　　图 4.22　"合并字符"对话框

（4）单击"确定"按钮，关闭对话框。

如果要撤销字符合并，可选定合并后的字符，然后在"合并字符"对话框中单击"删除"按钮。

【实例 4-9】纵横混排，效果示例如图 4.23 所示。

文字默认的排列顺序是从左至右、从上至下，排版中有时需要纵横混排，形成特殊的视觉效果。

（1）选中要纵排的文字。

（2）单击"中文版式"按钮，选择"纵横混排"命令，打开"纵横混排"对话框，如图 4.24 所示。

图 4.23　纵横混排示例　　　　　　图 4.24　"纵横混排"对话框

（3）取消选中"适应行宽"复选框，否则整句文字将为了适应行高重叠在一起。

（4）单击"确定"按钮。

【实例 4-10】双行合一，效果如图 4.25 所示。

（1）选中要双行合一的文字。

（2）单击"中文版式"按钮，选择"双行合一"命令，打开"双行合一"对话框，如图 4.26 所示。

图 4.25　双行合一示例　　　　　　图 4.26　"双行合一"对话框

（3）选中"带括号"复选框，从"括号类型"中选择"（ ）"。

（4）单击"确定"按钮。

【**实例4-11**】竖直排版，示例如图4.27所示。

一般情况的书籍版式是从左向右横向排列，但由于某些原因，有时又需要改变文字排列方向。

（1）打开需改变文字方向的文档，或将插入点移到要改变文字方向的文本框或表格单元格中。

（2）单击"页面布局"选项卡，再单击"页面设置"功能区中的"文字方向"按钮，在下拉列表中选择"文字方向选项"命令，打开"文字方向"对话框，如图4.28所示。

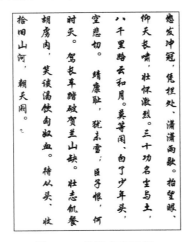
图4.27　纵排文字示例

图4.28　"文字方向"对话框

（3）在"方向"选项组中选中所需的文字纵排方式，在"预览"区中查看相应的效果。

（4）单击"确定"按钮，关闭对话框。

4.1.8　格式刷的应用

在文档中往往有多处相同的字符设置，如果每处都重复设置既繁琐，也容易产生格式不统一的失误。"开始"选项卡中"剪贴板"功能区中的"格式刷"可以快捷方便地将某种字符的设置复制给其他字符。

（1）选定已设置所需格式的字符。

（2）双击"开始"选项卡中"剪贴板"功能区中的"格式刷"按钮，此时鼠标指针变为形状。

（3）按住鼠标左键拖曳鼠标经过要进行格式设置的文本块，松开鼠标左键。重复操作直至完成所有同样格式的设置。

（4）再次单击"格式刷"按钮。

实用技巧:

使用组合键也可以复制字符格式。首先选定要复制格式的文字,按【Ctrl+Shift+C】组合键,然后选定要进行格式设置的文本块,按【Ctrl+Shift+V】组合键。

4.1.9 删除字符格式

Word 的格式化命令、按钮和组合键都具有打开和关闭格式的双重功能。例如,选定字符并单击"加粗"按钮,可使字符变成加粗格式。再次选定该字符并单击"加粗"按钮,可取消字符的加粗格式。如果要一次性全部删除所有格式设置,恢复为默认格式,可以直接按【Ctrl＋Shift＋Z】组合键。

4.2 设置段落的格式

段落的格式包括段落对齐、段落缩进、行间距和段间距、边框和底纹等内容。Word 将段落的格式"存放"在段落标记中。按回车键时,不仅表示要开始一个新的段落,同时 Word 将复制前一段的段落标记及其所包含的格式信息。如果删除、复制或者移动一个段落标记,也就相应地删除、复制或者移动了段落的格式信息。

4.2.1 设置段落缩进

段落缩进指段落中的文本与页边距之间的距离,设置段落缩进是为了使文档更加清晰、易读。段落缩进包括以下四种:

➢ **首行缩进**:将段落的第一行从左向右缩进一定的距离,而首行以外的各行都保持不变。
➢ **悬挂缩进**:与首行缩进相反,首行文本不改变,而除首行以外的文本向右缩进一定的距离。
➢ **左缩进**:使文档中某段的左边界相对其他段落向右偏移一定的距离。
➢ **右缩进**:使文档中某段的右边界相对其他段落向左偏移一定的距离。

可以使用标尺快速设置段落缩进,也可以使用"段落"对话框进行精确设置,还可以利用"缩进"按钮使段落缩进至制表位。

1．利用标尺快速设置段落缩进

如果屏幕上没有显示标尺,应先单击"视图"选项卡中"显示"功能区中的"标尺"复选框。在水平标尺上有几个缩进标记,如图 4.29 所示,通过移动这些标记即可改变插入点所在段落的缩进方式。具体操作步骤如下:

图 4.29 "标尺"

(1)选定要缩进的段落。

（2）将鼠标指针指向标尺中相应的缩进标记上。

（3）按住鼠标左键拖曳鼠标，将标记拖至所需位置，释放鼠标左键。

2．利用"段落"对话框精确设置段落缩进

使用标尺只能粗略地设置缩进，如果要想精确地设置缩进值，应使用"段落"对话框。

（1）选定要设置缩进的几个段落，如果只设置一个段落，可以只把插入点移至该段落中。

（2）单击"开始"选项卡，再单击"段落"功能区中的"段落"按钮，打开"段落"对话框中的"缩进和间距"选项卡，如图 4.30 所示。

（3）在"缩进"选项组中进行设置。

➢ 在"左侧"增量框中可以设置段落相对于左页边距缩进的距离。输入一个正值表示向右缩进，输入一个负值表示向左缩进。

➢ 在"右侧"增量框中可以设置段落相对于右页边距缩进的距离。输入一个正值表示向左缩进，输入一个负值表示向右缩进。

（4）在"特殊格式"列表框中可以选择"首行缩进"或"悬挂缩进"，然后在"磅值"框中输入缩进量。

（5）单击"确定"按钮，关闭对话框。首行缩进和悬挂缩进 2 字符的示例如图 4.31 所示。

图 4.30　"缩进和间距"选项卡

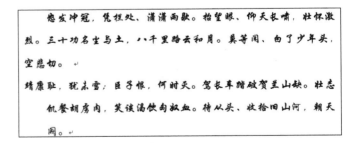

图 4.31　首行缩进和悬挂缩进示例

实用技巧：

在设置段落缩进时，使用"厘米"作为度量值单位，有时并不直观，在 Word 中还可以设置"字符"作为度量值单位，具体操作步骤如下：

（1）单击"文件"选项卡中的"选项"命令，打开"Word 选项"对话框，再选择左侧窗格中的"高级"选项，如图 4.32 所示。

（2）选中"以字符宽度为度量单位"复选框。

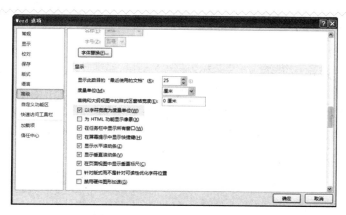

图 4.32 "Word 选项"对话框

3．利用缩进按钮缩进至制表位。

在"开始"选项卡"段落"功能区中有"减少缩进量"按钮 和"增加缩进量"按钮 。利用缩进按钮，只能完成左缩进的操作，而不能设置首行缩进、悬挂缩进和右缩进。进行段落左缩进设置时，先选定段落，然后单击"增加缩进量"按钮 ，就可以使选定段落的左边界往右缩进至下一个制表位。

4.2.2 设置段落对齐方式

段落对齐方式包括段落水平对齐方式和段落垂直对齐方式。

1．设置段落水平对齐方式

段落水平对齐方式指文档边缘的对齐方式，包括两端对齐、居中对齐、右对齐、分散对齐和左对齐，示例如图 4.33 所示。

> **两端对齐**是默认设置，使文本左右两端均对齐，但是最后不满一行的文本除外。

> **居中对齐**使文本在页面上居中排列。

> **右对齐**使文本在页面上靠右对齐排列。

> **分散对齐**使文本两端撑满，均匀分布对齐。

> **左对齐**使文本在页面中靠左对齐排列。

两端对齐两端对齐两端对齐两端对齐
居中对齐居中对齐居中对齐居中对齐
右对齐右对齐右对齐右对齐
分 散 对 齐 分 散 对 齐 分 散 对 齐 分 散 对 齐

图 4.33 水平对齐方式示例

在中文段落中左对齐与两端对齐没有太大差别，因而左对齐方式很少用到，而在英文段落中左对齐与两端对齐会有很大差别。

利用"段落"对话框和"段落"功能区中的对齐按钮都可以设置段落水平对齐方式，如两端对齐、居中对齐、分散对齐、左对齐和右对齐。

使用组合键也可以设置段落水平对齐方式。

> **居中对齐**:【Ctrl+E】

> **右对齐**:【Ctrl+R】

> **左对齐**:【Ctrl+L】

> **分散对齐**:【Ctrl+Shift+J】

➤ 两端对齐：【Ctrl+J】

2．设置段落垂直对齐方式

段落垂直对齐方式是指当在一段文字中使用了不同的字号时，可以将这些文字居下、居中、居上对齐，示例如图 4.34 所示。

（1）将插入点移至要设置垂直对齐方式的段落中。

（2）打开如图 4.35 所示的"段落"对话框的"中文版式"选项卡，在"文本对齐方式"列表框中，选择所需的对齐方式。

图 4.34　设置段落垂直对齐方式示例

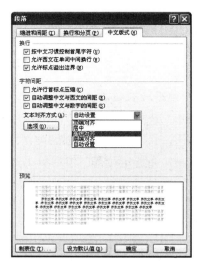

图 4.35　"中文版式"选项卡

➤ **顶端对齐：** 段落各行的中、英文字符顶端对齐，以最大字号的中文字符为准。

➤ **中间对齐：** 段落各行的中、英文字符中线对齐，以最大字号的中文字符为准。

➤ **基线对齐：** 段落各行的中、英文字符中线稍高于中文字符中线，以符合中文出版规则。

➤ **底端对齐：** 段落各行的中、英文字符底端对齐，以最大字号的中文字符为准。

➤ **自动：** 自动调整字体的对齐方式。

（3）单击"确定"按钮，关闭对话框。

4.2.3　设置段间距和行间距

段间距指段落与段落之间的距离，行间距则指段落中行与行之间的距离。

1．使用"段落"对话框设置段间距和行间距

（1）将插入点移至要调整的段落中，或者选定要调整的多个段落。

（2）在"段落"对话框的"缩进和间距"选项卡的"间距"选项组中，设置所选段落与前一段或后一段的距离值。例如：在"段前"文本框中输入"6 磅"，在"段后"文本框中输入"12 磅"。

（3）单击"行距"列表框，选择所需的行距选项。

➤ **单倍行距：** 设置每行的高度可以容纳该行的最大字体，再加上少量间距，所加的额外间距随着字体大小而有所不同。

> **1.5 倍行距**：把行间距设置为单倍行间距的 1.5 倍。
> **2 倍行距**：把行间距设置为单倍行间距的 2 倍。
> **最小值**：行距为仅能容纳本行中最大字体或图形的最小行距。如果在"设置值"文本框内输入一个值，则行距不会小于这个值。
> **固定值**：行与行之间的间距精确地等于在"设置值"文本框中设置的距离。

注意：

如果所设置的"固定值"过小，该行的文本将不能完整显示出来。

> **多倍行距**：允许行距以任何百分比增减。例如：选定"多倍行距"后，在"设置值"增量框中输入"1.8"，表示把行距设置为单倍行距的 1.8 倍。

（4）单击"确定"按钮，关闭对话框，效果如图 4.36 所示。

> 他，顶天立地，挡风遮雨，把一片片绿阴洒向大地。也有人把教师比作春蚕蜡烛，盛赞教师。
>
> "捧着一颗心来，不带半根草去"。
>
> 这篇演讲稿要通过对老师的讴歌和赞美，指出老师在人才培养、国家强盛中的巨大作用，充分表达对老师的热爱、崇敬、感激和怀念之情。

图 4.36 设置段间距和行间距示例

2．使用组合键设置段间距或行间距

> **设置单倍行距**：Ctrl+1
> **设置 2 倍行距**：Ctrl+2
> **设置 1.5 倍行距**：Ctrl+5

注意：

使用组合键设置段间距或行间距时要关掉中文输入法，否则有可能发生冲突。

4.2.4 换行与分页

在输入和排版文本时，有时会遇到一个段落的第一行排在页面的底部或者一个段落的最后一行排在下页的顶部这样的问题，给阅读带来不便。利用"段落"对话框的"换行与分页"选项卡中的选项，可解决上面的问题。

（1）将插入点移至要调整的段落中，或者选定要调整的多个段落。

（2）在如图 4.37 所示的"段落"对话框的"换行和分页"选项卡中，根据需要进行设置。

> **孤行控制**：可以防止段的第一行出现在页面底部或段落最后一行出现在页面顶部。
> **段中不分页**：可以避免在段中分页。

图 4.37 "换行和分页"选项卡

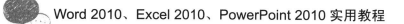

> **段前分页**：可以使分页符出现在选定段落之前。
> **与下段同页**：可以避免所选段落与后一个段落之间出现分页符。
> **取消行号**：取消选定段落中的行编号。
> **取消断字**：取消段落中自动断字的功能。

（3）设置完成后，单击"确定"按钮。

4.2.5　设置段落版式

在 Word 中，还可以对段落中的标点符号的位置与大小、中文字符与英文字母之间的间距等版式进行设置。

（1）将插入点移至要调整的段落中，或者选定要调整的多个段落。

（2）在如图 4.38 所示的"段落"对话框"中文版式"选项卡中，根据需要进行设置。

> **按中文习惯控制首尾字符**：选中该复选框，可以防止不宜出现在行尾的标点符号出现在行尾，例如："（"、"["等，同时防止不宜出现在行首的标点符号出现在行首，例如："、""，""。"等。如果要更改需控制的首尾字符，应单击"选项"按钮，在如图 4.39 所示的"Word 选项"对话框中设置。

图 4.38　"中文版式"选项卡　　　　图 4.39　"Word 选项"对话框

> **允许西文在单词中间换行**：选中该复选框，根据页面设置、单词长度及断字方式等相关因素，Word 自动设置换行位置。
> **允许标点溢出边界**：选中该复选框，当行尾为某些标点符号时，将该标点符号挤在行尾。
> **允许行首标点压缩**：选中该复选框，当行首为全角的前置标点符号时，将自动调整为半角的前置标点符号。全角的前置标点符号前面多出一个空格，而半角的前置标点符号前面没有空格。
> **自动调整中文与西文的间距**：选中该复选框，自动加宽中文字符与英文单词间的间距，即不必再使用空格来加宽中文字与英文单词的间距。
> **自动调整中文与数字的间距**：选中该复选框，自动加宽中文字与半角数间的间距，即不使用空格来加宽中文字与半角数字间的间距。

（3）单击"确定"按钮。

4.2.6　设置制表位

制表位是指按【Tab】键后，插入点将移至的位置。制表位属于段落属性，每一个段落都可以设置自己的制表位。制表位分为默认制表位和自定义制表位两种。默认制表位自标尺左端起自动设置，默认间距为 0.75 厘米；自定义制表位位置需要人工设置，可以使用水平标尺或者"制表位"对话框来设置。

【实例 4-12】利用水平标尺快速设置如图 4.40 所示的制表位格式。

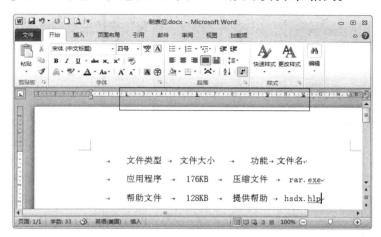

图 4.40 制表位格式

（1）将插入点移至要设置制表位的段落中，或者选定需要设置的多个段落。

（2）在水平标尺最左端有一个"制表位对齐方式"按钮，当每次单击该按钮时，按钮上显示的对齐方式制表符将按左对齐、居中、右对齐、小数点和竖线的顺序循环改变。

（3）切换至"左对齐"制表位后，在标尺的 2 厘米处单击，然后依序切换至"居中"、"右对齐"、"小数点对齐"，并依序在水平标尺的 6 厘米、10 厘米和 12 厘米处进行设置。

将鼠标指针指向制表符，拖曳鼠标可以移动制表位，按住鼠标左键向上或向下将其拖出标尺可以删除某个制表位。如果水平标尺的单位仍是以字符为单位，可以在"文件"选项卡中"选项"对话框的"高级"选项组进行设置。

【实例 4-13】使用对话框精细设置制表位，示例如图 4.41 所示。

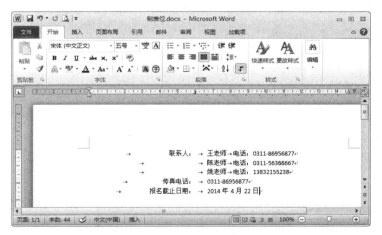

图 4.41 使用制表位排版

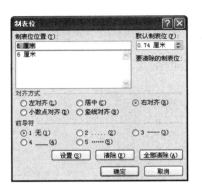

图 4.42 "制表位"对话框

（1）单击"段落"对话框中的"制表位"按钮，打开如图 4.42 所示的"制表位"对话框。

（2）在"对齐方式"中选择"右对齐"，在"制表位位置"文本框中输入"6 厘米"。

（3）单击"设置"按钮。

（4）单击"确定"按钮关闭对话框

（5）在行首按【Tab】键后，输入"联系人："，再按【Tab】键后输入"王老师"，再按"Tab"后输入"电话：0311–86956877"。

（6）按回车键。

（7）在第二行的行首按二次【Tab】键后，输入"陈老师"，其余相同。

使用制表位中的右对齐不仅起到使这几段"左缩进"的作用，而且使每行的"："对齐，从而更加美观、流畅。

4.2.7 给段落添加边框和底纹

前面介绍的利用"边框和底纹"对话框给字符添加底纹和边框的方法同样也适用于段落，只要将对话框中的"应用范围"设置为"段落"即可。对于段落，可以指定给某几条边添加边框，并且可以分别设置其线型和线宽。但是对于文字，只能给其周围全部添加边。

【实例 4–14】给如图 4.43 所示的段落添加边框。

（1）输入"第十届中小学"后按【Shift+Enter】组合键人工换行，输入"电脑制作大赛"后按【Shift+Enter】组合键人工换行，输入"参赛作品"后按回车键分段。

（2）选中刚输入的段落，单击"开始"选项卡中"段落"功能区中的"居中"按钮，使本段在页面中居中显示。单击"页面布局"选项卡"页面背景"功能区中的"页面边框"按钮，打开"边框和底纹"对话框的"边框"选项卡，选择"方框"和"直线"，设置颜色为"自动"宽度为"1 磅"。在"应用范围"框中选择"段落"，单击"确定"按钮后，效果如图 4.44 所示。

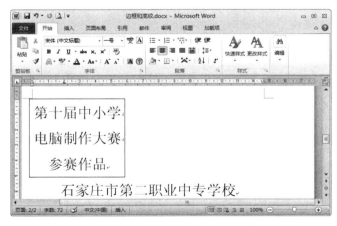

图 4.43 给选定的段落添加边框

图 4.44 添加边框后的段落

实用技巧:

将插入点移至该段中，拖曳水平标尺上的"右缩进"按钮 ▲ 至合适位置，也可得到居中的效果。

【实例 4-15】只给文档中第二段的文件号添加红色下边框。

（1）将插入点移至第二段中。

（2）在"边框和底纹"对话框的"线型"列表框中选择"单线"，在"颜色"列表框中选择"红色"，在"宽度"列表框中选择"2.25 磅"。

（3）在"应用范围"列表框中选择"段落"。

（4）单击"预览"选项组中的"下边框"按钮。

（5）单击"确定"按钮，效果如图 4.45 所示。

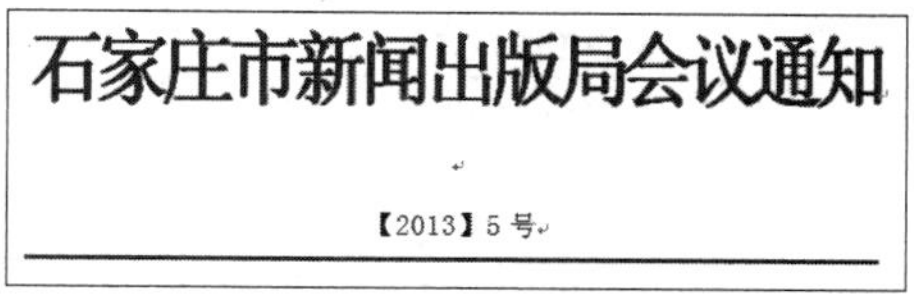

石家庄市新闻出版局会议通知

【2013】5 号

图 4.45　添加红色下边框的段落

4.2.8　编号与项目符号

产品说明中需要把内容有条理地排列出来，这就要用到编号和项目符号的功能。在 Word 中可以在输入时自动产生带项目符号或者带编号的列表，也可以在输入文本之后再进行设置。

1．自动创建项目符号与编号列表

如果要创建项目符号列表，在文档中输入一个星号"＊"或连字符"一"，再输入一个空格或制表符，然后录入文本。当按回车键结束该段时，Word 自动将该段转换为项目符号列表，其中，星号会自动转换成黑色的圆点，并且在新的一段中也自动添加该项目符号。

要结束列表时，按回车键开始一个新段，然后按【Backspace】键删除为该段添加的项目符号即可。

要创建带编号的列表，应先输入"1."，"a)"，"（1）"，"1)"，"一、"，"第一、"等序号，再输入一个空格或制表位，然后输入文本。当按回车键时，在新的一段开头会自动接着上一段进行编号。

如果不想在输入时自动创建项目符号或者编号列表，可以单击"文件"菜单中的"选项"命令，打开"Word 选项"对话框后，单击左侧的"校对"命令，然后单击其右侧的"自动更正选项"按钮，打开"自动更正"对话框，再选中"输入时自动套用格式"选项卡，如图 4.46 所示。清除"自动项目符号列表"和"自动编号列表"复选框。

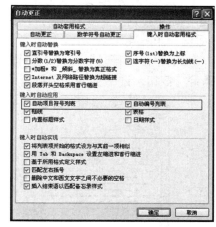

图 4.46　"输入时自动套用格式"选项卡

2．使用项目符号列表

【实例 4-16】将已输入的文本转换成项目符号列表，示例如图 4.47 所示。

（1）选定要添加项目符号的段落。

（2）单击"开始"选项卡签中"段落"功能区中的"项目符号"按钮 ≣ 中的下拉箭头，弹出如图 4.48 所示的列表。可以在"项目符号库"中选择合适的项目符号，Word 会在这些段落之前添加上相应的项目符号。

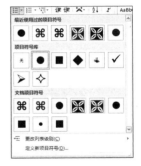

图 4.47　项目符号示例　　　　　　　　　　　图 4.48　"项目符号"列表

【实例 4-17】给选定的段落添加如图 4.49 所示的其他类型的项目符号，并设置格式。

图 4.49　设置其他项目符号的示例

（1）选定要添加项目符号的段落。单击"开始"选项卡中"段落"功能区中的"项目符号"按钮中的下拉箭头，在弹出的列表中选择"定义新项目符号"命令，打开"定义新项目符号"对话框，如图 4.50 所示。

（2）单击"符号"按钮，打开"符号"对话框，如图 4.51 所示。选择所需的符号，单击"确定"按钮，返回到"定义新项目符号"对话框中。

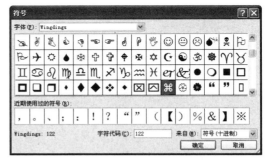

图 4.50　"定义新项目符号"对话框　　　　　　图 4.51　"符号"对话框

（3）单击"字体"按钮，打开"字体"对话框，继续设置项目符号的大小或颜色等。在"对齐方式"列表中选择项目符号的对齐方式。

（4）单击"确定"按钮，关闭对话框。

3．使用编号列表

【实例 4-18】 将已输入的段落转换成编号列表。

（1）选定要添加编号的段落。

（2）单击"段落"功能区中的"编号"按钮 中的下拉箭头，在列表的"编号库"中提供了几种编号样式，如图 4.52 所示。选择其中一种编号样式，在这些段落之前添加上相应的数字编号，效果如图 4.53 所示。

图 4.52　编号库

图 4.53　给选定的段落添加编号

【实例 4-19】 添加如图 4.54 所示自定义格式编号。

（1）选定要添加编号的段落。

（2）单击"段落"功能区中的"编号"按钮中的下拉箭头，如果"编号库"中没有所需的编号，则选择"定义新编号格式"命令，弹出"定义新编号格式"对话框，如图 4.55 所示。

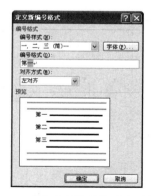

图 4.54　自定义编号示例

图 4.55　"定义新编号格式"对话框

（3）在"编号格式"框中修改编号的格式（只输入"第"），单击"字体"按钮来指定编号的字体，单击"编号样式"列表框右侧的向下箭头，可以选择所需的编号样式。在"对齐方式"列表框中指定所定义编号的对齐方式。

（4）单击"确定"按钮，关闭对话框。

如果文档中有多组编号，多组编号之间既可以互不相干、单独编号，也可以接续前一组编号。单击编号列表底部的"设置编号值"命令，弹出"起始编号"对话框。在该对话框中有两个选项："开始新列表"和"继续上一列表"。

> 开始新列表：表示重新开始编号，与前一组没有联系。
> 继续上一列表：表示接续前一组的编号，使编号接续。

4．使用多级列表

多级列表中每段的项目符号或编号根据缩进范围而变化，最多可生成有 9 个层次的多级列表。

【实例 4-20】创建如图 4.56 所示的多级列表。

图 4.56　自定义多级编号列表示例

（1）单击"段落"功能区中的"多级列表"按钮 ，弹出如图 4.57 所示的窗口。

（2）单击其中的"定义新的多级列表"命令，打开如图 4.58 所示的"定义新多级列表"对话框。

图 4.57　多级列表

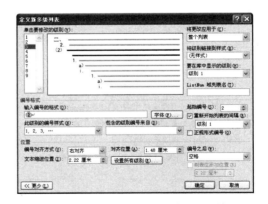

图 4.58　"定义新多级列表"对话框

（3）在"级别"列表框中，选择当前要定义的列表级别"1"，在"输入编号的格式"文本框中添加文字，如"第"等，在"此级别的编号样式"框中选择"一，二，三……"，再设置好编号与正文之间的缩进距离。

（4）重复（3）设置好第二、三级的编号样式。

（5）单击"更多"按钮，将第三级编号的"编号之后"设置为"空格"。

（6）设置完毕后，单击"确定"按钮。

定义多级编号的操作方法：

（1）输入列表项，每输入一项后按回车键。

（2）每次回车后，下一行的编号级别和上一段的编号同级，按【Tab】键转换为下级编号；按【Shift+Tab】组合键将当前行编号转换为上一级编号。

4.2.9 复制段落格式

利用"格式刷"功能可以快速复制段落格式，具体操作步骤如下：

（1）选定含有要复制格式的段落。

（2）双击"剪贴板"功能区中的"格式刷"按钮，鼠标指针变成▲I形状，在需设置相同格式的段落上单击，当所有段落均设置完成后，再次单击"格式刷"按钮，鼠标指针恢复原来形状。

4.2.10 查看段落格式

当前段落所用的格式显示在"字体"功能区、水平标尺和"段落"功能区中的各个设置区中。也可以单击"开始"选项卡中"样式"功能区中的"样式"按钮（扩展按钮），打开如图 4.59 所示的"样式"窗格。单击"样式"窗格的"样式检查器"按钮，弹出"样式检查器"窗格，在该对话框中单击"显示格式"按钮，即可打开"显示格式"窗格，如图 4.60 所示，还可以直接按【Shift+F1】组合键，窗口右侧也能弹出"显示格式"窗格，在"所选文字"框中显示当前的段落格式及所应用的样式，显示有关段落格式和字体格式的信息。

图 4.59 "样式"窗格

图 4.60 "显示格式"窗格

4.3　设置页面格式

除了字符格式和段落格式之外，页面格式同样是影响文档外观的重要因素，因为要进行文档的打印，就必须正确地设置页面属性。页面格式包括纸型及方向、页边距、页面分栏、页眉、页脚等。

4.3.1　利用"页面设置"对话框设置页面格式

1. 设置纸张类型

在 Word 中，默认情况下，纸型是标准的 A4 纸，宽 21 厘米，高 29.7 厘米，页面方向是纵向。在打印文档时，设置的纸型与实际使用的纸型要一致，否则会造成在页面中间部位发生分页的错误。

（1）单击"页面布局"选项卡中"页面设置"功能区中的"页面设置"按钮（扩展按钮），打开"页面设置"对话框后，再选中"纸张"选项卡，如图 4.61 所示。

（2）在"纸张大小"下拉列表中选择所使用的纸张类型，如果不是标准纸型，可单击"自定义大小"选项，并在"宽度"和"高度"文本框中，输入具体数值。

（3）在"纸张来源"选项组中，可以设置打印机打印文档首页和其他页的进纸方式。

（4）在"应用于"下拉列表框中选择本设置适用的范围。

➢ **整篇文档**：对整篇文档应用设置。

➢ **插入点之后**：从插入点到文档末尾应用所选设置。Word 会自动在插入点插入分节符。

➢ **所选文字**：将设置应用到选定的文字。Word 会在所选文字的前后各插入一个分节符。

➢ **所选节**：将设置应用到选定的节中。

➢ **本节**：将设置应用到包含插入点的当前节中。

（5）单击"确定"按钮，关闭对话框。

2. 设置"页边距"和"方向"

页边距指文本与纸张边缘的距离。通常是在页边距以内的可打印区域中插入文字和图形，但是也可以将某些项目放置在页边距区域中，如页眉、页脚和页码等。Word 的默认页边距设置为：左、右页边距为 3.17 厘米，上、下页边距为 2.54 厘米，无装订线。为了增强文档的可读性，可以增大左、右页边距缩短行的长度；对于过大的文档，缩小页边距可以增加页中文本的容量，减少页数；为了便于装订，可以增加一个装订区。纸张的方向指是横向还是纵向使用纸张。

（1）打开如图 4.62 所示的"页面设置"对话框的"页边距"选项卡。

（2）在"上"、"下"、"左"、"右"增量框中输入新的数值以设置页边距尺寸。预览框中可显示出不同设置的效果。

（3）如果文档需要装订，应在"装订线位置"栏中选定"上"或"左"选项，在"装订线"框中输入装订所需的页边距。为了美观和便于装订，最好将内侧（将来装订一侧）边距设得稍微大一些。

（4）在"纸张方向"栏中可设置纸张的打印方向。

（5）在"页码范围"选项组的"多页"列表中设置用于打印多页的选项，可以选择：

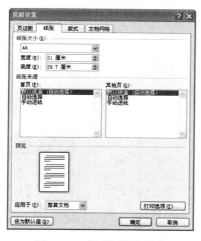

图 4.61 "纸张"选项卡

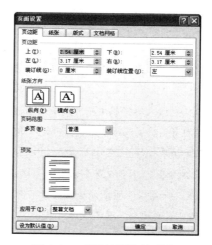

图 4.62 "页边距"选项卡

➤ **对称页边距**：适用于双面打印，例如书籍或杂志。在这种情况下，左侧页面的页边距是右侧页面页边距的镜像（内侧页边距等宽，外侧页边距等宽）。

➤ **拼页**：适用于制作折叠的各种印刷品和服务的使用说明书。

➤ **书籍折页**：适用于将文档设置为小册子，创建菜单、请柬、事件程序或任何其他类型的使用单独居中折页的文档。

➤ **反向书籍折页**：与书籍折页基本相似，唯一不同的是它是反向折页的。反向书籍折页可用于创建从右向左折页的小册子，如使用竖排方式编辑的小册子。

注意：

如果使用上述选项之一，则"装订线位置"选项将变为不可用。

（6）在"应用于"下拉列表中指定页边距适用的范围，包括："整篇文档"、"本节"或"插入点之后"。

（7）单击"确定"按钮，关闭对话框。

3．设置版式

版式指在整个页面上文本的垂直对齐方式、节的起始位置、页面的边框、页眉和页脚、奇偶页不同或首页与其他页不同等格式。"版式"选项卡如图 4.63 所示。

① **节的起始位置**：在该下拉列表框中根据需要选定选项，以设置开始新节并结束前一节的位置。

② **取消尾注**：禁止在当前节中打印尾注。该选项将当前节尾注打印在下一节中的尾注前面。

③ **页眉和页脚**：在该选项组中根据需要选择。

➤ **奇偶页不同**：指是否要在奇数页与偶数页上设置不同的页眉或页脚。

➤ **首页不同**：指是否使节或文档首页的页眉或页脚与其他页的页眉或页脚不同。

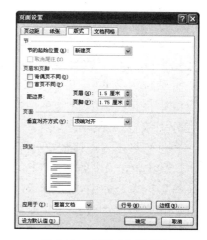

图 4.63 "版式"选项卡

➤ 页眉：输入从纸张上边缘到页眉上边缘的距离。

➤ 页脚：输入从纸张下边缘到页脚下边缘的距离。

④ 垂直对齐方式：根据需要选择不同的选项，以设置文本在页面中的垂直对齐方式。

➤ 顶端：这是默认设置，页面文本从页面第一行开始显示。

➤ 居中：页面文本将显示在页面中央。

➤ 两端对齐：扩展段落间距，第一行显示在页面第一行位置，最后一行显示在页面末行位置。

➤ "底端对齐"：页面文本将显示在页面底端。

⑤ 行号(N)... 如要设置页面的边框，可单击"边框"按钮，打开"边框和底纹"对话框的"页面边框"选项卡进行设置。

⑥ 边框(B)... 单击"行号"按钮，将打开如图 4.64 所示的"行号"对话框，可以在整篇文档或某一节文档的左边添加行号。

⑦ "应用于"列表框：指定版式的应用范围。

图 4.64　"行号"对话框

4.3.2　插入页码、分页符和分节符

1. 插入页码

当所编辑的文档很长时，插入页码就显得非常必要。页码通常设置在页脚或页眉部分。

（1）将插入点移至要添加页码的文档部分。

（2）单击"插入"选项卡中"页眉和页脚"功能区中的"页码"按钮，弹出"页码"列表，如图 4.65 所示。

（3）在"页码"列表中，选择页码出现的位置："页面顶端"、"页面底端""页边距"、"当前位置"，选择好位置后，即可在弹出的下级列表中选择对应位置提供的具体的位置及页码的格式。

（4）如果要设置特殊的页码格式，可单击"设置页码格式"命令，打开"页码格式"对话框，如图 4.66 所示。从中选择所需的页码格式，单击"确定"按钮，关闭"页码格式"对话框。

2. 插入分页符

在 Word 中输入文本，填满一行时就会自动换行，同样填满一页后就会自动分页，并在文档中插入一个软分页符，在普通视图中以贯穿页面的单点线表示，不能被删除。如果想在特殊位置分页，应插入硬分页符，在"草稿"视图中以贯穿页面的单点线表示，并在单点线中央标"分页符"字样，可以被删除。而在"页面视图"中，Word 将分页符前后的内容分别放置在不同的页中。

（1）将插入点移至要分页的位置。

（2）单击"页面布局"选项卡中"页面设置"功能区中的"分隔符" 分隔符▼ 按钮，打开"分隔符"列表，如图 4.67 所示。

（3）单击"分页符"选项组中的"分页符"选项，将在插入点位置重新分页。

显示隐藏的编辑标记后，选中"分页符"，按【Delete】键就可以删掉分页符。

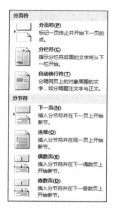

图 4.65　"页码"列表　　　　图 4.66　"页码格式"对话框　　　　图 4.67　"分隔符"窗格

3．插入分节符

用分节符可以将文本分成多节，以便在不同的节里设置不同的编排格式。例如，在编排某些文档的页码时，需要将文档分成几部分，每一部分单独设置自己的页号，这时就必须分节。在文档中插入分节符的具体操作步骤如下：

（1）将插入点移至要插入分节符的位置。

（2）在"分隔符"列表的"分节符"选项组中根据需要选中相应的分节符类型：

➢ **下一页**：表示在当前插入点处插入一个分节符，并强制分页，新的节从下一页开始。

➢ **连续**：表示在当前插入点处插入一个分节符，不强制分页，新的节从下一行开始。

➢ **偶数页**：表示在当前插入点处插入一个分节符，并强制分页，新的节从偶数页开始。如果该分节符已经在一个偶数页上，则其下面的奇数页为一空页。

➢ **奇数页**：表示在当前插入点处插入一个分节符，并强制分页，新的节从奇数页开始。如果该分节符已经在一个奇数页上，则其下面的偶数页为一空页。

显示隐藏的编辑标记后，选中"分节符"，按【Delete】键就可以删掉分节符。

【实例 4-21】设置文档中某一页为艺术型页面边框，如图 4.68 所示。

图 4.68　给某一页添加边框示例

（1）在上一页的页尾插入"下一页"的分节符。

（2）在该页的页尾插入"下一页"的分节符，使该页自成一节。

（3）将插入点移至该页面内。

（4）单击"页面布局"选项卡中"页面背景"功能区中的"页面边框"按钮，打开"边框和底纹"对话框的"页面边框"选项卡，如图 4.69 所示。

（5）在"设置"区中选择一种边框样式："方框"。

（6）在"艺术型"列表中选择一种艺术型框线。

（7）在"应用于"框中选择"本节"。

（8）单击"选项"按钮，打开如图 4.70 所示的"边框和底纹选项"对话框。在该对话框中可以设置边框与页面边缘的距离，并确定是否将页眉和页脚包含在边框内

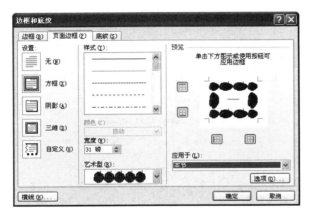

图 4.69 "页面边框"选项卡

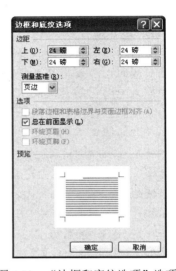

图 4.70 "边框和底纹选项"选项卡

（9）单击"确定"按钮，返回到"边框和底纹"对话框中。

（10）单击"确定"按钮，关闭对话框。

4.3.3 创建页眉和页脚

页眉和页脚分别重复出现在文档每页的顶部和底部，用以显示页码、文档标题、日期、时间、文字、图形、文件名等，格式化页眉和页脚的方法与格式化文档中的正文一样。精心设计的页眉和页脚可以使版面更新颖，版式更具风格。

在草稿视图中无法看到页眉或页脚，而在页面视图中看到的页眉和页脚内容是灰色的，但这并不影响打印效果。

1．创建页眉或页脚

单击"插入"选项卡中"页眉和页脚"功能区中的"页眉"或"页脚"按钮，在列表中选择"编辑页眉"或"编辑页脚"命令，可打开"页眉和页脚工具 设计"选项卡，进入了页眉页脚的编辑状态，如图 4.71 所示。

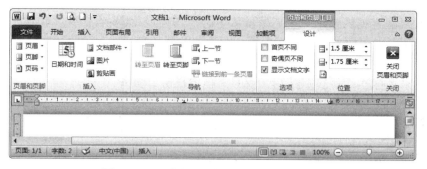

图 4.71 "页眉和页脚工具 设计"选项卡

【实例 4-22】创建如图 4.72 所示的页眉、页脚。

图 4.72 页眉/页脚设置示例

（1）单击"插入"选项卡中"页眉和页脚"功能区中的"页眉"按钮，在"内置"列表中选择"空白"，输入页眉文字"Word 实例教程"即可。

（2）单击"插入"选项卡中"页眉和页脚"功能区中的"页码"按钮，在列表中单击"页面底端"下级列表中的"加粗显示数字 2"命令，将格式改为"第 页，共 页"即可。

（3）在页眉和页脚编辑区域外单击，即可退出页眉和页脚的编辑状态，返回文档编辑窗口。

【实例 4-23】制作如图 4.73 所示的图片页眉。

图 4.73 图片页眉示例

（1）单击"插入"选项卡中"页眉和页脚"功能区中的"页眉"按钮，在"内置"列表中选择"编辑页眉"命令，进入了页眉页脚的编辑状态。

（2）在页眉区方框内输入文字"绿蕾工作组"，将插入点移至左端，单击"页眉和页脚工具　设计"选项卡中"插入"功能区中的"图片"按钮，在"插入图片"对话框中选择要插入的图片后。

（3）单击"关闭页眉页脚"按钮，返回文档编辑窗口。

2．编辑页眉、页脚

若要修改页眉或页脚的内容或格式，在页眉或页脚区域双击，就可进入页眉或页脚的编辑状态，修改完毕后，在文档编辑区的任何位置双击即可退出对页眉、页脚的编辑状态，返回文档。

若要删除已有的页眉或页脚，单击页眉或页脚列表中的"删除页眉"或者"删除页脚"命令即可。在删除页眉或页脚时，Word 自动删除整个文档中相同的页眉或页脚。

3．在同一文档中创建不同的页眉或页脚

在一节中插入页眉或页脚时，Word 将在文档的所有节中插入同样的页眉或页脚。如果要在同一文档中创建不同的页眉或页脚，应先中断节之间的链接，具体操作步骤如下：

（1）将插入点移至要单独设置页眉或页脚的节中。

（2）单击"插入"选项卡中"页眉和页脚"功能区中的"页眉"按钮，在"内置"列表选择一种页眉样式，进入页眉、页脚的编辑状态。

（3）单击"页眉和页脚工具　设计"选项卡中"导航"功能区中的"链接到前一条页眉"按钮，断开当前节中的页眉和页脚与上一节的链接。

（4）选定要删除的页眉或页脚，然后按【Delete】键，再为当前节建立所需的页眉或页脚。

（5）单击"关闭页眉和页脚"按钮，返回主文档。

以上操作也适用于只删除文档中某个部分的页眉或页脚，即先将该部分设成节，断开各节间的连接后，再删除不需要的页眉或页脚。

4．创建首页不同的页眉或页脚

文档或节的首页往往比较特殊，通常是内容简介或者封面，这些一般不设置页眉和页脚。如果要创建首页不同的页眉或页脚，应按如下步骤操作。

（1）进入页眉/页脚的编辑状态。

（2）单击"页眉和页脚工具　设计"选项卡中"选项"功能区中的"首页不同"复选框，返回到页眉区中。

（3）如果不想使首页出现页眉或页脚，可以清空页眉区或页脚区。

（4）单击"导航"功能区中的"上一节"或者"下一节"按钮，这时可以创建文档其他页的页眉或页脚。

（5）设置完毕后，单击"关闭页眉和页脚"按钮，返回主文档。

5．创建奇、偶页不同的页眉或页脚

【实例 4-24】在编排书籍时，往往在奇数页的页眉中插入章名，在偶数页的页眉中插入书名，效果如图 4.74 所示。

（1）进入页眉/页脚的编辑状态。

（2）单击"页眉和页脚工具　设计"选项卡中"选项"功能区中的"奇偶页不同"复选框，返回到页眉区中。

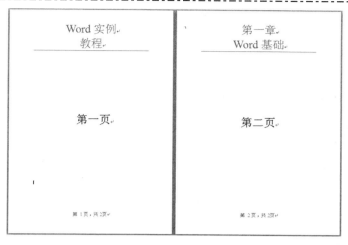

图 4.74　奇、偶页不同的页眉

（3）在页眉区的顶部显示"奇数页页眉"字样，输入"Word 实例教程"。

（4）单击"导航"功能区中"下一节"按钮，创建偶数页的页眉，输入"第一章 Word 基础"。

（5）设置完毕后，单击"关闭页眉和页脚"按钮，返回主文档。

6．修改页眉线

默认情况下，在页眉的底部出现一条单线，称为页眉线。如果想将页眉线改为双线或者除去页眉线，应按如下步骤操作。

（1）进入页眉页脚的编辑状态。

（2）单击"页面布局"选项卡中"页面背景"功能区中的"页面边框"按钮，打开"边框和底纹"对话框，切换到"边框"选项卡。

（3）在"应用范围"列表框中选择"段落"选项。

（4）在"设置"选项卡中，可以选择"无"选项，除去页眉线；也可以从"线型"列表框中选择一种线型，在"宽度"列表框中更改页眉线的宽度。

（5）单击"确定"按钮，返回到页眉区中。

（6）单击"关闭页眉和页脚"按钮。

4.3.4　分栏排版

Word 提供了分栏排版的功能，多栏版式类似于报纸的排版方式，使文本从一栏的底端接续到下一栏的顶端。仅在页面窗格或打印预览视图中才能看到分栏排版的效果，"草稿"视图中只能按一栏的版式显示文本。

1．创建分栏

创建分栏是指设置分栏的栏数、栏宽及栏间距等。

（1）切换到页面视图。

（2）选定需要进行分栏的文本，或者将插入点移至需要进行分栏的节中。

（3）单击"页面布局"选项卡中"页面设置"功能区中的"分栏"按钮，弹出下拉列表。如果不做栏宽和栏间距等设置，在下拉列表中选择"两栏"、"三栏"、"偏左"或"偏右"等选项即可。如果需要做更多的设置，则选择其下拉列表中的"更多分栏"命令，打开"分栏"对话框，如图 4.75 所示。

（4）在"预设"选项组中根据需要选择分栏格式：单击"两栏"或"三栏"选项，可以将文档设置为两栏版式或三栏版式；单击"一栏"选项，可以将已有的多栏版式恢复为单栏版式；如果想建立不等栏宽的分栏，可单击"左"或"右"选项。

（5）当要设置的栏数大于 3 时，应在"栏数"增量框中指定栏数。

（6）在"宽度和间距"选项组中设置每一栏的栏宽和栏间距。选中"栏宽相等"复选框可以使所有栏的宽度都相等。

（7）在"应用范围"列表框中设置分栏应用的范围：

➤ **整篇文档**：将整篇文档变为多栏版式。

➤ **所选文字**：将选定的文本变为多栏版式。只有在打开该对话框之前已经选定了文本，才会出现该选项。

➤ **本节**：将选定的节变为多栏版式。只有在文档中已经插入了分节符，才会出现该选项。

（8）如果要在栏间设置分隔线，应选中"分隔线"复选框。

（9）单击"确定"按钮，关闭对话框，添加分隔线并且栏宽相等的两栏版式如图 4.76 所示。

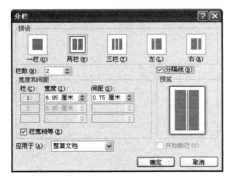

图 4.75　"分栏"对话框　　　　　　图 4.76　栏宽相等的两栏版式

2．修改栏宽和栏间距

Word 默认栏间距是 0.75 厘米，如果需要可对其进行修改。当调整栏间距时，Word 将自动调整栏宽。利用标尺可以快速修改栏宽和栏间距，具体操作步骤如下。

（1）切换到页面视图。

（2）将插入点移至要进行修改的任一栏中。

（3）拖曳水平标尺上的分栏标记即可快速调整栏宽和栏间距。

如果要精确设置栏宽和栏间距，应在"分栏"对话框中进行设置。

3．平衡栏长

通常节或文档的最后一页内的正文不会正好满页，这时分栏版式的最后一栏可能为空或者不满。如果要建立长度相等的栏，应按如下步骤操作。

（1）在"页面视图"中，将插入点移至要平衡的分栏结尾。

（2）单击"页面布局"选项卡中"页面设置"功能区中的"分隔符"按钮，在其列表中选择"分节符"选项组中的"连续"命令，插入一个连续的分节符。

（3）单击"确定"按钮，关闭对话框。

4．控制分栏的位置

插入分栏符可以起到换栏作用，即光标所在位置后面的文档另起一栏排版，就像插入一个人工分页符来强制 Word 换页一样，如图 4.77 所示。如果依据文本的数量和指定的栏数，Word 自动分栏所确定的分栏符的位置不能满足要求，应插入分栏符解决问题，具体操作步骤如下。

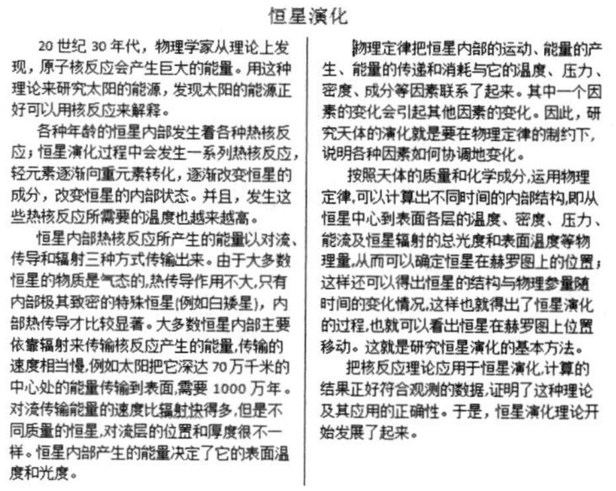

恒星演化

20 世纪 30 年代，物理学家从理论上发现，原子核反应会产生巨大的能量。用这种理论来研究太阳的能源，发现太阳的能源正好可以用核反应来解释。

各种年龄的恒星内部发生着各种热核反应。恒星演化过程中会发生一系列热核反应，轻元素逐渐向重元素转化，逐渐改变恒星的成分，改变恒星的内部状态。并且，发生这些热核反应所需要的温度也来越高。

恒星内部热核反应产生的能量以对流、传导和辐射三种方式传输出来。由于大多数恒星的物质是气态的，热传导作用不大，只有内部极其致密的特殊恒星（例如白矮星），内部热传导才比较显著。大多数恒星内部主要依靠辐射来传输核反应产生的能量，传输的速度相当慢，例如太阳把它深达 70 万千米的中心处的能量传到表面，需要 1000 万年。对流输能量的速度比辐射要快得多，但是不同质量的恒星，对流层的位置和厚度很不一样。恒星内部产生的能量决定了它的表面温度和光度。

物理定律把恒星内部的运动、能量的产生、能量的传递和消耗与它的温度、压力、密度、成分等因素联系了起来。其中一个因素的变化会引起其他因素的变化。因此，研究天体的演化就是要在物理定律的制约下，说明各种因素如何协调地变化。

按照天体的质量和化学成分，运用物理定律，可以计算出不同时间的内部结构，即从恒星中心到表面各层的温度、密度、压力、能流及恒星辐射的总光度和表面温度等物理量，从而可以确定恒星在赫罗图上的位置。这样还可以得出恒星的结构与物理参量随时间的变化情况，这样也就画出了恒星演化的过程，也就可以看出恒星在赫罗图上位置移动。这就是研究恒星演化的基本方法。

把核反应理论应用于恒星演化，计算的结果正好符合观测的数据，证明了这种理论及其应用的正确性。于是，恒星演化理论就开始发展了起来。

图 4.77 控制分栏的位置

（1）切换到"页面视图"。

（2）单击要开始新栏的位置。

（3）单击"页面布局"选项卡中"页面设置"功能区中的"分隔符"按钮，在其列表中选择"分栏符"命令。

（4）执行以上操作后，Word 将插入点之前的文本移至上一栏的底部，当然也可以用这个方法将第一栏中插入点之后的文本移至下一栏顶。

5．取消分栏

取消分栏即是将多栏版式恢复为单栏版式。

（1）切换到"页面视图"。

（2）将插入点置于要恢复为单栏版式的文档中。

（3）单击分栏窗格中的"一栏"命令，即可将多栏版式恢复为单栏版式。

4.4　样式

样式是指一组已经命名的字符格式和段落格式。利用样式可以快速、准确地对大量的文字或段落进行相同的排版操作。在 Word 中，样式分为内置样式和自定义样式两种。内置样式是 Word 提供的样式。当创建文档时，如果使用默认的 Normal 模板，单击"开始"选项卡中"样式"功能区中的"样式"按钮，打开"样式"窗格，显示"标题 1"、"标题 2"、"标题"、"引用"等样式。如果内置样式不能满足使用需要，可以创建自定义样式。

4.4.1　应用样式

（1）选中要应用样式的段落或文本。

（2）单击"开始"选项卡中"样式"功能区中的"快速样式"按钮，打开对应的列表，如图 4.78 所示。

（3）单击所用样式，如"标题 2"。

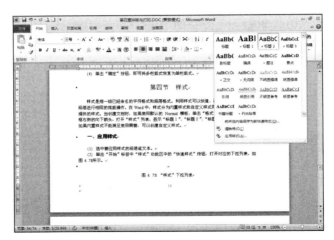

图 4.78　"快速样式"列表

4.4.2　创建样式

在 Word 中，虽然已经内置了很多样式，但在不能满足使用需要时，应创建新的自定义样式。

1．利用已排版的文本创建新的样式

（1）选定已排版的文本。

（2）单击"快速样式"列表中的"将所选内容保存为新快速样式"命令，打开"根据格式设置创建新样式"对话框。

（3）在"名称"文本框中输入新的样式名。

（4）单击"确定"按钮，将新创建的样式添加到"快速样式"窗格中。

2．使用"样式"下拉列表创建新样式

（1）单击"样式"功能区中的扩展按钮，打开如图 4.79 所示的"样式"窗格。

（2）单击"新建样式"按钮，打开"根据格式设置创建新样式"对话框，如图 4.80 所示。

图 4.79　"样式"窗格　　　　图 4.80　"根据格式设置创建新样式"对话框

（3）在"名称"文本框中，输入新建样式的名称。

（4）在"样式类型"下拉列表中提供"段落"、"字符"、"列表"、"表格"等样式类型，选择"段落"选项可以定义段落样式，选择"字符"选项可以定义字符样式。

（5）在"样式基准"列表框中可以选择一种已有的样式作为基准。默认情况下，显示的是"正文"样式。如果不想指定基准样式，可以在列表框中选择"无样式"选项。

（6）如果要为下一段落指定一个已存在的样式名，可以在"后续段落样式"列表框中选择样式名。例如，通常情况下，标题的下一个段落是有关该标题的正文文字，应在"后续段落样式"列表框中选择"正文"样式。

（7）单击"格式"按钮，打开"格式"列表，如图 4.81 所示。从"格式"列表中选择相应的命令来定义样式的格式。

（8）如果要把新样式添加到当前活动文档选用的模板中，使得基于同样模板的文档都可以使用该样式，应选中"基于该模板的新文档"单选框。否则，新样式仅存在于当前的文档中。

（9）如果让 Word 自动更新用此样式设置的活动文档的格式，应选中"自动更新"复选框，

（10）单击"确定"按钮，返回到"样式"窗格中。

（11）单击"关闭"按钮，返回主文档。

图 4.81 "格式"列表

4.4.3 更改样式属性

（1）在"样式"窗格中，将鼠标移到要修改属性的样式名右侧，单击向下的箭头，在下拉列表中选择"修改"命令，如图 4.82 所示。

（2）打开"修改样式"对话框，如图 4.83 所示。

图 4.82 修改样式的属性

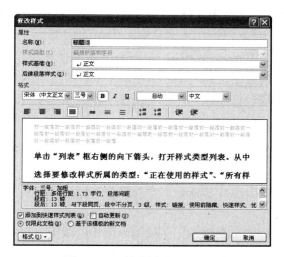

图 4.83 "修改样式"对话框

（3）单击"格式"按钮，在"格式"列表中选择要进行更改的属性，打开相应的对话框，更改设置后，单击"确定"按钮，关闭相应的对话框。如要改动其他任何属性，可重复上述步骤。

（4）如果要把修改的样式添加到活动文档的模板中，应选中"基于该模板的新文档"单选框。如果要更新活动文档中所有使用此样式的文本，应选中"自动更新"复选框。

（5）单击"确定"按钮，返回到"样式"窗格。

（6）单击"关闭"按钮，返回主文档。

4.5　模板

样式与模板是密不可分的。所谓模板，就是由多个特定的样式组合而成，具有固定编排格式的一种特殊文档。模板带有整篇文档的排版格式，使用模板可以快速生成所需类型文档的大致框架。样式是模板的重要组成部分，可以将自定义的样式保存在模板中，从而使所有使用该模板创建的文档都可以应用这种样式。

4.5.1　Normal 模板

Word 用 Normal 模板保存默认的样式、常用的自动图文集词条、宏、工具栏和自定义菜单设置组合键。在 Normal 模板中保存的每一项对于任何文档都是有效的，因此 Normal 模板是适用于任何类型文档的模板。当启动 Word 或单击"新建"命令打开对应的窗格并选中"空白文档"选项时，Word 会基于 Normal 模板新建一个空文档。如果需要也可以修改此模板，更改默认的文档格式或内容。

Normal 模板应该保存在 Templates 文件夹中，或者保存在用户模板或工作组模板文件位置，该位置是在"Word 选项"中"保存"选项组中文件默认的保存位置（C:\Documents and Settings\Administrator\Application Data\Microsoft\Templates）。

4.5.2　创建模板

虽然一开始使用 Word 的时候就使用了普通模板，但是普通模板中的格式很单调。Word 预置的模板数量虽然很多，但使用时也有可能找不到完全合适的模板。这时，可以将一个样本文档作为模板保存起来，也可以在一个现存的模板基础上建立一个新模板。

1．利用已有文档创建模板

创建模板最简单的方法就是将一份文档作为模板来进行保存。制作常用的试卷模板的操作步骤如下。

（1）打开要作为模板保存的样本文档（资料包中的"试卷.doc"）。

（2）单击"文件"选项卡中的"另存为"命令，打开"另存为"对话框。

（3）在"保存类型"下拉列表框中，选中"Word 模板"。

（4）在"保存位置"下拉列表选择 C:\Documents and Settings\Administrator\Application Data\Microsoft\Templates，打开模板文件夹"Templates"。

（5）在"文件名"文本框中，输入新模板的名称"试卷"。

（6）单击"保存"按钮，关闭对话框。

执行以上操作后，单击"文件"选项卡中的"新建"命令，在如图 4.84 所示的新建文档选项卡中单击"我的模板"，该模板将出现在"新建"对话框的"个人模板"选项卡中，如图 4.85 所示。

图 4.84 "新建"选项卡

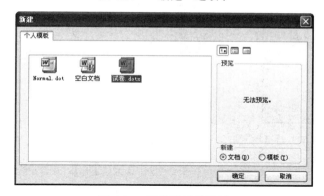

图 4.85 新建的试卷模板

2．利用已有模板创建新模板

（1）在"新建"文档选项卡中单击与要创建的模板相似的模板，选中右下角的"模板"单选按钮，然后单击"创建"按钮。

（2）在打开的模板中根据需要添加所需的文本图片和格式设置，删除任何不需要的项，改变页边距设置、页面大小和方向、样式及其他格式。

（3）单击"文件"选项卡中的"另存为"命令，打开"另存为"对话框。

（4）选择用来保存模板的文件夹。在"文件名"文本框中，输入新模板的名称，模板文件的扩展名为.dotx。

（5）单击"保存"按钮。

利用已有模板创建新模板，不用在"另存为"对话框的"保存类型"下拉列表框中选中"文档模板"，Word 已默认选择了该文档类型。

4.5.3 应用模板

应用模板可以快速地生成所需类型文档的大致框架，从而节省大量时间，使用模板来创建文档的具体操作步骤如下。

（1）在"新建"文档选项卡中单击要应用的模板，如"书法字帖"模板。

（2）单击"创建"按钮，即可快速创建一份练习书法字帖的文档。

使用模板不仅可以在创建新文档时快速生成文档的大体框架，而且还可以对已生成的文档进行排版，具体操作步骤如下。

（1）打开要应用模板的文档。

（2）单击"文件"选项卡中"选项"，打开"Word 选项"对话框，在"加载项"选项组中单击"管理"的下拉列表，选择"模板"选项，单击"转到"按钮，打开"模板和加载项"对话框，如图 4.86 所示，选中"自动更新文档样式"复选框。

（3）单击"选用"按钮，打开"选用模板"对话框，如图 4.87 所示。

图 4.86 "模板和加载项"对话框

图 4.87 "选用模板"对话框

（4）打开"查找范围"下拉列表框，选中被应用模板所在的文件夹。

（5）在浏览框中双击所用模板，返回"模板和加载项"对话框。

（6）单击"确定"按钮，关闭对话框。

执行以上操作后，模板中的样式就会代替文档原来的样式格式，这时会发现在该模板中建立的样式都会在"样式"功能区中"快速样式"选项组列表中显示出来。

如果想要将其他模板中的样式添加到当前文档中，在"模板和加载项"对话框中单击"添加"按钮，在"添加模板"对话框中选择新的模板，就将另一个模板的样式添加到当前文档中，可以在"样式"列表中选择使用。

4.5.4 修改模板

（1）单击"文件"选项卡中的"打开"命令，弹出"打开"对话框。

（2）在"文件类型"下拉列表框中选中"文档模板"选项。

（3）在"查找范围"列表框中选中存放模板的文件夹，选中要修改的模板，然后单击"打开"按钮。

（4）更改模板中的需要修改的文本图片、样式、格式、宏、自动图文集词条、自定义工具栏、菜单设置和组合键。

（5）单击"保存"按钮，将该模板保存起来。

更改模板后，并不影响利用此模板创建的已有文档的内容。如果要将已有的文档更新为修改后的样式，应在打开此文档前，单击"Word 选项"中"加载项"选项组中的"管理"下拉列表中的"模板"，然后单击右侧的"转到"按钮，打开"模板和加载项"对话框，选中"自动更新文档样式"复选框，这样在打开已有文档时，Word 会自动更新已修改的样式。

4.5.5 使用模板管理样式

除了创建、修改和应用样式之外，还可以在文档之间或者在文档与模板之间复制及重命名样式，或者将文档、模板中无用的样式删除。

（1）单击"Word 选项"中"加载项"选项组中的"管理"下拉列表中的"模板"选项，然后单击右侧的"转到"按钮，在"模板和加载项"对话框中单击"管理器"按钮，打开如图 4.88 所示的"管理器"对话框并选定"样式"选项卡。

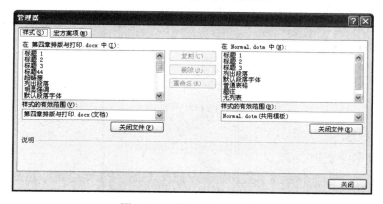

图 4.88 "管理器"对话框

（2）如果想从当前文档的样式列表中向共同模板"Normal.dotm"中复制样式，应先在左边的列表框中选择要复制的样式，然后单击"复制"按钮。

（3）如果想从其他文档向共同模板复制样式，则先单击左边的"关闭文件"按钮，该按钮将切换为"打开文件"按钮。单击该"打开文件"按钮，弹出"打开"对话框，选择并打开所需的文件。选择要复制的样式，然后单击"复制"按钮。

（4）如果想重命名某个样式，应先选择该样式，然后单击"重命名"按钮后输入一个新样式名。

（5）如果要删除某个样式，先选择该样式，然后单击"删除"按钮。

（6）单击"关闭"按钮，关闭对话框。

实用技巧：

如果要选择连续的几个样式，应按住【Shift】键再单击第一项和最后一项。如果要选择不相连的几个样式，应在按住【Ctrl】键的同时单击要选择的每一个样式。

4.6 打印文档

4.6.1 安装打印机

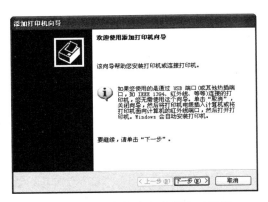

图 4.89 "添加打印机向导"对话框

（1）单击 Windows "开始"菜单中的"设置"命令，打开"设置"子菜单。

（2）单击"打印机和传真"菜单中的"添加打印机"命令，弹出"添加打印机向导"对话框，如图 4.89 所示。

（3）按照"添加打印机向导"的提示进行后续操作即可。

如果要共享网络打印机，应双击 Windows 桌面上的"网上邻居"图标，打开"网上邻居"对话框，首先双击与共享打印机相连接的计算机图标，然后单击打印机图标，最后单击"文件"菜单中的"安装"命令。

4.6.2 打印文档

在 Word 中打印文档有多种方式，可以将文档打印成一份或多份，可以只打印文档中的某部分，也可以只打印指定的页，还可以一次打印多篇文档。

1. 打印一篇文档

（1）打开要打印的文档

（2）单击"文件"选项卡中的"打印"命令或按【Ctrl+P】组合键，打开"打印"选项卡，窗口分为三部分，最右侧部分是打印文章的预览效果，如图 4.90 所示。

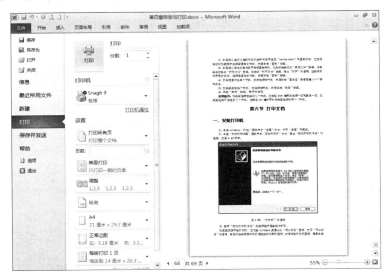

图 4.90 "打印"选项卡

（3）单击"打印机"选项组的向下键头，选定要使用的打印机，若要使用默认打印机，则此步操作可省略。

（4）单击"设置"选项组中向下键头，在下拉列表中选择"打印所有页"。

（5）在"份数"增量框中输入要打印的份数。

（6）单击"打印"按钮，关闭对话框，开始打印。

2．打印部分文档

如果只要打印文档中的某个图片、表格或某段文字时，应按如下步骤操作。

（1）选定要打印的内容。

（2）单击"文件"选项卡中的"打印"命令，打开"打印"任务窗格。

（3）单击"设置"选项组中向下箭头，在下拉列表中选择"打印所选内容"。

（4）单击"打印"按钮，关闭对话框，开始打印。

3．打印指定的页

（1）打开要打印的文档

（2）打开"打印"选项卡，单击"设置"选项组中的向下箭头，在下拉列表中选择"打印自定义范围"，然后在下方的"页数"文本框中输入准确的页码范围。如果是某一页，应直接输入该页号码；如果是不连续的某几页，应在页号之间用逗号隔开；如果是连续的某几页应在始页号和尾页号之间用连字符"-"隔开。例如：想打印 3、5、6、7、11、12 页，可以在"页码范围"文本框中输入"3，5-7，11-12"。

（3）单击"打印"按钮，关闭选项卡并开始打印。

4．打印多篇文档

只要在"打开"选项卡中选中多个文档，然后在选中的文档上单击鼠标右健，在弹出的快捷菜单上单击"打印"命令，即可同时打印多篇文档。

5．双面打印

如果要在纸张的两面都打印文字，如书籍、讲义等，应执行双面打印，操作步骤如下。

（1）打开要双面打印的文档。

（2）在如图 4.91 所示的"多页"选项组中选择"对称页边距"，调整左、右页边距，以便当双面打印时，对开页的内外侧页边距宽度相等。

（3）在"文件"选项卡中，单击"打印"命令，在如图 4.92 所示的"打印"选项卡中选择"手动双面打印"。

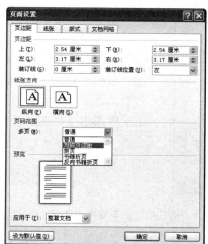

图 4.91　"对称页边距"选项

（4）单击"打印"按钮，先打印奇数页。当文档的奇数页打印完毕，请把打印好的纸张取出并反放到打印机的送纸器中，然后单击"确定"按钮，再打印偶数页。

注意：

① 反放时应注意纸的方向。

② 有的打印机支持双面打印，可直接双面打印，不必手动。

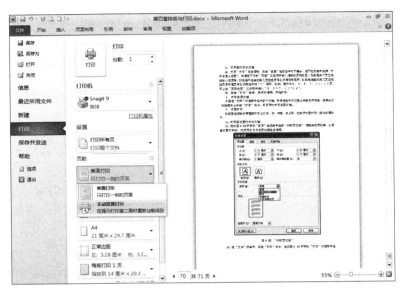

图 4.92　"打印"选项卡

6．使用不同纸张打印同一篇文档的各部分

有时由于特殊需要或为了文档的美观，要用不同的纸张打印同一篇文档的各部分，操作步骤如下。

（1）打开要打印的文档。

（2）单击"页面布局"选项卡中"页面设置"功能区中的"页面设置"按钮，打开"页面设置"对话框，单击"纸张"选项卡。

（3）在"首页"框中，选择一种送纸盒作为文档首页纸张来源。

（4）在"其他页"框中，选择一种送纸盒作为文档后继页纸张来源。

（5）如果要指定文档某节使用的送纸盒，应先单击需要更换纸张来源的节，然后重复以上步骤。

注意:

有些打印机不支持此功能。

4.6.3　暂停和取消打印

当发生打印文件错误或打印机出现故障等意外事故时，应立即暂停或取消打印，否则会造成打印纸张的浪费或打印不出文字等后果。

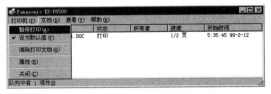

图 4.93　默认打印机窗口

1．暂停打印

（1）单击"任务栏"右侧的"打印机"图标，打开该默认打印机窗口，如图 4.93 所示。

（2）选中要暂停打印的文档，单击"文档"菜单中的"暂停打印"命令。

2．取消打印

（1）单击"任务栏"右侧的"打印机"图标，打开该默认打印机窗口。

（2）选中要取消打印的文档，打开"文档"下拉菜单，单击"清除打印文档"命令。

 **习题 4**

一、单选题

1．在 Word 默认情况中，页眉和页脚的作用范围是（　　）。

　　A．全文　　　　　　　B．节　　　　　　　C．页　　　　　　　D．段

2．Word 中默认字体（中文版）是（　　）。

　　A．楷体　　　　　　　B．宋体　　　　　　C．黑体　　　　　　D．隶体

3．工具栏中的"格式刷"的作用是（　　）。

　　A．填充颜色　　　　　B．删除　　　　　　C．格式复制　　　　D．转移

4．"格式刷"的使用方法是（　　）。

　　A．选取带特定格式的文字或段落

　　B．单击"格式刷"按钮

　　C．将光标在目标文字或段落上拖曳，格式就被复制到当前选择的内容上

　　D．以上三点

5．Word 中无法实现的操作是（　　）。

　　A．在页眉中插入剪贴画　　　　　　　B．建立奇、偶页内容不同的页眉

　　C．在页眉中插入分隔符　　　　　　　D．在页眉中插入日期

6．在 Word 中，下述关于分栏操作的说法，正确的是（　　）。

　　A．可以将指定的段落分成指定宽度的两栏

　　B．任何视图下均可看到分栏效果

　　C．设置的各栏宽度和间距与页面宽度无关

　　D．栏与栏之间不可以设置分隔线

7．Word 中的"制表位"是用于（　　）。

　　A．制作表格　　　B．光标定位　　　C．设定左缩进　　　D．设定右缩进

8．在 Word 中进行"段落设置"，如果设置"右缩进 1 厘米"，则其含义是（　　）。

　　A．对应段落的首行右缩进 1 厘米

　　B．对应段落除首行外，其余行都右缩进 1 厘米

　　C．对应段落的所有行在右页边距 1 厘米处对齐

　　D．对应段落的所有行都右缩进 1 厘米

9．在 Word 中，如果要使文档内容横向打印，在"页面设置"中应选择的选项是（　　）。

　　A．页边距　　　B．纸张　　　C．版面　　　D．文档网格

10．字符格式包括以下内容的排版：字符的字体、字号、字形、颜色、字符边框和底纹，以及字符间距，其中字形包括（　　）等。

　　A．加粗、倾斜和下画线　　　　　　　　B．加粗、倾斜、加粗倾斜

　　C．倾斜、下画线　　　　　　　　　　　D．加粗、下画线

二、上机实习

1．录入样文，并完成以下操作：

（1）保存在 D 盘"Word 实例"文件夹中，文件名为"文字格式练习一.doc"。

（2）设置字体：中文字体为"宋体"。

（3）设置字号：全文小四号。

（4）设置字形：最后一行斜体。

（5）设置对齐方式：正文两端对齐，最后一行右对齐。

（6）设置段落缩进：正文首行缩进 2 字符。

（7）设置段间距：正文段前 8 磅，最后一段段前 12 磅。

样文

　　雾霾的危害关键在于霾，霾是由空气中的灰尘、硫酸、硝酸、有机碳氢化合物等粒子组成的。它也能使大气混浊，视野模糊并导致能见度恶化，如果水平能见度小于 10 000 米时，将这种非水成物组成的气溶胶系统造成的视程障碍称为霾（Haze）或灰霾（Dust-haze），吸入到人的呼吸道后会导致呼吸道感染，免疫力低下的人更容易犯病，平时可以吃些金施尔康，维生素 E 等可以减少呼吸道感染，外出时及时做好防护措施，戴口罩之类的，回家后要及时洗脸、漱口、清理鼻腔。

《雾霾的危害》

2．录入样文，并完成以下操作：

（1）保存在 D 盘"Word 实例"文件夹中，文件名为"文字格式练习二.doc"。

（2）设置字体：第一行黑体，第二行隶书，诗文楷体，最后一段的"元"字为黑体、首字下沉 3 行、距正文 0 厘米，其他文字：仿宋。

（3）设置字号：第一行四号，第二行三号，正文小四号。

（4）设置字形和下画线：第一行粗体加双线下画线。

（5）设置对齐方式：第一行左对齐，第二行居中。

（6）设置段落缩进：诗文左右各缩进 1 厘米。

（7）设置行（段）间距：全文段前 6 磅，行间距 20 磅。

样文

永遇乐

辛弃疾

　　千古江山，英雄无觅孙仲谋处。舞谢歌台，风流总被雨打风吹去。斜阳草树，寻常巷陌，人道寄奴曾住。想当年，金戈铁马，气吞万里如虎。

　　元嘉草草，封狼居胥，赢得仓皇北顾。四十三年，望中犹记，烽火扬州路。可堪回首，佛狸祠下，一片神鸦社鼓！凭谁问：廉颇老矣，尚能饭否？

3．录入样文，并完成以下操作：

（1）保存在 D 盘"Word 实例"文件夹中，文件名为"文字格式练习三.doc"。

（2）将全文中的"输入方法"替换为"输入法"。

（3）将"2.中文输入界面"一部分内容中的②、③两个段落交换位置，并修正序号。

（4）将页面设置为 A4，页边距设为上 2.4 厘米、下 2 厘米，左 2.4 厘米、右 2.2 厘米。

（5）将文档的第一行文字"汉字输入功能概述"作为标题，标题居中，仿宋体三号字，加粗、加下画线。

（6）除大标题外的所有内容悬挂缩进 0.75 厘米，两端对齐，宋体五号字。

（7）将大标题之下的第一个自然段左缩进 0.9 厘米、右缩进 0.8 厘米。

样文

汉字输入功能概述

在中文版 Windows 98 中内置了多种中文输入方法：如微软拼音输入、智能 ABC 输入、全拼输入、双拼输入、区位输入、郑码输入等，其中智能 ABC 输入方法又细分为标准和双打输入方式。

1. 汉字输入的调用及切换

中文 Windows 98 中安装了多种中文输入方法，用户在操作过程中可利用键盘或鼠标随时调用任意一种中文输入方法进行中文输入，并可以在不同的输入方法之间切换。

2. 中文输入界面

用户选用了一种中文输入方法后，屏幕上将出现输入界面（如图 3.54 所示）。

① 中英文切换按钮。

② 输入方式切换按钮。

③ 全角和半角切换按钮。

④ 中英文标点切换按钮。

⑤ 软键盘按钮。

4. 录入样文，并完成以下操作：

（1）将第一行文字作为标题，标题居中，隶书二号字，加粗。

（2）除大标题外的所有内容首行缩进 2 字符，两端对齐，宋体五号字。

（3）将纸张设置为 B5，页边距：上 2.8 厘米、下 3 厘米，左 3.2 厘米、右 2.7 厘米，装订线：1.4 厘米。

（4）将正文第一段设为两栏格式：栏宽相等、加分隔线。将正文第二段设为三栏格式：栏宽相等、栏距为 4 字符。

（5）给最后一段设置底纹，图案式样：15%；设置边框，线宽 1.5 磅。

样文

恒星演化

研究恒星演化大都以研究恒星内部产生能量的过程为基础。因此，由于人们所能观测到的只是恒星表面发射出来的光，所以关于恒星演化的研究就必然多半是理论上的工作。

恒星目前状态（其实是恒星发出光时所处的状态，这些光只是现在才到达我们地面）的观测资料，使我们能够了解恒星的某些结构的特征。根据得到的这些信息，天文学家再运用有关物质和能量的普通知识，去推测恒星的内部情况：它们的温度、密度、压力和化学组成。尔后，他必须从理论上对具有一定特征的恒星进行计算，以确定它们会如何使核能转变成热能和辐射能。他还要探索解释恒星形成的一些途径。

当对恒星演化建立起好像是令人满意的假说之后，必须对它们用更多的观测结果加以检验。根据这些假说无疑能作出某些预见。若预见被观测事实所证实，那么这些假说就更会为人所接受。另一方面，观测资料也可以证明假说不正确，这时，天文学家则必须另寻新的假说。但是，由于在上述过程中每一步都会有甩收益，这时，天文学家则必须另寻新的假说。但是，由于在上述过程中每一步都会有所收益，故他就不要总从零开始了。

5. 录入样文，并完成以下操作：

（1）页面设置：纸张为 B5，页边距：上 2.8 厘米、下 3 厘米，左 3.2 厘米、右 2.7 厘米，装订线：1.4 厘米。

（2）第一行宋体、小四号字、加粗、斜体；第二行黑体、四号字；正文隶书、小四号字；最后一段楷体、五号字。

（3）第二行居中，正文第一段左右各缩进 1 厘米，最后一段首行缩进 0.85 厘米。

（4）第二行段前和段后各 6 磅，最后一段段前 12 磅。

（5）设置正文的底纹：填充灰度 5%，正文的边框设置阴影，颜色为灰色 25%。

（6）设置页面边框：艺术样式 1。

（7）设置页眉：输入文字"宋词选"，隶书，五号字。

（8）设置页脚：插入页码、页数和日期，居中。

样文

送一轮明月

作者：无名

　　一位住在山中茅屋修行的法师，有一天趁夜色到林中散步，在皎洁的月光下，突然开悟了自性的般若。

　　他喜悦地走回住处，眼见到自己的茅屋遭到小偷光顾，找不到任何财物的小偷要离开的时候在门口遇见了法师。原来，法师怕惊动小偷，一直站在门口等待，他知道小偷一定找不到任何值钱的东西，早就把自己的外衣脱掉拿在手上。

　　小偷遇见法师，正感到错愕的时候，法师说："你走老远的山路来探望我，总不能让你空手而回呀！夜凉了，你带着这件衣服走吧！"说着，就把衣服披在小偷身上，小偷不知所措，低着头溜走了。法师看着小偷的背影穿过明亮的月光，消失在山林之中，不禁感慨地说："可怜的人呀！但愿我能送一轮明月给他。"法师目送小偷走了以后，回到茅屋赤身的打坐，他看着窗外的明月，进入室境。

　　第二天，他在阳光温暖的抚触下，从极深禅室里睁开眼睛，看到他披在小偷身上的外衣被整齐地叠好，放在门口。法师非常高兴，喃喃地说："我终于送了他一轮明月！"

第 5 章

图形对象

学习目标

- 能够绘制基本图形
- 掌握插入和编辑图片的方法
- 掌握图片格式的设置技巧
- 能够使用文本框进行特殊版式的排版
- 掌握插入和编辑艺术字的方法
- 掌握设置图文混排的技能
- 能够制作简单的公式
- 能够按要求制作 SmartArt 图形

Word 将图形、图片、文本框、公式和艺术字等都作为图形对象来处理。本章主要介绍如何使用图形对象，即在文档中绘制图形，以及插入和处理图片、文本框、公式和艺术字等。

5.1 图形的绘制与编辑

在 Word 2010 中新增了许多绘图的功能，如颜色过渡、纹理、透明处理、图形多种填充效果和阴影，以及三维效果等，并且还提供了 100 多种可调整形状的自选图形，这使得在 Word 中制作各种图形及标志将更加简单、方便。

5.1.1 绘制图形

在 Word 文档中可以直接绘制、添加及更改图形，还可以向自选图形中添加文字。

1．绘制简单图形

如果只绘制简单图形，可按如下方法操作。

（1）单击"插入"选项卡"插图"功能区中的"形状"按钮，在弹出的列表中选择"线条"中的"直线"按钮，在插入点位置光标变成"十"字形，在要绘制图形的位置上拖曳鼠标即可绘出一条直线，同时展开"绘图工具格式"选项卡。

（2）分别单击"插入形状"选项组中的"箭头"、"矩形"、"椭圆"按钮，再在文档编辑区中拖曳鼠标即可画出箭头、矩形、椭圆等图形，如图 5.1 所示。

2．使用自选图形

在 Word 2010 中绘制图形是指用户自行绘制的线条和形状，用户还可以直接使用 Word 2010 提供的线条、箭头、流程图、星状等组合成更加复杂的形状。在 Word 2010 中绘制自选图形可按如下方法操作。

单击"插入"选项卡"插图"功能区中的"形状"按钮，并在打开的窗格中单击需要绘制的形状（例如分别选中"基本形状"组的"圆柱形"和"立方体"按钮），在文档编辑区中拖曳鼠标即可绘制出不同形状的自选图形，如图 5.2 所示。

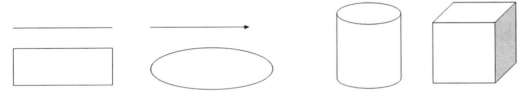

图 5.1　绘制简单图形　　　　　　　　　　图 5.2　绘制自选图形

【实例 5-1】绘制一条曲线。

步骤操作如下：

（1）单击"插入"选项卡中"选项卡"功能区的"形状"按钮，并在打开的列表中单击"线条"组中的"曲线"按钮。

（2）在要绘制曲线的地方单击，然后拖曳鼠标至合适位置再单击鼠标左键来确定曲线的第二点的位置。

（3）拖曳鼠标确定曲线的弧度，然后单击鼠标左键确定曲线第三点的位置，以此类推。

（4）完成曲线绘制后，双击鼠标左键，效果如图 5.3 所示。

图 5.3　绘制曲线

实用技巧：

按住【Shift】键的同时绘制图形就可以绘制出高、宽成比例的图形，如正方形、圆、等边三角形或立方体等，还可以绘制出由开始点出发倾斜 15°的倍数的直线组成的图形。

3. 向自选图形中添加文字

在要添加文字的自选图形上单击鼠标右键，打开快捷菜单，单击"添加文字"命令，然后输入文字，也可以对输入的文本进行排版（如改变字体、字号等），示例如图 5.4 所示。

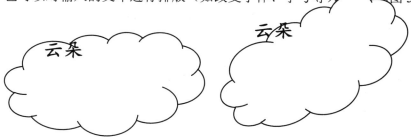

图 5.4　向自选图形中添加文字

所添加的文字将成为该图形的一部分，移动该图形时文字也将跟着一起移动，旋转或翻转该图形，图形中的文字也将跟着一起旋转。

利用向自选图形中添加文字的功能可以绘制复杂的工作流程图，如图 5.5 所示。

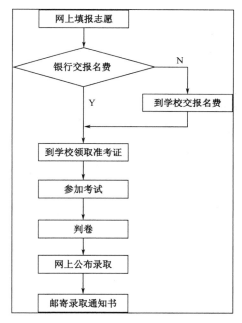

图 5.5　工作流程图

5.1.2　选定图形

如果要对图形进行移动、修改等操作，必须先选定该图形。

1. 选定一个图形
用鼠标左键单击该图形即可选定该图形，被选定的图形四周出现 8 个尺寸句柄。

2. 选定多个独立图形
选定第一个图形后，按住【Shift】键再单击其他图形，重复操作直至所有图形被选定。

5.1.3　组合图形

组合图形是指将绘制的多个图形组合在一起，作为一个图形对象。例如，可以将插入的所有图形组合为一个整体进行翻转、旋转、调整大小或改变填充色等处理。

（1）选中第一个图形后，按住【Shift】键选定一组图形，这时被选定的每个图形周围都出现尺寸句柄，这表明它们是独立的，如图 5.6 所示。

（2）右键单击被选中的任一独立形状，在打开的快捷菜单中指向"组合"命令，并在打开的下一级菜单中选择"组合"命令，或者在"绘图工具/格式"选项卡"排列"功能区中单击"组合"按钮向下的小箭头，在窗格中选择"组合"命令，这时只在该组图形的外围出现 8 个尺寸句柄，这表明它们是一个图形对象，如图 5.7 所示。

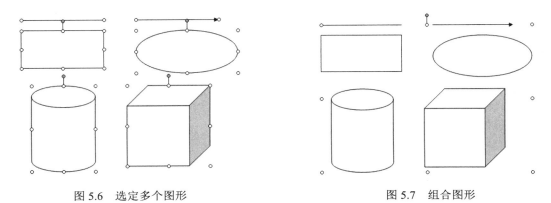

图 5.6　选定多个图形　　　　　　　　　　　图 5.7　组合图形

将多个图形组合后，如发现有某个图形需要修改，可选择被组合的图形后单击鼠标右键，在弹出的快捷菜单中选择"组合"中的"取消组合"命令，或者在"绘图工具/格式"选项卡"排列"功能区中单击"组合"按钮向下的小箭头，在列表中选择"取消组合"命令，然后就可修改图形了。

5.1.4　修改图形

当选定了图形之后，在其边界会出现尺寸句柄，这时可以很方便地对其进行修改。

1．改变图形的大小

（1）利用鼠标调整图形大小

选定图形后，把鼠标指针移到图形四边的句柄上，当指针变为双箭头形状时，拖曳鼠标即可调整图形的长或宽。当把鼠标移到图形四角的句柄上，鼠标指针变为双向箭头时，拖曳鼠标可同时改变图形的高度和宽度。

实用技巧：

调整大小时按住【Shift】键可保持原图形的长宽比例不变，按住【Ctrl】键可以图形中心为基点进行缩放。

（2）按指定比例调整图形的大小。

如果要精确地设置图形的大小，应在选定该图形后，单击鼠标右键打开快捷菜单，单击"其他布局选项"命令，单击"布局"对话框中的"大小"选项卡，如图 5.8 所示。在"高度"和

"宽度"增量框中输入确切的数值，或者在"缩放"选项组的"高度"和"宽度"增量框中输入缩放比例。选中"锁定纵横比"复选框可以在改变图形大小时保持图形的长宽比例不变。

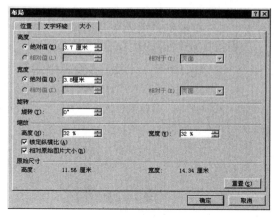

2．改变图形的方向

在 Word 中，可以直接对图形进行任意角度的旋转或翻转。

（1）按任意角度旋转图形

选定要旋转的图形后，图形的上方会出现绿色的旋转句柄，用鼠标拖曳该旋转句柄，就可以按任意角度旋转图形，如图 5.9 所示。

（2）按固定角度旋转或翻转图形

选定要旋转或翻转的图形。

图 5.8　"大小"选项卡

单击"绘图工具/格式"选项卡"排列"功能区中的"旋转"按钮![icon]向下的小箭头，在弹出的列表中选择一种翻转命令，即可使该图形按要求进行旋转，如"水平翻转"、"垂直翻转"等。

3．改变图形的位置

改变图形位置最简单的方法是：将鼠标指针移到该图形上，当鼠标指针变为十字箭头形状时，拖曳鼠标至目的地，如图 5.10 所示。按住【Shift】键后再拖曳图形可限制图形只能横向或纵向移动。

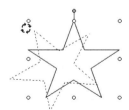

图 5.9　自由旋转图形对象　　　　　　图 5.10　用鼠标移动图形

实用技巧：

改变图形位置最精确的方法是：选中该图形，在按住【Ctrl】键的同时按上、下、左、右光标键，这样将以像素为单位对图形进行移动。

5.1.5　修饰图形

1．更改线型和颜色

默认情况下，图形对象的线型都为单实线。如果要改变图形的线型应执行如下操作：

➢ 选定要改变的图形。

➢ 在"绘图工具/格式"选项卡"形状样式"功能区中单击"形状轮廓"按钮![icon]，在打开的列表中分别单击"粗细"和"虚线"，在下级菜单中可以选择粗细和线型。单击"主题颜色"区域的颜色块可以改变颜色，如图 5.11 所示。

2. 设置图形的填充效果

为自选图形设置好边框的线型和颜色后，还可以设置图形的填充效果。

（1）在文档中为自选图形设置颜色填充。

➤ 选定要设置填充效果的图形。

➤ 在"绘图工具/格式"选项卡中单击"形状样式"功能区中的"形状填充"按钮，打开"形状填充"列表，如图 5.12 所示。

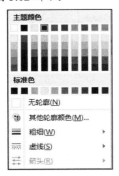　　　　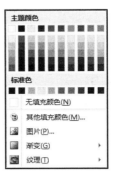

　　图 5.11　"形状轮廓"窗格　　　　　图 5.12　"形状填充"列表

➤ 在"主题颜色"组中单击某一颜色框，便可为图形加入相应的填充颜色。

如果菜单中没有需要的颜色，应单击"其他填充颜色"按钮，在"颜色"对话框中选择需要的颜色。

（2）在文档中为自选图形设置图片填充。

➤ 选定要设置填充效果的图形。

➤ 单击"形状填充"列表中的"图片"命令，打开"插入图片"对话框，如图 5.13 所示，查找并选中合适的图片，单击"插入"按钮。

图 5.13　"插入图片"对话框

为自选图形设置图片填充效果后，保持自选图形的选中状态，用户可以进一步对自选图形中的图片进行更高级的设置。在"图片工具/格式"选项卡中，可以对图片进行"颜色"、"艺术效果"等方面的设置，以实现更完美的效果，如图 5.14 所示。

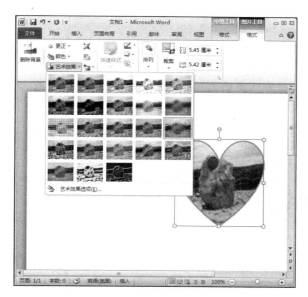

图 5.14　设置图片的艺术效果

（3）在文档中为自选图形设置颜色渐变。

➢ 选定要设置填充效果的图形。

➢ 指向"形状填充"列表中的"渐变"命令，在下级列表中选择"浅色变体"或"深色变体"分组中合适的渐变选项，如图 5.15 所示。

通常情况下，用户需要选择"其他渐变"命令进行更详细的设置。选择"其他渐变"命令打开"设置形状格式"对话框，如图 5.16 所示。切换到"填充"选项组，选中"渐变填充"单选框，然后单击"预设颜色"按钮，在打开的预设颜色列表中任意选择一种填充效果。

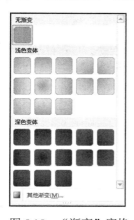

图 5.15　"渐变"窗格

图 5.16　"设置形状格式"对话框的"填充"选项卡

单击"类型"列表框和"方向"按钮，在类型列表中可选择"线性"、"射线"、"矩形"和"路径"，并选择渐变方向。

在"渐变光圈"滑动标尺中分别设置起始颜色滑块和末尾颜色滑块，并且还可以通过单击"添加渐变光圈"和"删除渐变光圈"按钮在滑动标尺上添加或删除颜色。设置完毕，单击"关闭"按钮。

（4）在文档中为自选图形设置纹理

> 选中需要设置纹理填充的自选图形。

> 单击"形状填充"窗格中的"纹理"命令，在打开的下级窗格中选择合适的纹理，如图 5.17 所示。

用户可以选择"其他纹理"选项，在打开的"设置形状格式"对话框中切换到"填充"选项组。选中"图片或纹理填充"单选按钮，单击"纹理"下拉按钮，并在打开的纹理列表中选择合适的纹理，如图 5.18 所示。设置完毕，单击"关闭"按钮。

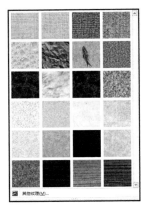

图 5.17　"纹理"列表

图 5.18　"设置图片格式"对话框

3．设置图形形状效果

在文档中还可以为自选图形设置形状效果，如预设、阴影、映像、发光、柔化边缘、棱台和三维旋转等。

（1）在文档中为自选图形设置阴影

通过为文档中的自选图形设置阴影，可以使自选图形呈现出立体效果。用户可以为自选图形设置外部、内部和透视三种阴影。具体操作步骤如下：

> 选中需要设置阴影的自选图形。

> 在"绘图工具/格式"选项卡单击"形状样式"功能区中的"形状效果"按钮 ，在打开的列表中指向"阴影"命令。然后在下级列表中选择合适的阴影效果，如选择"透视"分组中的"左上角透视"选项，如图 5.19 所示，即可得到如图 5.20 所示的阴影效果。

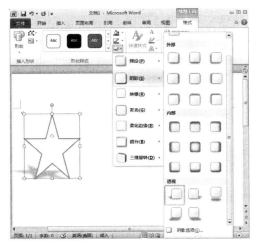

图 5.19　选择"左上角透视"选项

图 5.20　阴影效果

　　如果用户需要对自选图形的阴影效果进行更高级的设置，可以在阴影窗格中选择"阴影选项"命令，在打开的"设置图片格式"对话框中，对阴影进行"透明度"、"大小"、"颜色"、"角度"等多种设置，以实现更为合适的阴影效果，如图 5.21 所示

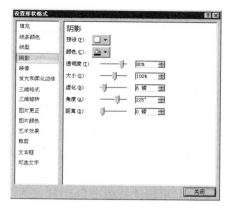

图 5.21　"设置形状格式"对话框的"阴影"选项卡

（2）在文档中为自选图形设置预设效果

➤ 选中需要设置预设效果的自选图形。

➤ 单击"形状样式"功能区中的"形状效果"按钮，在打开的窗格中指向"预设"命令。然后在下级列表选择合适的预设效果，如选择"预设 9"即可得到如图 5.22 所示的预设效果。

　　如果用户需要对自选图形的预设效果进行更高级的设置，可以在"预设"下级列表中选择"三维选项"命令，在打开的"设置形状格式"对话框中，对自选图形在棱台、深度、轮廓线、表面效果等方面进行设置。

（3）在文档中为自选图形设置映像效果

➤ 选中需要设置的自选图形。

➤ 单击"形状样式"功能区中的"形状效果"按钮，在打开的列表中指向"映像"命令。然后在打开的下级列表中选择合适的映像效果，如选择第 2 行第 3 列即可得到如图 5.23 所示的映像效果。

　　如果用户需要对自选图形的映像效果进行更高级的设置，可以在映像列表中选择"映像选项"命令，在打开的"设置形状格式"对话框中，对自选图形在预设、透明度、大小、距离和虚化等方面进行设置。

（4）在文档中为自选图形设置发光效果

➤ 选中需要设置的自选图形。

➤ 单击"形状样式"功能区中的"形状效果"按钮，在打开的列表中指向"发光"命令。然后在下级列表的"发光变体"组中选择合适的效果，如选择第 3 行第 2 列即可得到如图 5.24 所示的发光效果。

图 5.22　预设效果

图 5.23　映像效果

图 5.24　发光效果

　　如果用户需要对自选图形的发光效果进行更高级的设置，可以在"发光"窗格中选择"发光选项"命令，在打开的"设置形状格式"对话框中，对自选图形在发光和柔化边缘等方面进行设置。如果只修改边缘颜色，可以选择"其他亮色"，在弹出的颜色块中选择合适的颜色。

　　在 Word 中还可以对自选图形进行专门柔化边缘、棱台和三维旋转效果设置，方法同上。

5.2 图片与图片处理

图片可以来自文件、剪贴画，或是用一个用抓图工具复制下来的图像文件。

5.2.1 插入剪贴画

剪贴画是 Office 软件自带的图片，Word 的剪辑库中包含了大量的图片，从地图到人物，从建筑到风景名胜等，可以方便地将它们插入到文档中。

（1）将插入点移至要插入剪贴画的位置。

（2）单击"插入"选项卡"插图"功能区中的"剪贴画"按钮，打开"剪贴画"窗格，如图 5.25 所示。

（3）在"搜索文字"文本框中，输入要选择的剪贴画类别，如"办公室"，单击"搜索"按钮。任务窗格中将显示该类别所有的剪贴画。

（4）单击要插入的剪贴画的图标，该剪贴画就会出现在插入点处。

（5）将鼠标移至一个剪贴画图标，单击向下箭头，将弹出快捷菜单，如图 5.26 所示。

图 5.25 "插入剪贴画"对话框　　　　图 5.26 剪贴画快捷菜单

➢ **插入**：把此剪贴画插入到文档中。

➢ **复制**：将此剪贴画复制到剪贴板。

➢ **预览/属性**：将此剪贴画放大显示在一个预览窗口中。

5.2.2 插入图片文件

在 Word 中，可以插入多种类型的图片，如".jpg"、".bmp"、".gif"，以及".png"等。插入图片文件的操作步骤如下：

（1）将插入点置于要插入图片的位置。

（2）单击"插入"选项卡"插图"功能区中的"图片"按钮，打开"插入图片"对话框，如图 5.27 所示。

（3）在"查找范围"列表框中选择图片文件所在的文件夹或网络驱动器符，然后选定一个要插入的文件，也可以直接在"文件名"文本框中输入文件的路径和名称。

（4）如果要预览图片，可以单击"视图"按钮右边的向下箭头，从下拉菜单中选择"预览"命令。

图 5.27　"插入图片"对话框

（5）单击"插入"按钮右侧的向下箭头，可以选择把图片文件插入到文档中的 3 种方式：

➤ **插入**：将选定的图片文件插入到文档中，并成为文档的一部分。当这个图片文件发生变化时，文档不会自动更新。

➤ **链接文件**：Word 将把图片文件以链接的方式插入到文档中。当这个图片文件发生变化时，文档会自动更新。当保存文档时，图片文件仍然保存在原先的位置，这样不会增加文档的长度。

➤ **插入和链接**：该命令与"链接文件"命令功能的不同之处在于，当保存文件时图片文件随文档一起保存，这样将增加文档的长度。

5.2.3　设置图片格式

在文档中插入剪贴画或图片之后，还可以对其进行调整和格式设置，如调整图片大小、位置和环绕方式、裁剪图片、添加边框等。

在文档中插入剪贴画或图片后，只要单击该图片，即可在该图片的周围出现 8 个尺寸句柄，同时显示"图片工具/格式"选项卡，可以对图片格式进行设置，如图 5.28 所示。

图 5.28　"图片工具/格式"选项卡

1．调整图片的大小

（1）使用鼠标调整图片的大小

➢ 单击要缩放的图片。

➢ 利用图片周围的句柄来调整图片的大小。

➢ 当把鼠标指针移到图片四个角的句柄上时，鼠标指针变成斜向的双向箭头，拖曳鼠标可以同时改变图片的高和宽。

实用技巧：

按住【Shift】键并拖曳图片的句柄时，将在保持原图片高宽比例不变的情况下进行图片的缩放。按住【Ctrl】键并拖曳图片的句柄时，将从图片的中心向外垂直、水平或沿对角线缩放。

（2）精确调整图片的大小

单击要缩放的图片，可在"图片工具/格式"选项卡"大小"功能区高度按钮和宽度增量框中直接进行修改。

2．裁剪图片

Office 2010 提供增强型剪裁工具，可以移除图片不必要的部分，也可以使用剪裁工具将图片裁剪成特定形状，裁剪成符合或填满图案大小，以及裁剪成相同的图片长宽比，如图 5.29 所示。

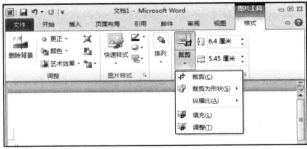

图 5.29 "剪裁"工具

（1）基本裁剪

如果只希望显示所插入图片的一部分，可通过"裁剪"按钮将图片中不希望显示的部分裁剪掉。

➢ 单击要裁剪的图片。

➢ 单击"图片工具/格式"选项卡中"大小"功能区中的"裁剪"按钮。在图片上出现 8 个剪裁控点。

➢ 当把鼠标指针指向图片的某个剪裁控点上，向图片内部拖曳时，可以隐藏图片的部分区域；当向图片外部拖曳时，可以增大图片周围的空白区域。

➢ 至合适位置松开鼠标左键。

注意：

实际上，被裁剪的图片部分并不是真正被删除，而是被隐藏起来。如果要恢复被裁剪的部分，可以先选定该图片，然后单击"裁剪"按钮，向图片外部拖曳句柄即可将裁剪的部分重新显示出来。

假如要两边平均裁剪，按住【Ctrl】键，并移动位于边上的裁剪控点即可。

假如要四边平均裁剪，按住【Ctrl】键，并移动位于角落的裁剪控点即可。

（2）精确裁剪

如果要精确地裁剪图片，可按如下步骤操作：

➢ 单击要裁剪的图片。

➢ 单击右键，在弹出的快捷菜单中选择"设置图片格式"命令，在打开的"设置图片格式"对话框中选择"裁剪"选项，打开"裁剪"选项卡，如图 5.30 所示。

➢ 在"裁剪"选项卡中设置图片位置和裁剪位置。

（3）剪裁为特定形状

在 Word 中通过"裁剪为形状"功能可以快速剪裁成特定形状，操作步骤如下：

➢ 单击要进行裁剪的图片。

➢ 单击"图片工具/格式"选项卡中"大小"功能区中的"裁剪"按钮向下的小箭头，选择"剪裁为形状"下级列表中合适的图形即可，效果如图 5.31 所示。

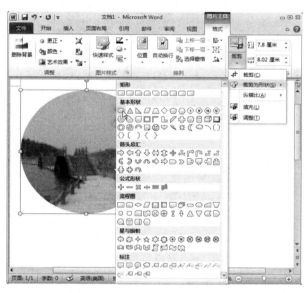

图 5.30　"剪裁"选项卡　　　　　　　　　　图 5.31　将图片剪裁为特定形状

（4）剪裁为特定比例

在 Word 中通过"纵横比"功能可以快速地将图片剪裁成特定比例，操作步骤如下：

➢ 单击要进行裁剪的图片。

➢ 单击"图片工具/格式"选项卡中"大小"功能区中的"裁剪"按钮向下的小箭头，选择"纵横比"下级列表中合适的比例即可。

（5）剪裁工具中的填充和调整功能。

➢ **填充**：调整图片大小，以便填充整个图片区域，同时保持原始纵横比，图片区域之外的任何图片区域将被剪裁。

➢ **调整**：调整图片大小，以便整个图片在图片区域显示，同时保持原始纵横比。

3．设置图片外观样式

利用 Office 2010 中的快速样式可以为图片设置外观样式，操作步骤如下：

➢ 单击要设置的图片。

➢ 单击"图片工具/格式"选项卡"图片样式"功能区"快速样式"按钮，在打开的列表中选择某种样式，如选择"棱台形椭圆，黑色"，如图 5.32 所示。

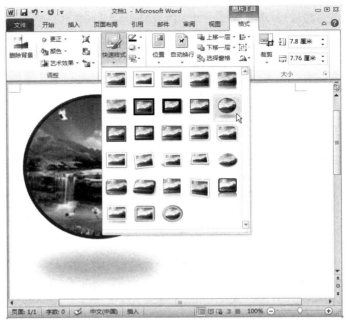

图 5.32　设置图片为"棱台形椭圆"样式

4．给图片添加边框

➢ 单击要添加边框的图片。

➢ 单击"图片工具/格式"选项卡"图片样式"功能区中的"图片边框"按钮，打开列表。

➢ 从"主题颜色"组中选择所需的颜色。如果没有合适的颜色，单击"其他轮廓颜色"命令，打开"颜色"对话框，选择适合的颜色。

➢ 鼠标指向"粗细"命令，在下级菜单中选择适合的磅值。

➢ 鼠标指向"虚线"命令，在下级菜单中选择适合的线型。

5．设置图片效果

在文档中还可以为图片设置图片效果，如预设、阴影、映像、发光、柔化边缘、棱台和三维旋转等效果。

操作方法和为自选图形设置形状效果的方法一样。

6．设置图片艺术效果

在 Word 2010 文档中，用户可以为图片设置艺术效果，包括铅笔素描、影印、图样等多种效果，操作步骤如下：

➢ 选中要设置艺术效果的图片。

➢ 在"图片工具/格式"选项卡"调整"功能区中单击"艺术效果"按钮。在打开的列表中，单击选中合适的艺术效果选项（本例选中"影印"效果），如图 5.33 所示。

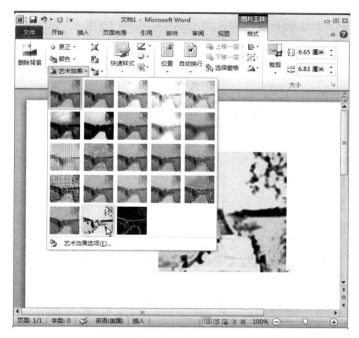

图 5.33　设置"影印"艺术效果示例

7. 为图片删除背景

为了快速从图片中获得有用的内容，Word 2010 提供了一个非常实用的图片处理工具——删除背景。使用删除背景功能可以轻松去除图片的背景，具体操作如下：

➤ 选中要去除背景的一张图片，单击"图片工具/格式"选项卡"调整"功能区"删除背景"按钮 ，进入图片编辑状态。

➤ 拖曳矩形边框四周上的控制点，圈出最终要保留的图片区域，如图 5.34 所示。

➤ 完成图片区域的选定后，单击"背景清除"选项卡"关闭"功能区中的"保留更改"按钮 ，或直接单击图片范围以外的区域，即可去除图片背景并保留矩形圈起的部分，如图 5.35 所示。

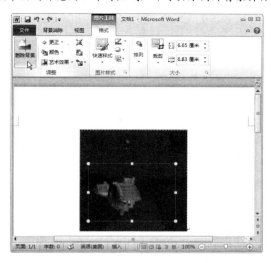

图 5.34　调整图片保留区域

图 5.35　删除图片背景示例

如果希望不删除图片背景并返回图片原始状态，则需要单击"背景清除"选项卡"关闭"功能区中的"放弃所有更改"按钮。

8．为图片重新着色

在 Word 2010 文档中，用户可以为图片重新着色、设置颜色饱和度或调整色调，实现图片的灰度、褐色、冲蚀、黑白等显示效果，操作步骤如下：

➤ 选中准备重新着色的图片。

➤ 在"图片工具/格式"选项卡"调整"功能区单击"颜色"按钮。

➤ 在打开的颜色模式列表中，用户可以分别设置颜色饱和度和色调，或者在"重新着色"区域选择"灰度"、"橄榄色"、"冲蚀"或"紫色"等选项为图片重新着色，如图 5.36 所示。

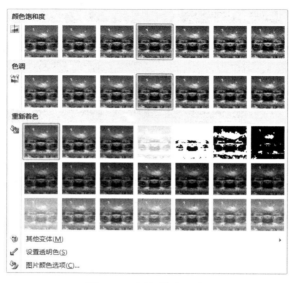

图 5.36　颜色模式列表

5.2.4　图文混排

Word 的优势之一就是图文混排，即将一些图片以某种格式插入到文本当中。刚插入的图片默认是"嵌入型"的，要达到理想的效果，必须进行设置。

【示例 5-1】图文混排，效果如图 5.37 所示。

（1）打开资料包中的"图文混排.doc"，在"剪贴画"任务窗格的"搜索文字"框中输入"时钟"，单击"搜索"按钮，选择图 5.37 中的剪贴画插入到当前文档中。

（2）选中要设置文字环绕的图片。

（3）单击"图片工具/格式"选项卡"排列"功能区中的"位置"按钮，打开如图 5.38 所示的列表。文字环绕方式包括"顶端居左，四周型文字环绕"、"顶端居中，四周型文字环绕"、"顶端居右，四周型文字环绕"、"中间居左，四周型文字环绕"、"中间居中，四周型文字环绕"、"中间居右，四周型文字环绕"、"底端居左，四周型文字环绕"、"底端居中，四周型文字环绕"、"底端居右，四周型文字环绕"九种方式，可以根据自己的需要进行选择。如在"文字环绕"项中选择"顶端居左，四周型文字环绕"。

总是感叹时间过得太快，纯真的童年时光还历历在目，转眼间却已成为一个十四五岁的小伙子。有时看着白发苍苍的爷爷奶奶，会感怀自己哪一天也会垂垂老去。但人生不能只由伤怀组成，我们应该微笑。正因为人生短暂，我们才更应珍惜每一个美好的瞬间和每一丝真诚的感动。

珍惜青春，它让我们的生命之歌传到遥远的地方。我们之所以幸福，是因为我们已懂事，但还不用为家庭操心，我们有许多真挚的朋友，我们拥有灿烂的青春。虽然现在的学习生活看起来有些单调，但我却不愿拘泥于此。

图 5.37　"紧密型环绕"图文混排实例　　　　图 5.38　文字环绕窗格

如果希望在 Word 2010 文档中设置更多的文字环绕方式，可以在"排列"功能区中单击"自动换行"按钮![]，在打开的列表中选择合适的文字环绕方式即可，如图 5.39 所示。

各种文字环绕方式的特点简介如下：

➤ **嵌入型**：将对象置于文档内文字中的插入点处，取消图片的浮动特性，对象与文字处于同一层。

➤ **四周型**：将文字环绕在所选对象的边界框四周。

➤ **紧密型**：如果图片是矩形，则文字以矩形方式环绕在图片周围，如果图片是不规则图形（如五角星），则文字将紧密环绕在图片四周。

➤ **上下型环绕**：文字排列在图片上方和下方。

➤ **穿越型环绕**：文字可以穿越不规则图片的空白区域。

➤ **衬于文字下方**：图片在下、文字在上分为两层，文字将覆盖图片。

➤ **浮于文字上方**：图片在上、文字在下分为两层，图片将覆盖文字。

➤ **编辑环绕顶点**：用户可以编辑文字环绕区域的顶点，实现更个性化的环绕效果。

如果要精确地设置图片与周围文字之间的距离关系，单击"其他布局选项"打开"布局"对话框，在"文字环绕"选项卡"自动换行"组中指定文字环绕在"两边"，在"距正文"选项组中指定图片距离正文的上、下、左、右的值，如图 5.40 所示。

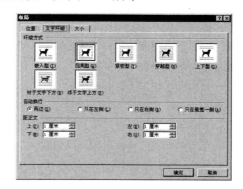

图 5.39　扩展的文字环绕方式　　　　图 5.40　"文字环绕"选项卡

在"布局"对话框"位置"选项卡中可以精确设置图片的水平位置和垂直位置。

插入图片并设置为"四周型"环绕后，单击"位置"选项卡，在"水平"组中选择"绝对位置"单选按钮，并在增量框中输入"6.7 厘米"；在"右侧"列表框中选择相对"页面"。在"垂直"组中选择"绝对位置"单选按钮，并在增量框中输入"4 厘米"；在"下侧"列表框中选择相对"页面",如图 5.41 所示。单击"确定"按钮,效果如图 5.42 所示。

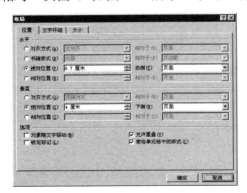

图 5.41　"位置"选项卡

图 5.42　图文混排实例

"位置"选项卡中各功能简介如下:

在"水平"选项组中可以选择对象的水平对齐方式、版式和位置。

➢ **对齐方式**: 可以设置图形对象相对于栏、页面、页边距、字符、左边距、右边距、内边距或外边距的左对齐、居中对齐或右对齐方式。

➢ **书籍版式**: 可以设置图形对象与页面、页边距的内部或外部的对齐方式,或者与页面本身的对齐方式。

   例如: 如果图片出现在文档中的奇数页上,并选择了"页边距"和"内部",则 Word 会将图形对象与页面左侧页边距内侧对齐。

➢ **绝对位置**: 精确设置图片自页面或栏的左侧开始,向右侧移动的距离数值。

➢ **相对位置**: 设置图形对象相对于页面、页边距、左边距、右边距、内边距或外边距之间的水平距离。

在"垂直对齐"选项组中可以设置图形对象要采用的垂直对齐式和位置。

➢ **对齐方式**: 可以设置图形对象相对于页面、页边距、行或上、下、内或外边距的对齐方式。

➢ **绝对位置**: 可以设置图形对象与页面、页边距、段落、行、上边距、下边距、内边距或外边距之间的向下移动的距离。

➢ **相对位置**: 可以设置图形对象相对于页面、页边距、上边距、下边距、内边距或外边距之间的垂直距离。

在"选项"选项组中可以根据需要选择图形对象与文字之间的联系。

➢ **对象随文字移动**: 选定该选项后,如果与该图形对象一起锁定的段落被移动,则图形对象也会在页面上相应地上下移动。

➢ **锁定标记**: 选定该选项后,将图形对象锁定标记保持在同一位置,这样移动该图形对象时它的位置始终相对于页面上的同一点。

➢ **允许重叠**: 选定该选项后,将允许采用同一种环绕方式的文字重叠。

5.3　文本框

文本框作为存放文本的"容器",可放置在页面的任一位置上并可调整大小。使用文本框,可以在同一页面中排出多种不同的排列方式。如图 5.43 所示,文本框中的文本内容与文档正文之间是相对独立的。因此,文本框可以单独排成与正文不同的排列方式,这对于排版一些报刊之类的读物,极其方便。

5.3.1　插入文本框

单击"插入"选项卡"文本"功能区中的"文本框"按钮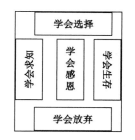，在打开的列表中选择"绘制文本框"或"绘制竖排文本框"，光标变成十字形，拖曳鼠标至合适的位置后释放。插入的文本框中有一个闪烁的光标，表示该文本框处于编辑状态，可以在文本框中输入文本或插入图片等，或者像图片一样调整其大小。

图 5.43　文本框应用实例

5.3.2　选定文本框

（1）移动鼠标光标到文本框的边框。

（2）单击鼠标，则文本框被选定，被选定的文本框出现 8 个尺寸句柄。

5.3.3　设置文本框的边框

（1）选中文档中的文本框，选中后的文本框四周将出现八个圆点，

（2）单击"文本框工具/格式"选项卡"文本框样式"功能区中的"形状轮廓"按钮，在弹出的列表中单击"虚线"命令，在菜单中选择一种即可。

（3）如果觉得都不喜欢，单击"其他线条"。

（4）在弹出"设置文本框格式"窗口的"线型"列表框中选择一种类型。

（5）修改完文本框的边框线型后，单击"确定"按钮即可。

5.3.4　设置文本框的填充颜色

用户可以根据文档需要为文本框设置纯颜色填充、渐变填充、图片填充或纹理填充，使文本框更具表现力。为文本框设置颜色填充的操作步骤如下：

（1）选中要进行颜色填充的文本框。

（2）单击"文本框工具/格式"选项卡"文本框样式"功能区中的"形状填充"按钮。

（3）在弹出的列表中的"主题颜色"和"标准色"区域中可以设置文本框的填充颜色。单击"其他填充颜色"按钮，可以在打开的"颜色"对话框中选择更多的填充颜色。

为文本框设置渐变填充、图片填充或纹理填充的方法同于设置自选图形的填充方法。

5.3.5　设置文本框的版式

文本框就是有文字的图形对象，所以可以设置图文混排的样式。

【实例 5-2】利用文本框制作如图 5.44 所示的版面。

（1）选定要加文本框的文本"读书"。

（2）单击"插入"选项卡"文本"功能区中的"文本框"按钮 ，在打开的列表中选择"绘制文本框"给"读书"加文本框。

图 5.44　利用文本框制作的版面示例

（3）选定文本框并移动至合适的位置，然后调整大小。

（4）单击"文本框工具/格式"选项卡中"排列"组中的"位置"按钮，在下拉列表中选择"其他布局选项"，打开"布局"对话框。在"文字环绕"选项卡中选择"四周型"环绕方式，自动换行选择"只在右侧"，距正文"右"1厘米。

5.3.6　设置文本框中文字的位置

【实例 5-3】设置如图 5.45 所示文本框中文字的位置。

图 5.45　文本框中的文字位置实例

（1）选定图中的第二个文本框，单击鼠标右键，在弹出的快捷菜单中打开"设置形状格式"对话框的"文本框"选项卡，如图 5.46 所示。

（2）在"文字版式"选项"垂直对齐方式"列表框中选择"中部对齐"。

（3）选定图中的第三个文本框，在"垂直对齐方式"列表框中选择"底部对齐"。

如果要准确设置文字在文本框中的位置，可以在"文本框"选项的内部边距组中设置左、右、上和下边距。

如设置文字距文本框左：0.5 厘米，上：0.5 厘米，效果如图 5.47 所示。

图 5.46　"文本框"选项卡　　　　　　　图 5.47　文字位置实例

5.4 输入公式

在 Word 中，利用"公式编辑器"可以快速地建立公式。

5.4.1 在文档中插入内置公式

Word 2010 提供了多种常用的公式供用户直接插入到文档中，用户可以根据需要直接插入这些内置公式，以提高工作效率。输入公式的操作步骤如下：

（1）打开 Word 2010 文档窗口，单击"插入"选项卡。

（2）在"符号"功能区中单击"公式"向下小箭头，在打开的内置公式列表中选择需要的公式（如"二次公式"）即可，如图 5.48 所示。

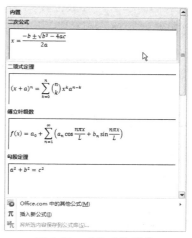

图 5.48 "公式"窗格

注意：

如果计算机处于联网状态，在 Word 2010 提供的内置公式中找不到用户需要的公式，则可以在公式列表中指向"Office.com 中的其他公式"选项，并在打开的来自 Office.com 的更多公式列表中选择所需的公式，如图 5.49 所示。

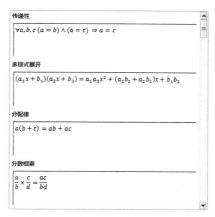

图 5.49 Office.com 中的其他公式

5.4.2 创建公式

下面通过两个简单的例子来说明如何建立数学公式。

【**实例 5-4**】 $y = \dfrac{\sqrt{x+4}}{x+2}$。

（1）将插入点移至要插入公式的位置，单击"插入"选项卡的选项卡。

（2）在"符号"功能区中单击"公式"按钮向下小箭头，在打开的公式列表中选择"插入新公式"，打开公式编辑器，输入"y="。

（3）单击"公式工具/设计"选项卡"结构"功能区"分数"模板按钮$\frac{x}{y}$，打开"分数"模板列表，单击所用"分数（竖式）"模板，单击分子占位符。

（4）单击"结构"功能区"根式"按钮$\sqrt[n]{x}$，打开"根式"模板列表，选中所用"平方根"模板，单击占位符，在根号中输入"x+4"。

（5）将插入点移到分数线下面，输入"x+2"。

（6）用鼠标单击公式编辑区域以外的任何文档编辑区，即可退出公式编辑状态。

【实例 5-5】 $\cos \partial = \sqrt{1-\left(\frac{1}{2}\right)^2} = \frac{\sqrt{3}}{2}$。

（1）将插入点移至要插入公式的位置。

（2）在"符号"功能区中单击"公式"按钮，插入公式编辑框架，在其中输入"cos"。

（3）在"公式工具/设计"选项卡"符号"功能区中单击"其他"按钮打开符号列表，然后单击顶部标题右侧的三角下拉按钮。在打开的下拉菜单中选择"字母类符号"选项，并在打开的字母类符号列表中选择所需的字母类符号"∂"，输入"="。

（4）单击"结构"功能区"根式"按钮，在列表中选择平方根模板，单击占位符，输入"1-"。

（5）单击"上下标"按钮，在列表中选择"上标和下标"组中的"上标"模板，单击模板中大的占位符。

（6）单击"括号"按钮，在"方括号"组中选择所需的"圆扩号"。

（7）再次单击大占位符，然后单击"结构"功能区"分数"模板按钮，选中所要用的分式模板。在分数线上输入"1"，将插入点移到分数线下，输入"2"。

（8）将插入点移到上标处，输入"2"。

（9）将插入点移至根式外，输入后面的内容。

按以上步骤，选中不同的模板和符号，并准确将光标插入相应的占位符中，就能插入任意类型的公式，公式输入完成后只需单击公式编辑框外任一点便可返回编辑状态。

如果对已经输入的公式不满意，可以通过双击该公式重新进入公式编辑状态，对其进行编辑和修改。

5.5 艺术字

Office 中的艺术字结合了文本和图形的特点，能够使文本具有图形的某些属性，如设置旋转、三维、映像等效果，也就是成为"艺术字"。在 Word 2010 文档中插入艺术字的操作步骤如下：

（1）将插入点光标移动到准备插入艺术字的位置。

（2）单击"插入"选项卡"文本"功能区中的"艺术字"按钮，并在打开的如图 5.50 所示艺术字预设样式列表中选择合适的艺术字样式，如选择"填充-橙色"。

（3）在艺术字文字编辑框中直接输入艺术字文本即可，如输入"寻找幸福"。可以对输入的艺术字进行字体、字号等设置，如设置字体为"华文楷体"，文本颜色为"橙色"，如图 5.51 所示。

图 5.50　艺术字预设样式列表

图 5.51　插入艺术字

（4）单击"绘图工具/格式"选项卡"艺术字样式"分组中的"文本效果"按钮 A，打开文本效果列表，指向"转换"命令，在下级菜单中选择需要的形状即可。当鼠标指向某一种形状如"正 V 型"时，Word 文档中的艺术字将即时呈现实际效果，如图 5.52 所示。

（5）单击"艺术字样式"分组中的"文本效果"按钮，打开文本效果窗格，可以对艺术字设置阴影、旋转、发光、映像和棱台等效果。

（6）设置艺术字的文字方向。在"文本"功能区中单击"文字方向"按钮，用户可以选择"水平"、"垂直"、"将所有文字旋转 90°"、"将所有文字旋转 270°"和"将中文字符旋转 270°"五种文字方向，如图 5.53 所示。

图 5.52　艺术字效果

图 5.53　艺术字文字方向

5.6　绘制 SmartArt 图形

SmartArt 是 Word 2010 中新增加的一项图形功能，相对于以前版本中提供的图形功能，

117

SmartArt 功能更强大、种类更丰富、效果更生动。

5.6.1　SmartArt 图形类型

打开 Word 2010 文档窗口，单击"插入"选项卡"插图"功能区中的"SmartArt"按钮，打开"选择 SmartArt 图形"对话框，如图 5.54 所示。

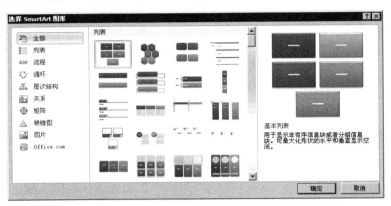

图 5.54　"选择 SmartArt 图形"对话框

Word 2010 中的 SmartArt 图形包括 8 种类型，分别介绍如下：

- ➢ **列表型**：显示非有序信息或分组信息，主要用于强调信息的重要性。
- ➢ **流程型**：表示任务流程的顺序或步骤。
- ➢ **循环型**：表示阶段、任务或事件的连续序列，主要用于强调重复过程。
- ➢ **层次结构型**：用于显示组织中的分层信息或上下级关系，最广泛地应用于组织结构图。
- ➢ **关系型**：用于表示两个或多个项目之间的关系，或者多个信息集合之间的关系。
- ➢ **矩阵型**：用于以象限的方式显示部分与整体的关系。
- ➢ **棱锥图型**：用于显示比例关系、互连关系或层次关系，最大的部分置于底部，向上渐窄。
- ➢ **图片型**：主要应用于包含图片的信息列表。

5.6.2　插入 SmartArt 图形

下面以创建组织结构图为例，讲解如何插入 SmartArt 图形。

【实例 5-6】创建如图 5.55 所示的组织结构图。

操作步骤如下：

（1）单击"插入"选项卡"插图"分组中的"SmartArt"按钮，打开"选择 SmartArt 图形"对话框。

（2）单击"层次结构"选项，选择右边列表中的第一行第一列的"组织结构图"，如图 5.56 所示。单击"确定"按钮，在插入点光标处出现如图 5.57 所示的组织结构图。

（3）单击自动打开的"SmartArt 工具/设计"选项卡"创建图形"功能区中的添加形状按钮 📋 添加形状 ▾ 中的向下小箭头，打开"添加形状"列表，如图 5.58 所示，根据需要添加形状。如选中第三行第一个形状，单击"在后面添加形状"命令，效果如图 5.59 所示。

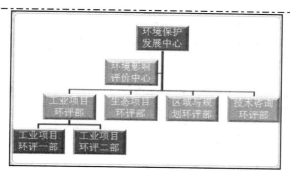

图 5.55 组织结构图最后效果

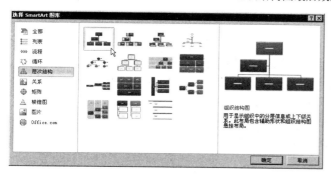

图 5.56 选择组织结构图

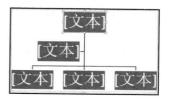

图 5.57 刚插入的组织结构图

图 5.58 "添加形状"列表

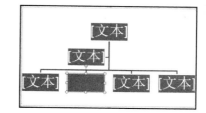

图 5.59 添加形状后的效果

（4）选中第三行第一个形状，单击"SmartArt 工具/设计"选项卡"创建图形"功能区中"布局"按钮 品布局 中的向下小箭头，在弹出的"布局"列表中选择"标准"选项，如图 5.60 所示。

（5）单击"添加形状"按钮中的向下小箭头，打开"添加形状"列表，选择"在下方添加形状"命令，效果如图 5.61 所示。

（6）选中第四行的形状，单击"添加形状"按钮中的向下小箭头，打开"添加形状"列表，选择"在后面添加形状"命令，效果如图 5.62 所示。

图 5.60 "布局"列表

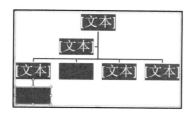

图 5.61 在下方添加形状后的效果

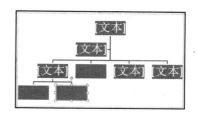

图 5.62 在后面添加形状后的效果

（7）在插入的 SmartArt 图形中单击文本占位符输入合适的文字即可，如图 5.63 所示。

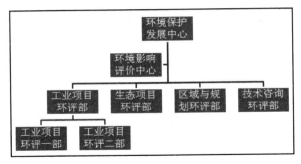

图 5.63　添加文字

（8）选中整个组织结构图，可以同时设置所有形状中的文本的格式，拖曳组织结构图的边框不仅可以调整组织结构图的大小，同时可以调整整个组织结构图中每个形状的大小。

（9）选中整个组织结构图，单击"SmartArt 工具/设计"选项卡"SmartArt 样式"功能区"更改颜色"按钮，在打开的"颜色"列表中选择"彩色"组中的第二种。

（10）选中整个组织结构图，单击"形状样式"功能区中"形状效果"，在弹出的列表中选择"棱台"，在下级列表中单击"棱台"组中的"圆形"。

 习题 5

一、单选题

1. 在 Word 的文档中插入数学公式，应在"插入"选项卡中单击（　　）按钮。

    A．符号　　　　　　　　　　　　B．图片

    C．文件　　　　　　　　　　　　D．公式

2. 在 Word 中，图像可以多种环绕方式与文本混排，（　　）不是其提供的环绕方式。

    A．四周型　　　　　　　　　　　B．穿越型

    C．上下型　　　　　　　　　　　D．左右型

3. 在 Word 图文混排编辑中不包括（　　）操作。

    A．插入对象　　　　　　　　　　B．插入文本框

    C．修改对象　　　　　　　　　　D．插入表格

4. 在 Word 2010 中，文本框（　　）。

    A．文字环绕方式只有两种

    B．文字环绕方式多于两种

    C．随着框内文本内容的增多而增大文本框

    D．不可与文字叠放

二、上机实习

1. 按如图 5.64 所示样图练习绘制图形。

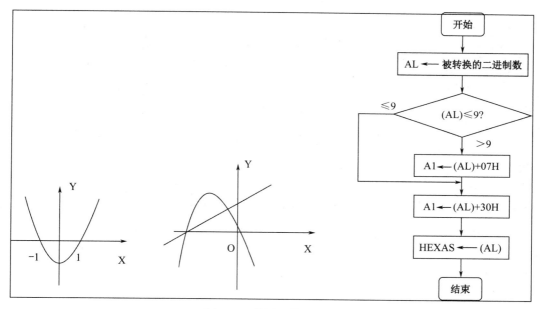

图 5.64　绘图训练的样图

2．录入样文，并完成以下操作。

（1）设置页面。纸张大小：B5；页眉顶端距离：1.9 厘米；页脚底端距离：2.1 厘米。

（2）设置艺术字。将标题"冬天"设置为艺术字，艺术字式样：第 3 行第 1 列；字体：黑体；艺术字形状：陀螺形；阴影：外部，向下偏移；按样图适当调整艺术字的大小和位置。（提示：环绕方式为"四周型"）

（3）设置栏格式。将正文第二段设置为两栏格式。

（4）设置字体、颜色。设置正文第二段的字体：黑体；颜色：深蓝色。

（5）在样图所在位置插入剪贴画"雪片"。设置图片大小，宽度：3 厘米；高度：3 厘米；文字环绕：四周型。

（6）设置页眉页脚。按如图 5.65 所示样图添加页眉文字"生活情趣"，插入页码，并设置相应格式。

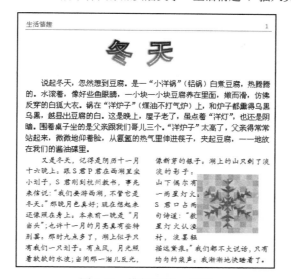

图 5.65　排版训练一样图

样文

冬 天

说起冬天，忽然想到豆腐。是一"小洋锅"（铝锅）白煮豆腐，热腾腾的。水滚着，像好些鱼眼睛，一小块一小块豆腐养在里面，嫩而滑，仿佛反穿的白狐大衣。锅在"洋炉子"（煤油不打气炉）上，和炉子都熏得乌黑乌黑，越显出豆腐的白。这是晚上，屋子老了，虽点着"洋灯"，也还是阴暗。围着桌子坐的是父亲跟我们哥儿三个。"洋炉子"太高了，父亲得常常站起来，微微地仰着脸，从氤氲的热气里伸进筷子，夹起豆腐，一一地放在我们的酱油碟里。

又是冬天，记得是阴历十一月十六晚上。跟 S 君 P 君在西湖里坐小划子，S 君刚到杭州教书，事先来信说："我们要游西湖，不管它是冬天。"那晚月色真好；现在想起来还像照在身上。本来前一晚是"月当头"；也许十一月的月亮真有些特别罢。那时九点多了，湖上似乎只有我们一只划子。有点风，月光照着软软的水波；当间那一溜儿反光，像新芽的银子。湖上的山只剩了淡淡的影子。山下偶尔有一两星灯火。S 君口占两句诗道："数星灯火认渔村，淡墨轻描远黛痕。"我们都不大说话，只有均匀的桨声。我渐渐地快睡着了。

3．录入样文，并完成以下操作。

（1）页面设置。设置纸张为：16 开纸张；页边距：上下左右均为 2cm。

（2）字体和字号。将文档的标题："2.1.3 图形、图像和视频"设置为黑体四号、居中对齐。其他文字为宋体、小四号。

（3）设置段落。标题外的其他段落悬挂缩进 0.8cm，行间距为固定值 16 磅，两端对齐，段前 5 磅，段后 6 磅。

（4）在文档中插入一剪贴画（计算机），按如下要求进行设置。

图片大小：取消锁定纵横比，高度 4 厘米，宽度 5 厘米。

图片位置：水平距页面 5 厘米，垂直距页面 6 厘米。

文字环绕：四周型。

（5）给图片加实线边框，边框颜色为蓝色，粗细为 3 磅。

（6）在图片上插入一文本框，文本框中写入文字（快乐学习），按如下要求进行设置。

文字为楷体、小一号、紫色；对齐文本：居中。

文本框大小：高 4 厘米，宽 1.3 厘米。

文本框位置：水平距页面 8.7 厘米，垂直距页面 6 厘米。

文本框设置：无边框，文字环绕，衬于文字下方。

样文

2.1.3　图形、图像和视频

1．视觉媒体的分类

（1）按媒体信息生成方式分类

① 主观图形：指使用各种绘图软件制作的图片，包括由点、线、面、体构成的图形（Graphics）和二维、三维动画（Animation）。

② 客观图像：由光电转换设备（摄像机、扫描仪、数码相机等）生成的具有自然明暗、颜色层次的图片，包括图像（Image）和视频（Video）。

（2）按媒体信息存储方式分类

① 位图（bitmap）图像：按"像素"逐点存储全部信息，适用于各类视觉媒体信息。这种存储方式占用存储空间很大。

② 矢量（Vector）图形：用"数学表达式"对图形中的实体进行抽象描述（矢量化），然后存储这些抽象化的特征。适用于图形和动画。

（3）按图像的视觉效果分类

① 静态图像：只是一幅图片，包括图形和图像。

② 动态图像：由一组图片组成，依次连续显示，包括动画和视频。

由上述各种分类可以看出：图形和图像之间、图像和视频之间、视频和动画之间都是既有联系，又有区别的一些概念，关键在于从哪个角度去看。

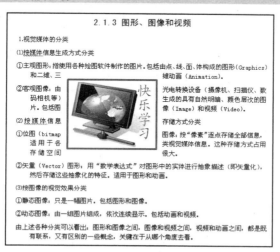

图 5.66　排版训练二样图

4．录入样文，并完成以下操作。

（1）将全文中的"网罗"替换为"网络"。

（2）将页面设置为 A4，页边距设为上 2.3 厘米、下 2.1 厘米，左 2.5 厘米、右 2.3 厘米。

（3）在文档前插入一行，输入文字"单机版和网络版"作为标题，标题居中，黑体三号字，倾斜、加下画线。

（4）除大标题外的所有内容悬挂缩进 0.65 厘米，两端对齐，楷体，五号字。

（5）将大标题之下的第一个自然段的段前距、段后距均设为 12 磅。

（6）在文档中绘制一个椭圆形，要求：

高度为 2.5 厘米，宽度为 4.5 厘米；水平距页面为 8.6 厘米、垂直距页面为 16.5 厘米；线条为红色实线，线宽为 2.25 磅；填充黄色；环绕方式设为"四周型"，环绕位置设为"两边"。

（7）在"自选图形"的"基本形状"中选择"菱形"，将其置于椭圆形之中，然后对该自选图形进行设置，要求：高度为 1.6 厘米，宽度为 3.5 厘米；水平距页面为 9.1 厘米，垂直距页面为 17 厘米；填充蓝色，无线条色；环绕方式设为"四周型"，环绕位置设为"两边"。

样文

良好的售后服务及技术支持。如果您的系统在使用中出现了问题，我们将免费上门为您解决问题。同时，您可以以成本价得到以后的升级版本。欢迎您选择使用。网罗版软件有 30 天的试用期，30 天内，您无需任何费用，可以使用全部功能。30 天后，抽取试卷功能将自动失效，其他功能您可继续使用。

单机版适用于教师个人或家庭用户，不能在网罗上运行。主要功能有：编辑题目并把题目加入题库。系统提供一个题目编辑器，利用它，可以方便地编辑题目，并可以在题目中加入图片和其他对象。对每一道题都可指定其课程名、题型、难度系数、所在章节、得分、答案等属性。

您还可以方便地对题库进行各种维护，例如添加、删除、修改题目及其各项属性。·出试卷。这是本软件最具特色的功能：当您的题库有一定规模的时候（例如题库里的题目包含有几份试卷的题量），您就可以使用抽取试卷功能，利用这个向导程序，您只需设定一些条件（如试卷中题目课程名，章节、类型及各章节、各题型的分数分布），就可以得到一份随机试卷，同时还将把答案输出为另一个文件，供您批阅试卷时使用。

网罗版除了包含单机版的所有功能外，就业具有网罗功能，支持多用户，可以进行上机考试、并能自动打分和统计考试信息等，适合单位用户使用，并可作为多媒体教室的一部分。主要功能如下：多用户管理。可以对每一个教师指定密码，每一个人都可在题库中添加、删除、修改自己的题目。他人的题目不受影响。抽取试卷时，可以选择题库中的所有题目，也可以只使用自己的题目。您只需拥有一套，就可以让学校的每一位教师使用。自动考试和网罗功能。如果您的学校建立了局域网或者多媒体教室，您只需在服务器和客户机上安装相应的程序，就可以让您的学生在客户机上进行上机考试。考试后，程序等自动打分并把考试信息加入数据库中。您只需在服务器上，就可以进行考试信息统计。这样，您随时都可对学生进行测验或考试，省去了出试卷的许多麻烦。

5. 输入以下文字，按样图练习文本框设置。

（1）按样图插入 5 个文本框，分别存放四部分内容及总体内容，并设置相应的边框和填充效果。

（2）设置字符格式。杜诗："宋体、四号、居中对齐"；作者简介："楷体、四号、分散对齐"；杜甫字子美,襄阳人："宋体、五号、两端对齐"；白话诗文："华文楷体、五号、两端对齐"，其余按样图。

（3）在样图所在位置插入剪贴画：树木。设置图片大小：宽度为 3.89 厘米，高度为 8.28 厘米。

样文

春望-杜甫

国破山河在，城春草木深。时花溅泪，恨别鸟惊心。

烽火连三月，家书抵万金。白头搔更短，浑欲不胜簪。

作者简介　　杜甫　　字子美　　襄阳人

白话

泰山是我国的"五岳"之首，有"中华国山"、"天下第一山"之美誉，又称东岳，列中华十大名山之首，位于山东泰安，自然景观雄伟高大，有数千年精神文化的渗透和渲染以及人文景观的烘托，著名风景有天烛峰、日观峰、百丈崖等。

父母呼 应勿缓 父母命 行勿懒 父母教 须敬听 父母责 须顺承 冬则温 夏则清

晨则省 昏则定 出必告 反必面 居有常 业无变 事虽小 勿擅为 苟擅为 子道亏

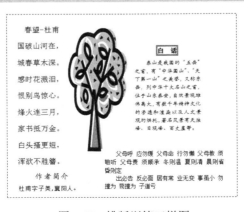

图 5.67　排版训练三样图

6. 插入公式练习

① $a = \lim \dfrac{\Delta v}{\Delta t}$

② $_{92}^{235}U + _{0}^{1}n \rightarrow _{38}^{90}Sr + _{54}^{136}Xe + 10_{0}^{1}n$

③ $\displaystyle\int_{n}^{m} C_{n}^{m} = \int \sum \sin a = t^{\circ} = \overline{v} = \sqrt[3]{\sqrt{y^{\circ}C}}$

④ $\sum F = ma$

⑤ $v_{2}^{2} - v_{1}^{2} = 2as$

由④、⑤可得：

⑥ $\sum F = m \bullet \dfrac{v_{2}^{2} - v_{1}^{2}}{2s}$

第 6 章

表格处理

学习目标

- 掌握创建表格的方法
- 掌握编辑表格的基本操作方法
- 灵活设置表格的格式
- 能够灵活操作表格中的数据

表格是制作文档时常用的一种组织文字的形式，如：日程安排、花名册、成绩单、各种报表。使用表格形式给人以直观、严谨的版面观感。

6.1　创建表格

表格是日常办公中常用的数据存储形式。在 Word 2010 中，有很多创建表格的方法，可以用"插入表格"按钮 ⊞ 或"插入表格"命令创建一个规则的表格，也可以用"绘制表格"命令画出不规则的表格，还可以将已有的文本转换为表格。

6.1.1　创建规则表格

1. 使用"插入表格"按钮创建表格

如果要快速创建规则表格，并且在创建表格的过程中不设置自动套用格式和列宽，则可依照如下步骤操作。

（1）将插入点移到要插入表格的位置。

（2）单击"插入"选项卡中"表格"功能区的"表格"按钮，在打开的下拉列表中出现表格样板及其他选项，如图 6.1 所示。

（3）在表格样板中向右下方拖曳鼠标定义表格的行列数，此时行列数出现在表格样板上方，文档中插入点所在位置会出现表格的预览效果。例如：定义 5 行 6 列的表格，则将鼠标移动至表格样板的第 5 行第 6 列的小方格，如图 6.2 所示。

图 6.1　"表格"下拉列表

图 6.2　表格样板

（4）单击鼠标左键，Word 就会在插入点位置创建一个 5 行 6 列的表格。

2．使用"插入表格"命令创建表格

如果在创建表格的过程中需设置表格参数，则可以使用"插入表格"命令，具体操作步骤如下。

（1）将插入点移到要插入表格的位置。

（2）单击"插入"选项卡中"表格"功能区的"表格"按钮，在打开的下拉列表中单击"插入表格"命令，打开"插入表格"对话框，如图 6.3 所示。

图 6.3　"插入表格"对话框

（3）在"表格尺寸"选项组的"列数"和"行数"增量框中，通过输入或单击增减按钮来设置表格的列数和行数，如 5 列 2 行。

（4）在"'自动调整'操作"选项组中选择一种合适的表格宽度调整方式。

➤ **"固定列宽"**：系统默认的是"自动"模式，即表格总体宽度占满整行，每一列的宽度均分行宽。也可以在"固定列宽"单选按钮旁的增量框中输入具体的列宽值，例如：2 厘米。

➤ **"根据内容调整表格"**：列的宽度随着单元格内容的多少变化。

➤ **"根据窗口调整表格"**：使表格的宽度与窗口或 Web 浏览器的宽度相适应，即当窗口或 Web 浏览器的宽度改变时，表格的宽度也随着变化。

（5）若要使本次在"插入表格"对话框中的设置成为以后创建新表格时的默认值，应选中"为新表格记忆此尺寸"复选框。

（6）单击"确定"按钮，关闭对话框。

6.1.2　创建不规则表格

在 Word 2010 中还可以用鼠标绘制表格，包括绘制不规则表格和绘制斜线，具体操作步骤如下。

（1）将插入点移到要绘制表格的位置。

（2）单击"插入"选项卡中"表格"功能区的"表格"按钮，在打开的下拉列表中单击"绘制表格"命令，如图 6.4 所示。

（3）当鼠标指针变为笔形时按住鼠标左键，在文本编辑区中向对角方向拖曳鼠标即可绘制表格的外边框。此时会出现"表格工具/设计"选项卡，可以在"绘图边框"功能区中设置"笔样式"、"笔划粗细"和"笔颜色"等，如图 6.5 所示。

图 6.4　"绘制表格"命令

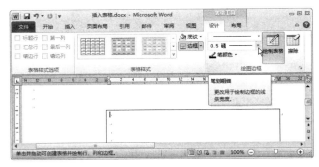

图 6.5　"表格工具/设计"选项卡

（4）根据需要在所绘边框中通过拖曳鼠标绘制横线、竖线或斜线，完成表格的拆分绘制。绘制的不规则表格如图 6.6 所示。

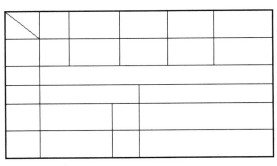

图 6.6　不规则表格示例

（5）单击"绘图边框"功能区中的"擦除"按钮，鼠标指针变为橡皮形状，单击鼠标或拖曳鼠标经过要删除的表格线即可删除该表格线。

实用技巧：

先创建规则表格，再利用"绘图边框"功能区中的"绘制表格"和"表格擦除器"进行修改，可以快速创建各种表格。

6.2.3 文字和表格间的相互转换

在 Word 中可将已输入的文字转换成表格，也可以将表格转换成文字。

1．将文字转换成表格

在 Word 中，可以把文字以表格的形式显示出来，具体步骤如下。

（1）将需要放置在不同单元格的文字间添加分隔符，分隔符可以是段落标记、空格、逗号（英文标点）、制表符或其他特定字符，在作为每行表格最后一列的内容后添加段落标记。

（2）选定要转换的文本，如图 6.7 所示，文字之间用制表符隔开。

（3）单击"插入"选项卡中"表格"功能区的"表格"按钮，在出现的列表中单击"文本转换成表格"命令，打开"将文字转换成表格"对话框，如图 6.8 所示。

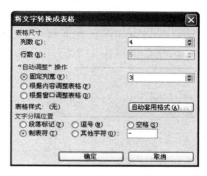

图 6.7 要转换为表格的文本	图 6.8 "将文字转换成表格"对话框

（4）Word 自动检测出文字中的行列数及文字间的分隔符。根据需要可以重新设置列数和分隔符，如要选用一种特殊符号作为分隔符，可以在"文字分隔位置"选项组中选中"其他字符"单选按钮，并在文本框中输入所用分隔符。

（5）在"自动调整"选项组中选择所需的选项，例如：指定表格的列宽为"3 厘米"。

（6）单击"确定"按钮，关闭对话框，转换后的表格如图 6.9 所示。

2．将表格转换成文字

（1）选取要转换的表格。

（2）单击"表格工具/布局"选项卡中"数据"功能区的"转换为文本"按钮，打开"表格转换成文本"对话框，如图 6.10 所示。

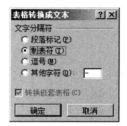

图 6.9 将用制表符分隔的文本转换成表格	图 6.10 "表格转换成文本"对话框

（3）选择一种文字分隔符，默认情况下为制表符。

➢ **段落标记**：可将每个单元格的内容转换成一个段落。

➢ **制表符**：可将单元格的内容用制表符分开，每行单元格的内容成为一个段落。

➢ **逗号**：可将单元格的内容用逗号分开，每行单元格的内容成为一个段落。

➢ **其他字符**：在文本框中输入其他用作分隔符的字符。

（4）单击"确定"按钮，关闭对话框。

6.2　编辑表格

6.2.1　在表格中定位光标

当编辑表格时，需要把光标定位到相应的位置。用鼠标在表格中进行光标定位很方便，只需在相应单元格内单击即可。应用键盘也可定位光标，其组合键及功能详见表 6.1。

表 6.1　在表格中定位光标的组合键

组合键	功能
Tab	移至下一个单元格
Shift+Tab	移至前一个单元格
Alt+Home	移至本行首单元格
Alt+End	移至本行尾单元格
↑	上移一行
↓	下移一行
→	右移一个字符
←	左移一个字符
Alt+PageUp	移至同列的首单元格
Alt+pageDown	移至同列的尾单元格

6.2.2　输入文本

将光标移到要输入文本的单元格中即可输入文本，在输入过程中如果内容过大，Word 将自动调整单元格的大小。例如：在默认情况下，当输入的文本到达单元格右线时，单元格会自动改变列宽或行高以容纳更多的内容；输入过程中按回车键，可以在该单元格中开始一个新的段落。

6.2.3　在表格中插入图形和其他表格

在 Word 表格中可以插入图形或其他表格，此时所在行的高度会自动增大，与插入的对象相匹配。可以利用"图片工具/格式"选项卡"排列"功能区中的"位置"按钮来设置单元格中文字与图形的环绕方式。

1．在单元格中插入表格

（1）将插入点移到要插入表格的单元格中。

（2）单击"插入"选项卡"表格"功能区中的"表格"按钮，在出现的列表中单击"插入表格"命令，打开"插入表格"对话框。

（3）在"表格尺寸"选项组的"列数"和"行数"增量框中输入新插入表格的行列数。

（4）单击"确定"按钮，关闭对话框，即可在当前单元格中插入其他表格。

2．在单元格中插入图片

（1）将插入点移到要插入图片的单元格中。

（2）单击"插入"选项卡"插图"功能区中的"图片"按钮，打开"插入图片"对话框，在左侧的位置列表中选择存放图片的文件夹，在右侧的图片列表中选择要插入的图片文件，如图 6.11 所示。

图 6.11　"插入图片"对话框

（3）在对话框中选取要插入的图片，单击"插入"按钮，即可在当前单元格中插入图片。

6.2.4　选定表格内容

在表格中选定文本或图形与在文档中选定文本或图形的方法一样。而在表格中选定单元格、行或列又有特殊的技巧。

1．用命令按钮选定

将插入点移到要选定的表格、行、列的任一单元格中或将插入点移到要选定的某一个单元格中，单击"表格工具/布局"选项卡"表"功能区中的"选择"命令按钮，打开"选择"列表，如图 6.12 所示，单击要进行的操作命令。

图 6.12　"选择"列表

Word 2010、Excel 2010、PowerPoint 2010 实用教程

2．用鼠标、键盘选定

用鼠标、键盘选定的操作方法详见表 6.2。

表 6.2　用鼠标、键盘选定表格内容

选定内容	操　　作
单元格	将鼠标指针移至该单元格的左端内侧，当鼠标指针变为向右上斜指的黑箭头时，单击
连续单元格	按在【Shift】的同时，按住鼠标左键，用光标扫过要选定的单元格
一行	将鼠标指针移至该行的左端外侧，当鼠标指针变为向右上斜指的箭头时，单击
一列	将鼠标指针移至该列顶端，当鼠标指针变为向下指的实心箭头时，单击
表格	将鼠标指针移至该表格的左上角，单击选中按钮 ⊞

6.2.5　移动、复制表格中的内容

1．移动、复制单元格区域中的内容

（1）选定要移动或复制的单元格区域（包括单元格结束符）。

（2）按【Ctrl+X】或【Ctrl+C】组合键。

（3）把插入点移到目的地左上角的单元格中。

（4）按【Ctrl+V】组合键。

执行以上操作后，Word 将剪贴板中的内容复制到指定的位置，并替换目的地单元格中已存在的内容。

2．移动、复制一行（列）中的内容

（1）选定要移动或复制的一整行（列）表格（包括行结束符）。

（2）按【Ctrl+X】或【Ctrl+C】组合键，将选定的内容存放到剪贴板中。

（3）把插入点移到目的地行（列）的第一个单元格中。

（4）按【Ctrl+V】组合键。

6.3　调整表格

调整表格的操作包括：插入行或列、删除行或列、插入或删除单元格、根据表格内容调整表格、调整表格的行高或列宽、对整个表格进行缩放、合并单元格，以及拆分单元格等。

6.3.1　插入行或列

（1）在表格中要插入新行或新列的位置，选定与要插入的行数或列数一致的行或列。

（2）在"表格工具/布局"选项卡"行和列"功能区中，根据需要单击"在上方插入"、"在下方插入"、"在左侧插入"、"在右侧插入"命令按钮，如图 6.13 所示，便可插入新行或新列。

图 6.13　"插入"子菜单

实用技巧：

用快捷方式操作

（1）将插入点光标移至要插入新行或新列的位置，单击鼠标右键，在如图 6.14 所示的快捷菜单中进行相应的操作。

图 6.14 "插入"快捷菜单

（2）在表格行的最后一个单元格外按回车键，则会在本行下方插入一新行。

（3）如果想在表尾插入新行，只要把插入点移到表格最后一行的末单元格中，按 Tab 键，即可在表格底部添加一新行。

6.3.2 删除行、列或整个表格

（1）选定要删除的行或列。

（2）在"表格工具/布局"选项卡"行和列"功能区中单击"删除"命令按钮，从打开的列表中根据需要选择单击"删除单元格"、"删除列"、"删除行"、"删除表格"命令，如图 6.15 所示。

图 6.15 "删除"表格命令列表

注意：

如果选中表格、行、列或单元格后直接删除，则只是删除掉表格里的内容。

实用技巧：

删除同样可以用右键的快捷菜单操作。

6.3.3　插入单元格

（1）在要插入新单元格的左侧或上侧选定要插入的单元格个数。

（2）单击鼠标右键，在弹出的快捷菜单中将光标指向"插入"命令，并在下一级菜单中单击"插入单元格"命令。

（3）打开"插入单元格"对话框，如图 6.16 所示。

（4）根据需要在对话框中选择"活动单元格右移"选项，示例如图 6.17 所示。

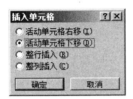

图 6.16　"插入单元格"对话框

序号	商品	单位	单价元	
		1	柠檬	个	2.00
2	苹果	斤	8.90	
3	红枣	袋	29.90	
4	调和油	桶	52.30	

图 6.17　活动单元格右移示例

6.3.4　删除单元格

（1）选定要删除的单元格。

（2）单击"表格工具/布局"选项卡"行和列"功能区中的"删除"命令按钮，在出现的下拉列表中选取"删除单元格"命令，如图 6.18 所示。

（3）打开"删除单元格"对话框，如图 6.19 所示。

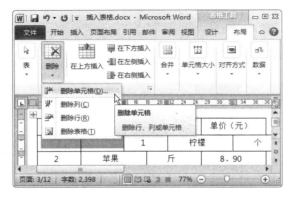

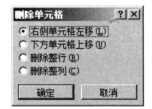

图 6.18　删除单元格命令　　　　图 6.19　"删除单元格"对话框

（4）可以根据需要选择"右侧单元格左移"、"下方单元格上移"、"删除整行"和"删除整列"命令。

实用技巧：

如果要删除的只是单元格的内容，可在选中该单元格后按【Delete】键。

6.3.5　调整表格的行高

表格在最初创建时，每一行的高度都是相等的，当向单元格中添加文本时，Word 会自动调整行高，根据需要也可以改变行高。

1．使用鼠标快速调整行高

（1）单击"视图"选项卡"文档视图"功能区中的"页面视图"命令按钮。

（2）将鼠标指针移到需调整高度的行的上边线或下边线上，直到鼠标指针变成 ⇕ 形状，拖曳鼠标至合适行高后，松开鼠标左键。

注意：

使用鼠标调整表格的行高必须在"页面"视图中进行。

2．使用快捷菜单精确设置行高

（1）在需要调整的表格上单击鼠标右键，单击"表格属性"命令，打开"表格属性"对话框后，再选中"行"选项卡，如图 6.20 所示。

（2）选定"指定高度"复选框，在其后的增量框中输入确切高度值，例如"1 厘米"，就可以将插入点所在行的高度设置为 1 厘米。根据需要还可选择"行高值是"下拉列表框中的选项。

➢ "最小值"：行的高度是适应内容的最小值，当单元格中的内容超过最小行高时，Word 会自动增加行高。

➢ "固定值"：指定行的高度是一个固定值，当单元格中的内容超过了设置的行高时，Word 将不能完整地显示或打印超出的部分。

图 6.20　"行"选项卡

（3）如果要改变其他行的行高，可单击"上一行"按钮或"下一行"按钮。

6.3.6　调整表格的列宽

1．使用鼠标快速调整列宽

将鼠标指针移到需调整列宽的表格线上，直到鼠标指针变成 ╫ 形状，拖曳鼠标至合适列宽后，松开鼠标左键。

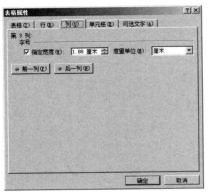

图 6.21　"列"选项卡

2．使用快捷菜单精确设置列宽

使用快捷菜单命令可以精确设置列宽。

（1）在需要调整的表格上单击鼠标右键，在弹出的快捷菜单中打开"表格属性"对话框的"列"选项卡，如图 6.21 所示。

（2）选定"指定宽度"复选框，在框后的增量框中输入确切宽度值后，在"度量单位"下拉列表框选定列宽的单位（可以是"厘米"或"百分比"），就可以精确设置插入点所在列的宽度。

（3）如果想改变其他列的列宽，可单击"前一列"按钮或"后一列"按钮。

6.3.7　调整单元格的宽度

除了可以改变表格中行和列的宽度外，还可以单独调整单元格的宽度。

（1）选定要改变宽度的单元格。

（2）将鼠标指针移到要调整的单元格边线上，鼠标指针变为 ◄╟► 形状后，按住鼠标左键拖曳鼠标至合适位置，如图 6.22 所示。

（3）松开鼠标左键后效果如图 6.23 所示。

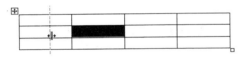

图 6.22　用鼠标调整单元格宽度

图 6.23　单元格的宽度调整后的效果

6.3.8　合并单元格

合并单元格就是将表格中连续的多个单元格合并为一个单元格。

（1）选定要合并的多个单元格，如图 6.24 所示。

（2）单击"表格工具/布局"选项卡"合并"功能区中的"合并单元格"▦按钮，即可将选定的多个单元格合并成一个单元格，如图 6.25 所示。

图 6.24　选定要合并的多个单元格

图 6.25　将选定的多个单元格合并成一个单元格

6.3.9　拆分单元格

拆分单元格就是将一个单元格拆分成多个单元格。

（1）选定要拆分的一个或多个单元格，如图 6.26 所示。

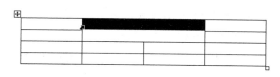

图 6.26 选定要拆分的单元格

（2）单击"表格工具/布局"选项卡"合并"功能区中的"拆分单元格" ▦按钮，打开"拆分单元格"对话框，如图 6.27 所示。

（3）在"列数"增量框中输入要拆分的列数；在"行数"增量框中输入要拆分的行数。例如，在"列数"增量框中输入"2"，在"行数"增量框中输入"1"。

（4）如果需要重新设置表格，应选中"拆分前合并单元格"复选框。如果要将"行数"框和"列数"框中的值分别应用于每个选定的单元格，应清除该复选框。

（5）单击"确定"按钮，效果如图 6.28 所示。

图 6.27 "拆分单元格"对话框　　图 6.28 将选定的单元格按要求拆分成多个小单元格

6.3.10 拆分表格

拆分表格就是将一个大表格拆分成两个表格，常用于在表格之间插入一些说明性的文字。

（1）将插入点移至将作为新表格第一行的行中，例如表格的第三行。

（2）单击"表格工具/布局"选项卡"合并"功能区中的"拆分表格" ▦按钮，即可将表格拆分成两个表格，如图 6.29 所示。

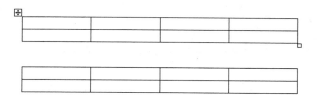

图 6.29 将一个表格拆分成两个表格

6.4 格式化表格

在 Word 中不仅可以对表格进行调整，还可以对其进行格式化，从而生成更美观、更专业的表格。

6.4.1 自动套用表格格式

Word 2010 提供了很多种预定义的表格格式，无论是新建的空表，还是已输入数据的表格，都可以使用表格自动套用格式。具体操作步骤如下。

（1）将插入点移至要套用格式的表格中。

（2）单击"表格工具/设计"选项卡，在"表格样式"功能区中单击"其他"按钮，如图 6.30 所示。

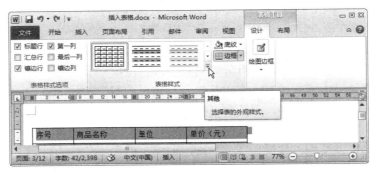

图 6.30 "表格样式"功能区

（3）在打开的"表格样式"列表中，可以预览表格效果，鼠标停留处的样式会预览显示在原表中，如图 6.31 所示。

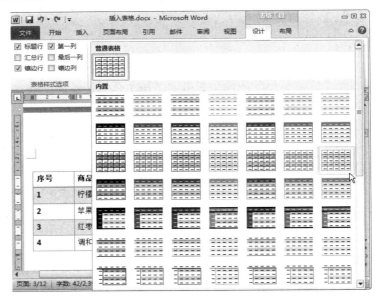

图 6.31 "表格样式"列表

（4）单击选中的样式，表格即显示为相应的样式，例如选择"浅色网格—强调文字颜色 6"，如图 6.32 所示。

序号	商品名称	单位	单价（元）
1	柠檬	个	2.00
2	苹果	斤	8.90
3	红枣	袋	29.90
4	调和油	桶	52.30

图 6.32 使用"浅色网格—强调文字颜色 6"样式的表格

（5）选中表格后在"表格样式"列表中选择"普通表格"可以直接清除表格格式，同样，选另一种格式可以重新设置表格格式。

6.4.2　给表格中的文字设置格式

在文档正文中设置字符格式的方法同样也适用于设置表格中的字符。先选中要设置字符格式的行、列或单元格（例如，选中表格的第一行），就可以用在文档中设置正文的方法来设置表中文字的字体、字号、字形、在单元格中的对齐方式等。例如：在"开始"选项卡"字体"功能区中单击"加粗"及"下画线"按钮，单击"字体"下拉列表，选择"黑体"，单击"字号"下拉列表选择"三号"，然后在段落功能区单击"居中"按钮，效果如图 6.33 所示。

序号	商品名称	单位	单价（元）
1	柠檬	个	2.00
2	苹果	斤	8.90
3	红枣	袋	29.90
4	调和油	桶	52.30

图 6.33　给表格中的文字设置格式后的效果

6.4.3　设置单元格中文本的对齐方式

（1）选定要改变文本对齐方式的单元格。

（2）在"表格工具/布局"选项卡"对齐方式"功能区左侧有九种水平和垂直的对齐方式按钮，如图 6.34 所示，可根据需要进行选择。

图 6.34　"对齐方式"功能区

6.4.4　改变单元格中文字的方向

在 Word 中，表格中的文字不仅可以沿水平方向排列，还可以沿垂直方向排列。

（1）选定要改变文字方向的单元格。

（2）单击"表格工具/布局"选项卡"对齐方式"功能区中部的"文字方向"按钮，如图 6.34 所示，文字方向即按纵向排列。

6.4.5　设置表格对齐方式

（1）在表格的任一位置单击鼠标右键，在弹出的快捷菜单中选择"表格属性"命令，或在"表格工具/布局"选项卡"表"功能区中单击"属性"按钮，打开"表格属性"对话框"表格"选项卡，如图 6.35 所示。

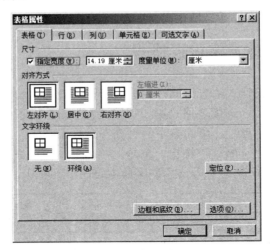

图 6.35　"表格"选项卡

（2）在"对齐方式"选项组中选择"左对齐"、"居中"、"右对齐"中的一种对齐方式。

6.4.6　设置表格的边框和底纹

1．设置表格的边框线

在创建新表时，Word 默认 0.5 磅的单实线做表格的边框，通过给表格添加边框可以修改表格中的线型，例如：设置表格的外边框为双线，效果如图 6.36 所示。

序号	商品名称	单位	单价（元）
1	柠檬	个	2.00
2	苹果	斤	8.90
3	红枣	袋	29.90
4	调和油	桶	52.30

图 6.36　表格双线外框实例

（1）选取表格。

（2）在"表格工具/设计"选项卡"绘图边框"功能区中设置"笔样式"为双实线，"笔划粗细"为 1.5 磅。在"表格样式"功能区中单击"边框"下拉按钮，从出现的列表中单击选取"外侧框线"。

【实例 6-1】将图 6.3 中的表格的第一行的下边框线改为三线。

（1）选定表格的第一行。

（2）在"表格工具/设计"选项卡"绘图边框"功能区中单击"笔样式"下拉按钮，在出现的列表中选取"三线"。

（3）在"表格样式"功能区中单击"边框"下拉按钮，在出现的列表中选取"下框线"，效果如图 6.37 所示。

序号	商品名称	单位	单价（元）
1	柠檬	个	2.00
2	苹果	斤	8.90
3	红枣	袋	29.90
4	调和油	桶	52.30

图 6.37　将选定行的边框线改为三线

2．给表格添加底纹

在 Word 中可以给整个表格或部分单元格添加底纹，以突出重点或美化表格。

在"表格工具/设计"选项卡"表格样式"功能区中单击"底纹"下拉按钮，在出现的调色板中选取需要的颜色，效果如图 6.38 所示。

序号	商品名称	单位	单价（元）
1	柠檬	个	2.00
2	苹果	斤	8.90
3	红枣	袋	29.90
4	调和油	桶	52.30

图 6.38　给第一行单元格添加底纹

6.4.7　设置斜线表头

在绘制表格时，经常需要根据情况绘制斜线表头。

【实例 6-2】绘制如图 6.39 所示课表。

星期 课程	星期一	星期二	星期三	星期四	星期五
上 午					
下 午					

图 6.39　斜线表头实例

其制作步骤如下。

（1）使用"插入表格"按钮，生成七行六列的规则表格。

（2）选中整个表格，右击打开快捷菜单后，打开"表格属性"的"行"选项卡，指定第 1～7 行的行高为"1 厘米"。单击"下一行"按钮，指定第一行的高度为"1.5 厘米"。

（3）打开"表格属性"的"列"选项卡，设置第一列宽度为"3 厘米"，其他列宽为"2.5 厘米"，关闭对话框。

（4）选中整个表格，在"表格工具/设计"选项卡的"绘图边框"功能区中单击"笔样式"下拉按钮，在出现的下拉列表中选择"双实线"，再在"表格样式"功能区中单击"边框"下拉按钮，在出现的下拉列表中选择"外侧框线"，设置好表格外框线。

（5）选中表格的第五行，在"表格样式"功能区中单击"边框"下拉按钮，在出现的下拉列表中选择"下框线"，设置表格的中间分界线。

（6）拖曳鼠标选中第一列的第 2~5 行，单击"表格工具/布局"选项卡中"合并"功能区的"合并单元格"按钮。

（7）拖曳鼠标选中第一列的第 6、7 行，单击"合并单元格"按钮，调整好后的表格如图 6.40 所示。

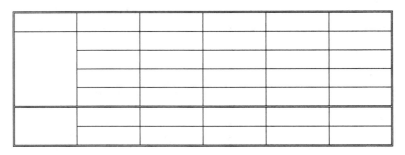

图 6.40　调整好的表格

（8）将插入点光标移至第一行第一列单元格中，单击"表格工具/设计"选项卡中"表格样式"功能区的"边框"下拉按钮，在打开的下拉列表中选取"斜下框线"。

（9）在行标题输入表头的文字："星期"，在列标题输入文字："课程"。

（10）选中整个表格，右击鼠标，在弹出的快捷菜单中选择"单元格对齐方式"列表中的"水平居中"按钮。

（11）输入"星期一"、"上午"等相应的文字，即可完成此表。

6.4.8　改变表格的位置

将鼠标指针移到表格上，即可在表格的左上角出现一个位置句柄，将鼠标指针移到位置句柄上时鼠标指针变为十字箭头形状，拖曳鼠标将出现一个虚线框以表示移动后的位置，至合适位置后，松开鼠标左键即可。

6.4.9　文字环绕表格

只要将表格拖放至段落中，文字就会自动环绕表格。如果要精确设置表格的环绕方式，以及设置表格与文字之间的距离，应按如下步骤操作。

（1）将插入点置于表格的任一单元格中。

（2）打开"表格属性"对话框的"表格"选项卡，在"文字环绕"区中选择"环绕"选项，如图 6.41 所示。

（3）单击"定位"按钮，打开如图 6.42 所示的"表格定位"对话框。

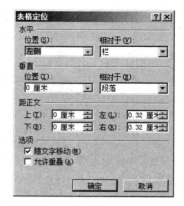

图 6.41　"表格属性"对话框　　　图 6.42　"表格定位"对话框

（4）在"水平"选项组的"位置"框中，既可输入一个精确的数值，也可以从下拉列表框中直接单击所需的位置选项，如"右侧"、"居中"、"内侧"、"外侧"等。另外，还可以在"相对于"列表框中设置表格相对页面左右边界、页边距，以及分栏的距离。

（5）在"垂直"区的"位置"框中，既可以输入一个精确的数值，也可以从下拉列表框中直接单击所需的位置。另外，还可以在"相对于"下拉列表框中设置表格相对页面上下边界、页边距，以及段落的距离。

（6）在"距正文"区中，设置表格与周围正文之间的距离。

6.4.10　重复表格标题

重复表格标题是指当一个表格很长，横跨了多页时，需要在后续页上重复表格的标题。

（1）首先选定作为表格标题的一行或几行文字，其中必须包括表格的第一行。

（2）单击"表格工具/布局"选项卡"数据"功能区中的"重复标题行"按钮，在后续页的表格中会自动添加标题。

注意：

如果在表格中插入了硬分页符，Word 将无法重复表格标题。

6.5　表格中的排序与计算

在 Word 中不仅可以创建所需的表格，还可以将表格中的数据进行排序和计算。

6.5.1　表格中数据的排序

在 Word 2010 中，如果仅对一列数据进行排序，只要先将插入点移至要排序的单元格中，然后单击"表格和边框"工具栏中的"升序"按钮或者"降序"按钮即可。

使用"表格"菜单中的"排序"命令可以进行复杂的排序，例如以图 6.33 中表格的"单价"为主关键字，以"序号"为次要关键字，以"商品名称"为第三关键字进行排序。

（1）将插入点移至要进行排序的如图 6.38 所示的表格中。单击"表格工具/布局"选项卡"数据"功能区中"排序"按钮，打开"排序"对话框，如图 6.43 所示。

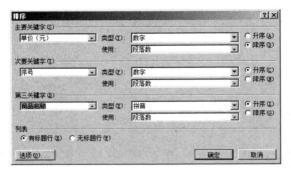

图 6.43 "排序"对话框

（2）在"主要关键字"列表框中，选择作为第一个排序依据的列名称："单价（元）"。在"类型"列表框中，指定该列的排序类型："笔画"、"数字"、"日期"或者"拼音"，这里选择"数字"。

（3）根据需要选择排序顺序。如果要进行升序排序，选择"升序"单选项；如果要进行降序排序，应选择"降序"单选项。

（4）如果要用到更多的列依次作为排序的依据，可以在"次要关键字"及"第三关键字"框中重复步骤（2）和（3）。

（5）在"列表"选项组中有两个单选项。

➢ **有标题行**：对列表排序时不包括首行。

➢ **无标题行**：对列表中所有行排序，包括首行。

注意：

"无标题行"选项将使表格的标题行也参加排序，这往往是不希望的。

（6）单击"确定"按钮，关闭对话框，效果如图 6.44 所示。

序号	商品名称	单位	单价（元）
1	柠檬	个	2.00
2	苹果	斤	8.90
3	红枣	袋	29.90
4	调和油	桶	52.30

图 6.44 对表格中的数据进行排序

6.5.2 在表格中计算

在表格中可以进行一些简单的运算，如求和、求平均值等。像 Excel 中表示单元格一样，表格中的列也用英文字母表示，行用数字表示，如 B2 表示表格中第 2 行第 2 列的单元格。在

Word 中，利用"表格和边框"工具栏中的"自动求和"按钮可快速求出表格中一列数据或一行数据的总和。如果插入点位于表格中一行的右端，则将对该单元格左侧的数据求和；如果插入点位于表格中一列的底端，则对该单元格上方的数据求和，同时 Word 将求和结果作为一个域插入到选定单元格中。

【实例 6-2】求如图 6.45 所示的表中某钢厂螺纹钢的年总产量。

季度 产品	一季度	二季度	三季度	四季度	年总产量	平均产量
带钢	58	51	53	55		
螺纹钢	20	12	14	18		
钢坯	30	26	26	29		

图 6.45　某钢厂产品产量表

（1）单击要放置求和结果的单元格，如第 3 行第 6 列单元格。

（2）单击"表格工具/布局"选项卡"数据"功能区中的"公式"按钮 f_x，打开公式对话框，如图 6.46 所示。

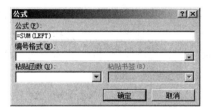

图 6.46　"公式"对话框

（3）在"公式"文本框中输入公式，或者打开"粘贴函数"下拉列表，选择要用的函数。本例中求螺纹钢的年总产量，公式为"=SUM(LEFT)"，单击"确定"按钮，效果如图 6.47 所示。

季度 产品	一季度	二季度	三季度	四季度	年总产量	平均产量
带钢	58	51	53	55		
螺纹钢	20	12	14	18	64	
钢坯	30	26	26	29		

图 6.47　对指定单元格中的数据求和

除了可以对行或列中的数字求和以外，还可以进行求平均值、加、减、乘、除等较复杂的运算。

【实例 6-3】求螺纹钢的平均产量。

（1）单击要存放计算结果的单元格，如 G3 单元格

（2）单击"数据"功能区中的"公式"按钮，打开"公式"对话框。

（3）在"公式"文本框中输入公式，或者打开"粘贴函数"下拉列表，选择要用的函数。此处求螺纹钢的平均产量，应在文本框中输入"=AVERAGE(B3:E3)"。

（4）如果要改变数字结果的格式，可以单击"编号格式"下拉列表右边的向下箭头，选择所需的数字格式。

（5）单击"确定"按钮，效果如图 6.48 所示。

季度 产品	一季度	二季度	三季度	四季度	年总产量	平均产量
带钢	58	51	53	55		
螺纹钢	20	12	14	18	64	16
钢坯	30	26	26	29		

图 6.48　使用公式计算表格中数据的平均值

 习题 6

一、单选题

1. 在 Word 编辑状态下，若光标位于表格外右侧的行尾处，按【Enter】（回车）键，结果为（　　）。

　　A. 光标移到下一列　　　　　　　　　　B. 光标移到下一行，表格行数不变

　　C. 插入一行，表格行数改变　　　　　　D. 在本单元格内换行，表格行数不变

2. 在 Word 中不能生成表格的说法是（　　）。

　　A. 使用"插入表格"按钮　　　　　　　B. 使用"快速表格"按钮

　　C. 使用"表格样式"列表　　　　　　　D. 使用"绘制表格"工具

3. 在 Word 表格中选取两行，单击鼠标右键，从弹出的快捷菜单中选择"插入单元格/活动单元格下移"命令后（　　）。

　　A. 表格将在所选行中各插入一个单元格

　　B. 表格将使所选两行变为一个单元格

　　C. 表格将插入两行

　　D. 表格将插入一行

4. 在 Word 中将文字转换为表格，以下说法错误的是（　　）。

　　A. 文字分隔符可以是段落标记　　　　　B. 文字分隔符可以是空格

　　C. 文字分隔符不可以是段落标记　　　　D. 文字分隔符可以是制表符

5. 在编辑状态下，若光标位于表格内右侧的单元格处，按【Enter】（回车）键，结果是（　　）。

　　A. 光标移到下一列　　　　　　　　　　B. 插入一行，表格行数改变

　　C. 光标移到下一行，表格行数不变　　　D. 在本单元格内换行，表格行数不变

6. 若要计算表格中某行数值的平均值，可使用的函数是（　　）。

　　A. INT()　　　　B. Int()　　　　C. Max()　　　　D. Average()

7. 在 Word 表格中，当鼠标在某一个单元格内变成向右上方的实心箭头，此时双击鼠标后（　　）。

　　A. 整个表格被选中　　　　　　　　　　B. 鼠标所在的一行被选中

　　C. 鼠标所在的一个单元格被选中　　　　D. 表格所在的一列被选中

8. 在 Word 编辑状态下，选定整个表格，按【Delete】键后（　　）。

    A．表格中的内容全部被删除，但表格还存在

    B．表格和内容全部被删除

    C．表格被删除，但表格中的内容未被删除

    D．表格中插入点所在的行被删除

9．在 Word 表格中，选定某一行后，单击"表格工具/布局"选项卡"合并"功能区中的"拆分表格"按钮后，表格被拆分成上、下两个表格，已选择的行（　　）。

    A．在上边的表格中　　B．不在这两个表格中　　C．在下边表格中　　　D．被删除

二、上机实习

1．录入下文"考试安排"内容，并将以符号"，"作为分隔符的文本转换为 4 行 4 列的表格。适当调整列宽，并使用"中等深浅底纹 1-强调文字颜色 5"表格样式。

科目，班级，时间，地点

Office，13 级 13 班，6 月 9 日下午，一机房

计算机网络基础，13 级 14 班，6 月 10 日上午，二机房

计算机网页制作，13 级 15 班，6 月 11 日上午，五机房

2．根据以下要求，新建一个 Word 文档，样表如 6.49 所示。

（1）绘制规则表格：绘制一个 7 行 9 列的表格。

（2）设置单元格大小：第 1～7 行的行高均设置为 0.9 厘米；第 1～9 列的列宽分别设置为 1.5 厘米、2 厘米、1.5 厘米、1.5 厘米、2 厘米、2.5 厘米、2 厘米、2 厘米、1.5 厘米。

（3）合并及填充单元格：按样表所示合并单元格，并在相应单元格中输入汉字，所有汉字均采用五号宋体，将汉字水平居中和垂直居中。

（4）表格边框：按样表所示设置表格线，其中外侧框线为 1.5 磅双实线，内部框线为 0.5 磅单实线。

（5）表格底纹：将表格第 1～3 行设置为深色 25%的底纹。

（5）保存：将编辑好的表格保存在 D 盘"练习"目录下，文件名为"中学生健康基本情况表.docx"。

中学生健康基本情况表

姓名		性别		出生日期		实足年龄		
出生地				现住址				照片
所在学校名称						年级		
家族史								
既往史								
一般情况	身高			体重		血压		
	肺活量			胸围				

图 6.49　"中学生健康基本情况表"样表

3．按如图 6.50 所示样表制作"公司面试评价表"。

要求：单元格行高 1 厘米；列宽分别为 2 厘米、1.5 厘米、3 厘米、1.5 厘米、3 厘米。斜线单元格内容为

"分散对齐"，其他单元格对齐方式为"水平居中"。

公司面试评价表

姓 名			性 别	
部 门 内 容	行政人事部面试		用人部门面试	
	评 分	评 语	评 分	评 语
仪 表				
性 格				
表达能力				
专业知识				
工作经验				
英语水平				
考官鉴字	考 官		考 官	

图 6.50　公司面试评价表

4．按如图 6.51 所示样表制作成绩单，使用函数计算总成绩，并按总成绩降序排序。

1315 班期中考试成绩单

姓名 科目	语文	数学	英语	政治	生物	历史	地理	总成绩
赵 烨	90	84	76	93	85	73	84	
钱 来	85	92	87	85	87	90	92	
孙 风	71	85	89	86	75	86	76	
李 雨	92	95	98	90	87	93	95	
周 声	75	94	84	77	79	86	78	

图 6.51　期末考试成绩单

5．按如图 6.52 所示样表制作表格。

某市住房公积金转移通知书

公积金							年	月		日		

转 入	单位名称		转 出	单位名称							
	单位编码			单位编码							
	缴交银行			缴交银行							
职工姓名		职工账号		职工身份证号							
转移金额 （大写）					十	万	千	百	十	元	角	分
该职工缴交住房公积金至　月份止，从　月起由转入单位汇缴。		该职工从　月份始由本单位汇缴。月汇缴额　元。									
经办人 转出单位签章		经办人 转入单位签章		经办人 市住房基金管理中心签章							

图 6.52　住房公积金转移通知书

第 7 章

高级应用

学习目标

- 能够熟练创建文档大纲
- 能够插入、删除、合并、拆分、移动子文档
- 熟练使用邮件合并功能批量处理数据
- 能够录制、使用宏
- 熟练使用脚注、尾注、题注、交叉引用，并能够按要求更新域

本章主要介绍 Word 高级应用技巧，包括处理长文档、邮件合并、宏等。

7.1　管理长文档

Word 是一个功能强大的文字处理软件，它不仅提供了简单的文字编辑功能，还提供了管理长文档的特殊功能，可轻松地组织和处理上百页的长文档。

7.1.1　大纲工具栏

单击"视图"选项卡"文档视图"组中的"大纲视图"按钮，或单击文档窗口底部水平滚动条中的"大纲视图"按钮 ，文档窗口切换至大纲视图方式，此时出现"大纲"选项卡，其中"大纲工具"功能区如图 7.1 所示。

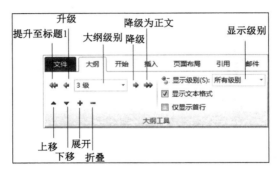

图 7.1　"大纲"选项卡中的"大纲工具"功能区

各按钮的功能说明如下。

> **提升至标题 1**：将选定段落直接升为一级。
> **升级**：将选定段落标题样式提升一级。例如，原来是标题 3，提升后就成为标题 2。组合键为【Alt+Shift+←】。
> **大纲级别**：插入点光标所在段落的标题样式名称。
> **降低**：将选定段落标题下降一级。组合键为【Alt+Shift+→】。
> **降为正文文本**：将选定标题变成正文文字，并应用正文样式。组合键为【Ctrl+Shift+N】。
> **上移**：将选定段落和其折叠（暂时隐藏）的附加文本向上移，到前面已显示的段落之上。组合键为【Alt+Shift+↑】。
> **下移**：与"上移"按钮刚好相反，把选定内容向下移。组合键为【Alt+Shift+↓】。
> **展开**：显示选定标题的折叠子标题和正文文字，每按一次展开一级。组合键为【Alt+ + 】。
> **折叠**：隐藏选定标题的正文文字和子标题，每按一次隐藏一级。组合键为【Alt+ - 】。
> **显示级别"**：在下拉列表中选择最低显示的标题级别。例如，单击"显示级别 3"按钮则只显示这篇文档的所有一至三级的标题，而不显示标题 3 以下的标题及正文。组合键为【Alt+Shift+相应的数字】。
> **只显示首行**：只显示正文各段落的首行，隐藏其他行。省略号表明隐藏了其他行。组合键为【Alt+Shift+L】。
> **显示格式**：显示或隐藏文档的字符格式（如文本的字体或字号等）。

7.1.2　在大纲视图下创建新文档的大纲

在处理长文档之前，首先需要有一个明确的文档大纲。使用大纲可以迅速了解一个文档的主题和内容框架，可以方便、快捷地改变标题等级和重新编排章节。

【实例 7-1】创建如图 7.2 所示的第一、二章的大纲。

    ○ 第一章　**Office 2010** 简介
      ◎ 第一节　Office 2010 的组成
      ◎ 第二节　使用联机帮助
    ○ 第二章　**Word 2010** 基础知识
      ◎ 第一节　Word 2010 工作界面
      ◎ 第二节　新建文档
      ◎ 第三节　输入文档内容
      ◎ 第四节　保存文档
      ◎ 第五节　打开、查找和关闭文档
      ◎ 第六节　设定窗口显示方式

图 7.2　本书第一、二章的大纲

（1）在大纲视图中，录入"第一章 Office 2010 简介"作为第一章的标题，然后按回车键，默认情况下，所有的标题都自动套用标题 1 样式并编号，继续输入"Word 2010 基础知识"，一级标题创建完毕。

（2）将光标移至"第一章 Office 2010 简介"的末尾，按回车键，删除自动生成的一级标题，单击"大纲"工具栏中的"降低"按钮 ➡ 或者直接按【Tab】键降为二级标题，录入"第一节 Office 的组成"，按回车键后输入"使用联机帮助"。

（3）在"第二章 Word 2010 基础知识"后按回车键，重复以上的录入操作直至完成所有二级大纲。

建立文档的大纲之后，可以切换到普通视图或页面视图方式中输入正文或者插入图形等。

7.1.3　处理文档大纲

编写文档大纲的过程其实也就是一个整理思路的过程。在这一过程中，不可避免地要进行一些改动和调整，如改变标题的级别、调整标题的位置、为标题添加编号等。

1．调整标题的位置

（1）选定要移动的一个或多个标题。

（2）单击"大纲工具"中的"上移"按钮 🔼 或"下移"按钮 🔽，则标题上移或下移一个位置。

也可以用拖曳鼠标的方式来实现移动。上下拖曳鼠标时，窗口中会有一条横线表明插入位置，在需要插入标题的位置上松开鼠标左键，就可以将选定的内容移到新的位置上。

注意：

在调整标题位置的同时，该标题内的具体内容也将跟随移动。

2．添加标题编号

在大纲中为标题添加数字或字母编号，可以使文档更加清晰。

（1）单击"开始"选项卡"段落"功能区中的"多级列表"命令按钮，从打开的"列表库"中选择一种类型。

（2）如果其中没有需要的类型，可在下拉列表中单击"定义新的列表样式"，打开"定义新列表样式"对话框。

（3）在"单击要修改的级别"列表框中选择要自定义的标题级别，如"1"。然后单击"更多"按钮，在"将级别链接到样式"列表框中指定想要编号的标题的样式。这样，文档中应用该样式的标题都将被编号。

（4）在对话框中设置各级标题的编号格式和编号样式，例如，将"标题 1"样式编号格式设置为"第一章"。在对话框的上部可以预览到相应的效果。

（5）一级标题设置好后，继续按以上方法设置其他级标题。

7.1.4　创建新的主控文档

主控文档是一个独立的文件，也可称为子文档的"容器"。使用主控文档可以将长文档分成较小的、更易于管理的子文档，从而便于组织和维护。例如大企业的年终报告篇幅大，并涉及多个专业内容，因此需要几个部门的人员共同编辑完成，这就用到了 Word 文档的重复拆分、合并主文档功能。可以将一篇现有的文档转换为主控文档，然后将其划分为子文档，也可以将现有的文档添加到主控文档之中，使之成为子文档。在工作组中，可以将它保存在网络上，并将其划分为能供不同用户同时处理的子文档，从而共享文档的所有权。

1．创建新的主控文档
（1）创建一个新的空白文档。
（2）单击"大纲视图"按钮切换到大纲视图下，输入如图 7.2 所示的文档大纲。
（3）在"文件"菜单中使用"另存为"命令，将文件命名为"Word 实用教程.doc"。
（4）选定要划分到子文档中的标题和文本。选定内容的第一个标题必须是每个子文档开头要使用的标题级别。例如，选中图 7.2 中"第一章"中所有的大纲。
（5）单击"大纲"选项卡"主控文档"功能区的"显示文档"按钮，单击扩展区中的"创建"按钮，可以看到，Word 把子文档放在一个虚线框中，并且在虚线框的左上角显示子文档图标，如图 7.3 所示。

第一章 → Office 2010 简介
　第一节 → Office 2010 的组成
　第二节 → 使用联机帮助

图 7.3　创建主控文档和子文档

（6）单击"大纲"选项卡"主控文档"功能区中的"显示文档"按钮，单击扩展区中的"折叠子文档"按钮，在主控文档中将只显示子文档的名称和位置，如图 7.4 所示，并将子文档保存在主控文档所在的文件夹中，生成的子文档将以子文档的第一行文本作为文件名。

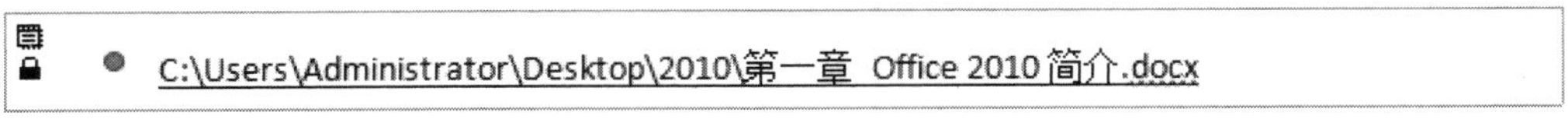

C:\Users\Administrator\Desktop\2010\第一章　Office 2010 简介.docx

图 7.4　折叠后的子文档

2．将已有文档转换为主控文档
（1）打开要转换为主控文档的文档。
（2）切换到大纲视图下，单击"主控文档"功能区的"显示文档"按钮。
（3）单击"大纲工具"功能区 "显示级别"下拉按钮，选择要显示为子文档的标题。如果文档中的标题没有使用标准样式，应改为标准标题样式。
（4）使用"另存为"命令，输入主控文档的文件名及保存位置并保存。
（5）选定要划分到子文档中的标题和内容。
（6）单击"主控文档"功能区的"创建"按钮。

7.1.5　操作子文档

创建了主控文档及其子文档之后，还可以对子文档进行操作。例如，重新命名、重新排列、联合、删除、设置格式和打印子文档等。

1．展开或折叠子文档

打开主控文档时，默认折叠所有子文档，即每个子文档将以一个超链接的方式出现，如图7.4 所示。单击某个超链接就可打开对应的子文档。

在主控文档中，可以展开或折叠子文档。单击"主控文档"功能区中的"展开子文档"按钮展开子文档，显示文档的全部内容；单击 "折叠子文档"按钮折叠子文档，则只显示子文档的保存位置和文档名称。

2．在主控文档中插入子文档

（1）打开要插入 Word 子文档的主控文档。

（2）将插入点移到要插入子文档的位置。

（3）单击"主控文档"功能区中的"插入"按钮，打开"插入子文档"对话框，如图 7.5 所示。

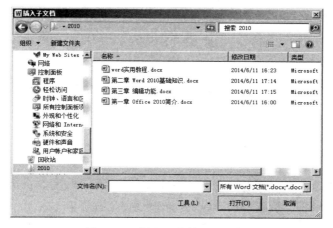

图 7.5　"插入子文档"对话框

（4）选择要插入的文档"第三章 编辑功能"，单击"打开"按钮，则该文档被作为一个子文档插入到主控文档中。

注意：

子文档和主控文档可以不在同一个文件夹中，子文档只是以链接的形式存储在主控文档中。

3．重新命名子文档

在主控文档中，还可对子文档重新命名，以使原来用不同方式命名的几个子文档采用相同的命名约定，以便于查看和进行其他子文档的操作。

在重命名子文档时要在主控文档的大纲视图中，将需重命名的子文档设置为折叠状态，再展开子文档的超链接，然后用"另存为"的方式来重命名子文档的名称。

【实例 7-2】将上例中的第 3 个子文档重命名为"第 3 章"。

（1）打开主控文档，在"大纲"选项卡"大纲工具"功能区中单击"显示文档"按钮。

（2）折叠要重新命名的子文档。

（3）单击要重新命名的子文档的超链接，打开该子文档。

（4）单击"文件"菜单中的"另存为"命令，打开"另存为"对话框。

（5）输入子文档的新文件名或保存位置，此例中输入文件名为"第 3 章"，单击"保存"按钮。

（6）关闭子文档"第 3 章"并返回到主控文档。

注意：

在重新命名子文档时，原子文档仍保留在原来的位置。

4．删除子文档

（1）打开主控文档，在"大纲"选项卡"大纲工具"功能区中单击"显示文档"按钮。

（2）单击要删除的子文档前面的图标。

（3）按【Delete】键。

注意：

删除主控文档中的子文档后，只是删除了在主控文档中该子文档的链接，而原文件仍保留在原位置。

5．合并子文档

在组织文档结构的过程中，常常需要把几个子文档合并为一个子文档，或者把一个子文档拆分为几个子文档。

（1）在大纲视图中，单击"主控文档"功能区中的"显示文档"按钮，单击要合并的子文档图标，拖曳文档图标将其移动到要合并的子文档相邻放置。

（2）在第一个要合并的子文档中，单击子文档图标，选定第一个子文档。

（3）按下【Shift】键的同时，单击最后一个要合并的子文档的图标。

（4）单击"大纲"工具栏中的"合并子文档"按钮，合并后的子文档如图 7.6 所示。

图 7.6　合并后的子文档

执行以上操作后，即可将选定的几个子文档合并为一个子文档。在保存主控文档时，合并后的子文档将以第一个子文档的文件名保存。

6．拆分子文档

（1）在大纲视图中，单击"主控文档"功能区的"显示文档"按钮，单击"展开子文档"按钮，展开子文档。

（2）将光标置于要拆分处，使用内置的标题样式或大纲级别，为新的子文档创建标题后，选定该标题。

（3）单击"主控文档"功能区中的"拆分"按钮 。

（4）保存折分后的文档。

在保存主控文档时，Word 将根据子文档标题给新的子文档指定文件名。

7．将子文档转换为主控文档的一部分

当在主控文档中创建或插入子文档之后，这些子文档被保存在一个独立的文件中。

（1）在大纲视图中，单击"主控文档"功能区的"显示文档"按钮，单击"展开子文档"按钮，展开子文档。

（2）单击要转换的子文档图标。

（3）单击"主控文档"功能区的"取消链接"铵钮，则该子文档的内容就转化为主控文档的内容，如图 7.7 所示，将"第一章"子文档转换为主控文档的一部分。

图 7.7　将"第一章"由子文档转换为主控文档的一部分

在将子文档转换为主控文档的一部分时，该子文档仍保留在其原来的位置。

7.2　邮件合并功能

利用邮件合并功能，可以将标准文件与单一信息的列表链接生成文档，包括套用信函、邮件选项卡和信封等，可以快速合成大量内容相同或相似的信函。

邮件合并的过程是，先创建一个基本文档，也称主文档，主文档就是信函的主体部分，包括套用信函的正文和格式等。在主文档中加入合并域，告诉 Word 从哪儿获取不同的信息。当执行邮件合并命令时，Word 会自动从数据源检索出不同的信息来取代域名填充合并域。

数据源所包含的是要合并到文档中的信息，可以指定一个已存在的表或数据库作为数据源，也可以创建新的数据源，这里只介绍常用的方式，即打开已有的数据源。创建了主文档和数据源之后，需要将数据源以合并域的形式插入到主文档中。

7.2.1 邮件合并

【实例 7-3】将某院校的"录取通知书"作为主文档,与"录取学生信息"数据进行邮件合并。

(1)利用 Excel 创建一个"录取学生信息表",保存在 D 盘"Word 实例"文件夹中,内容包括"姓名"、"录取院系"、"录取专业"三个字段及若干记录,如图 7.8 所示。

(2)在 Word 中新建一个如图 7.9 所示的文档,保存在 D 盘"Word 实例"文件夹中,命名为"录取通知书"。

图 7.8 录取学生信息表　　　　　　　图 7.9 主文档示例

(3)单击"邮件"选项卡"开始邮件合并"中的"开始邮件合并"命令按钮,在出现的列表中选择"普通 Word 文档"选项,如图 7.10 所示。

(4)单击"开始邮件合并"功能区中"选择收件人"命令按钮,在出现的列表中选取"使用现有列表"选项,如图 7.11 所示。

图 7.10 "开始邮件合并"列表　　　图 7.11 "选择收件人"列表

(5)此时出现"选取数据源"对话框,如图 7.12 所示。选取 D 盘"Word 实例"文件夹中的"录取学生信息表"作为数据源文件。

(6)单击"打开"按钮,弹出"选择表格"对话框,如图 7.13 所示,选择信息所在工作表,此例选"Sheet1$",单击"确定"按钮。

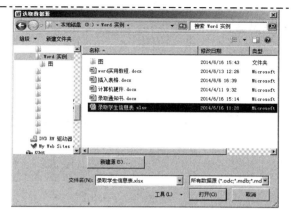

图 7.12 "选取数据源"对话框

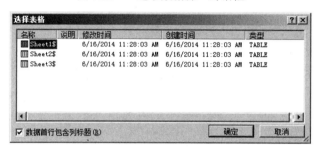

图 7.13 "选择表格"对话框

（7）在文中"同学"前单击鼠标，将光标置于要放置学生姓名的位置。单击"编写和插入域"选项区中的"插入合并域"命令按钮，选择"姓名"选项，如图 7.14 所示。

（8）重复上一步，分别在相应位置插入合并域"院系"和"专业"。插入合并域后的文档效果如图 7.15 所示。

图 7.14 姓名选项

图 7.15 插入合并域后的文档效果

（9）单击"完成"功能区的"完成并合并"下拉按钮，在出现的列表中选"编辑单个文档"命令，如图 7.16 所示。此时弹出"合并到新文档"对话框，如图 7.17 所示。

（10）选择"全部"单选项，单击"确定"按钮。合并后生成新文档"信函 1"，每一条信息则存储在一个单独的页面中，合并后的部分效果如图 7.18 所示。

图 7.16　"编辑单个文档"命令

图 7.17　"合并到新文档"对话框

图 7.18　合并后新文档"信函 1"的部分效果

7.2.2　效果预览

当执行"插入合并域"后，可以通过使用"预览结果"功能区的按钮进行效果预览，如图 7.19 所示。

（1）单击"预览结果"功能区中的"预览结果"按钮🔍，则 Word 将用第一个记录中的数据取代相应的域名，效果如图 7.20 所示。

图 7.19　"预览结果"功能区

图 7.20　预览合并后的效果

（2）单击"邮件合并"工具栏中的"首记录"按钮▮、"上一记录"按钮◀、"下一记录"按钮▶和"尾记录"按钮▮，可以查看用数据源文件中其他记录合并的结果。单击"查找收件人"按钮，出现如图 7.21 所示对话框，在文本框中输入搜索的文字，在"查找范围"选项组选择相应的域，即可查找和预览收件人列表中的特定记录。

（3）单击"自动检查错误"按钮，弹出如图 7.22 所示"检查并报告错误"对话框，通过设置可以指定如何处理完成邮件合并时发生的错误。选择"模拟合并，同时在新文档中报告错误"来查看是否会发生错误。

图 7.21 "查找条目"对话框

图 7.22 "检查并报告错误"对话框

7.3 宏

宏是将一系列的 Word 命令或指令组合在一起形成一个命令，以实现任务执行的自动化。使用宏功能可以简化排版操作，加快排版速度。就本书而言，每一章中都有若干幅图片，一本书就有几百幅图片。如果在排版时每一幅图片都要打开"设置图片格式"对话框来调整，不仅烦琐而且前后格式不容易统一。而应用宏功能，就可以轻松解决这样的问题。

Word 提供了两种创建宏的方法：宏录制器和 Visual Basic 编辑器。使用宏录制器可以快速创建宏；在 Visual Basic 编辑器中可打开已经录制的宏并修改和完善其中的指令。

7.3.1 显示宏按钮

在默认情况下，宏按钮是被隐藏的，可以通过以下操作显示宏按钮。

（1）单击"文件"按钮，在出现的列表中单击"选项"选项卡，弹出"Word 选项"对话框，如图 7.23 所示。

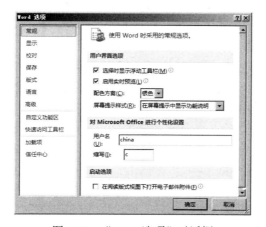

图 7.23 "Word 选项"对话框

Word 2010、Excel 2010、PowerPoint 2010 实用教程

（2）在对话框左侧的列表中单击"自定义功能区"选项，如图 7.24 所示。在右侧窗格的"自定义功能区"下拉列表中选择"主选项卡"，在下面的列表框中选择"开发工具"。单击"确定"按钮。

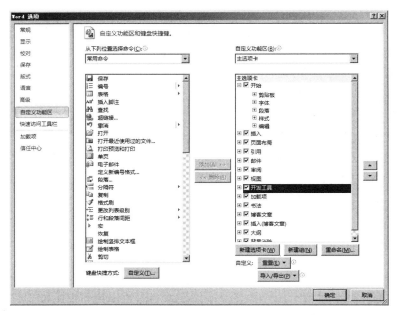

图 7.24 "自定义功能区"选项卡

（3）此时 Word 界面中出现"开发工具"选项卡，在"开发工具"选项卡的"代码"功能区中含有关于宏的命令按钮，如图 7.25 所示。

7.3.2 录制宏

录制宏的过程实际就是将一系列需要重复使用的操作记录下来。但是，宏录制器不能录制文档中的鼠标操作。如果要录制滚动文档、

图 7.25 "开发工具"选项卡中的"代码"功能区

选定文本等操作，必须用键盘进行。另外，对于对话框中的记录，只有选择对话框中的"确定"按钮或"关闭"按钮时，Word 才记录对话框，并将对话框中所有选项的设置均记录在内。

【实例 7-4】把以下操作录制为宏：将选取的文本设置字体为"楷体"，字号为"三号"并加下画线。设置宏名为"文字格式"，指定组合键为【Ctrl+K】。

（1）先选取若干文本，再单击"开发工具"选项卡"代码"功能区中的"录制宏"按钮，打开如图 7.26 所示的"录制宏"对话框。

（2）在"宏名"文本框中输入要录制的宏的名称，如："文字格式"。

（3）可在"说明"文本框中输入文本以说明宏的用途，如：将选取的文本设置字体为"楷体"，字号为"三号"并加下画线。

（4）在"将宏保存在"列表框中指定要保存宏的模板或文档，默认是 Normal 模板，这样所有新建 Word 文档都能使用这个宏。此外，还可以只将宏保存在当前文档中，这里选择当前文档。

（5）在"将宏指定到"选项区中单击"键盘"按钮，打开如图 7.27 所示的"自定义键盘"对话框。在"请按新组合键"文本框中单击，将插入点置入其中。按下【Ctrl】键的同时按下【K】键，单击"指定"按钮，被指定的快捷键内容【Ctrl+k】显示在"当前快捷键"列表框中，完成快捷键的设置。

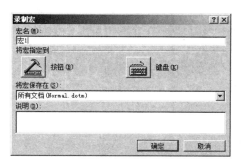

图 7.26　"录制宏"对话框

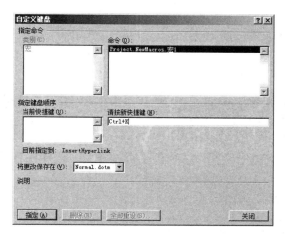

图 7.27　"自定义键盘"对话框

（6）单击"将更改保存在"下拉按钮，可以在选项中指定要保存快捷键的模板或文档。

（7）单击"自定义键盘"对话框中的"关闭"按钮，即进入宏的录制状态。启动宏录制器之后，在"代码"功能区中原来的"录制宏"按钮将变为"停止录制"按钮，"暂停录制"按钮也变为彩色的激活状态。同时，鼠标指针将变成带有盒式磁带图标的箭头。

（8）执行要加入宏中的操作：单击"开始"选项卡，在"字体"功能区中"字体"文本框中选"楷体"，"字号"文本框中选 "三号"，按下"下画线"按钮。

（9）在录制的过程中，如果想不录制某些操作，可以单击"暂停录制"按钮。再次单击该按钮，将恢复宏的录制。

（10）录制完毕后，回到"开发工具"选项卡，单击"代码"功能区的"停止录制"按钮，宏录制完毕。

7.3.3　运行宏

因为在录制宏时指定了组合键，所以选定要使用宏的对象后，按下指定的组合键【Ctrl+K】就可以直接运行刚创建的宏。

另外也可以在"开发工具"选项卡"代码"功能区中单击"宏"按钮，或按下【Alt+F8】组合键，打开如图 7.28 所示的"宏"对话框。在"宏名"列表框中选择要运行的宏"文字格式"，单击"运行"按钮，即可运行宏。

如果要删除某个宏，则在打开"宏"对话框后，在"宏名"列表框中选择该宏，然后单击"删除"按钮即可。

图 7.28　"宏"对话框

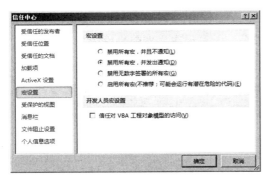

图 7.29 "信任中心"对话框

7.3.4 宏的安全性

宏病毒是一种寄存在文档或模板的宏中的计算机病毒。一旦打开这样的文档，宏病毒就会被激活，并驻留在内存中的 Normal 模板文件中。这样，所有自动保存的文档都会感染上这种宏病毒，而且如果网络上其他用户打开感染了宏病毒的文档，宏病毒又会转移到该用户的计算机上。

Word 具有检测宏病毒的功能，单击"开发工具"选项卡中"代码"功能区的"宏安全性"按钮，打开如图 7.29 所示的"信任中心"对话框。

在"宏设置"选择区中根据需要，选择一种设置。

➢ 禁用所有宏，并且不通知。

➢ 禁用所有宏，并发出通知。

➢ 禁用无数字签署的所有宏。

➢ 启用所有宏（不推荐，可能会运行有潜在危险的代码）。

7.4 高级编排技巧

本节介绍一些高级编排技巧，例如，在文档中插入脚注和尾注、题注、索引和目录、交叉引用等，以便帮助用户建立专业化的文档。

7.4.1 脚注和尾注

脚注和尾注是对文本的补充说明。脚注一般位于页面的底部，作为文档某处内容的注释；尾注一般位于文档的末尾，用于列出引文的出处等。脚注和尾注由两个关联的部分组成：注释引用标记和其对应的注释文本。Word 可以自动为标记编号，也可以创建自定义的标记。在添加、删除或移动自动编号的注释后，Word 将对注释引用标记重新编号。

1．插入脚注或尾注

（1）将插入点移至要插入脚注或尾注引用标记的位置。

（2）单击"引用"选项卡"脚注"功能区中的"插入脚注"按钮AB或"插入尾注"按钮，光标会出现在页面底部（插入脚注时）或文档末尾（插入尾注时）的序号后面，录入脚注或尾注内容即可。

（3）如果需要对脚注或尾注的编号格式进行设置，可以单击"脚注"功能区右下角的"脚注和尾注"按钮，打开如图 7.30所示的"脚注和尾注"对话框。

（4）如果要插入脚注，应单击"脚注"单选项，在后面的列

图 7.30 "脚注和尾注"对话框

表框中指定脚注出现的位置。默认情况下是"页面底端"，把脚注文本放在页底的边缘处；选择"文字下方"选项，则把脚注文本放在正文最后一行的下面。

（5）如果要插入尾注，应单击"尾注"单选项，在后面的列表框中指定尾注出现的位置。默认情况下是"文档结尾"，把尾注文本放在文档的最后；选择"节的结尾"选项，则把尾注文本放在本节的最后。

（6）在"编号格式"列表框中选择编号的种类，可以是"1，2，3，…"，也可以选择"a，b，c，…"，或者"A，B，C，…"等。

（7）可以直接在"自定义标记"文本框中输入作为脚注或尾注引用标记的符号，也可以单击"符号"按钮，从"符号"对话框中选择一个特殊符号作为脚注或尾注的引用标记。

（8）在"编号"下拉列表中有三个选项：连续、每节重新编号、每页重新编号。

（9）单击"插入"按钮，就可以开始输入脚注或尾注文本。

（10）输入完成后，在文本编辑区域单击。

2．查看脚注和尾注

将鼠标指针指向文档中的注释引用标记，注释文本将出现在标记之上。如果没有获得屏幕提示，可以单击"工具"菜单中的"选项"命令，在"视图"选项卡中选中"屏幕提示"复选框。在页面视图中双击注释引用标记时，插入点会自动移至对应的注释区，在注释区中可以编辑或查看注释文本。

3．编辑脚注和尾注

注释包含两个相关联的部分：注释引用标记和注释文本。当用户要移动或复制注释时，可以对文档窗口中的注释引用标记进行相应的操作。如果移动或复制自动编号的注释引用标记，Word 将按照新顺序对注释重新编号，具体操作步骤如下。

（1）在文档窗口中选定注释引用标记，按【Ctrl+C】组合键复制或按【Ctrl+X】组合键剪切。

（2）将光标移至到文档中的新位置，按【Ctrl+V】组合键粘贴。

如果要删除某个注释，可以在文档中选定相应的注释引用标记，然后按【Delete】键。Word会自动删除对应的注释文本，并对文档后面的注释重新编号。

如果要删除所有自动编号的脚注或尾注，应按如下步骤操作。

（1）单击"开始"选项卡"编辑"功能区中的"替换"命令，打开"查找和替换"对话框，选定"替换"选项卡。

（2）单击"更多"按钮，单击"特殊格式"按钮，从"特殊格式"列表中选择"脚注标记"或者"尾注标记"选项。

（3）删除"替换为"文本框中的任何内容。

（4）单击"全部替换"按钮。

4．自定义注释分隔符

默认情况下，Word 用一条水平短线将文档正文与脚注或尾注文本分开，该线称为注释分隔符。如果注释太长或太多，一页的底部放不下，Word 会自动把放不下的部分放到下一页。为了说明两页中的这些注释是连续的，Word 将水平线加长。

修改或删除注释分隔符必须在草稿视图下才能完成。如果要编辑注释分隔符，应按如下步骤操作。

（1）单击"视图"选项卡"文档视图"功能区中的"草稿"命令按钮，切换到草稿视图。

（2）单击"引用"选项卡"脚注"功能区的"插入脚注"命令按钮，打开注释编辑窗口。

（3）在注释窗口顶部下拉列表框中包含可以改变的分隔符："所有脚注"、"所有尾注"、"脚注分隔符"、"脚注延续分隔符"、"脚注延续标记"。如果步骤（2）单击的是"插入尾注"命令按钮，则列表框中包含的是"所有脚注"、"所有尾注"、"尾注分隔符"、"尾注延续分隔符"、"尾注延续标记"。

选择要修改的选项，Word 就会把对应项的当前格式显示在脚注区中。例如，选择"脚注分隔符"选项，则会在脚注区中显示一条水平短线。如果要在分隔符的前后增加一些文字说明，可以把插入点定位到分隔符的前后，然后输入适当的文字。如果想删除该水平线，可以选定它，然后按【Delete】键删除，这样在正文区和脚注区之间就没有分隔符了。

（4）单击"关闭"按钮，关闭脚注编辑窗口。

7.4.2　题注

在文档中可能经常要插入图片、表格或图表等项目，为了便于查阅，通常要在图片、表格或图表的上方或下方加入"图 1.1"或"表 1.1"等文字。使用"题注"功能可以保证长文档中图片、表格或图表等项目能够按顺序地自动编号，尤其是移动、添加或删除带题注的某一项目，Word 将自动更新题注的编号。

1. 添加题注

【实例 7-5】给第 6 章中表格的上方添加题注，表格的编号为"表 6.X"，编号后有表格的相关说明。

（1）选定要添加题注的表格。

（2）单击"引用"选项卡"题注"功能区中的"插入题注"命令按钮，或单击右键，在弹出的快捷菜单中选择"插入题注"命令，打开"题注"对话框，如图 7.31 所示。

（3）在"题注"文本框中显示系统默认的题注选项卡和编号，单击"新建选项卡"按钮打开如图 7.32 所示的"新建选项卡"对话框，并在"选项卡"列表框中输入自己设计的选项卡名称"表 6."，单击"确定"按钮。

图 7.31　"题注"对话框　　　　图 7.32　"新建选项卡"对话框

（4）在"位置"列表框中选择"所选项目上方"选项。

（5）单击"确定"按钮，关闭"题注"对话框。

（6）表格被添加了第 6 章所示的题注编号。系统自动编号，即第一个添加的表格题注为"表6.1"，后面再添加表格题注将自动编号为"表 6.2"等。

2．自动添加题注

当在文档中插入表格、公式或图表等项目比较多时，可以让 Word 自动为插入的项目加上题注。

（1）在"题注"对话框中单击"自动插入题注"按钮，打开"自动插入题注"对话框，如图 7.33 所示。

（2）在"插入时添加题注"列表框中选择要自动添加题注的项目："Microsoft Word 表格"。

（3）在"使用选项卡"列表框中选择需要的选项卡"表 6."。

（4）在"位置"列表框中选择题注出现的位置"项目上方"。

（5）单击"确定"按钮。

这样，每次在文档中插入表格之后，Word 会自动对其进行编号。在文档中的题注编号之后输入文字，对 Word 自动添加的题注加上说明文字。

3．更新题注选项卡顺序

将文档中的表格移动后，所添加的题注选项卡的顺序就发生错误，如："表 6.5"移到了"表 6.4"的前面，传统的方法，要一个个地进行修改，但 Word 中有快捷的方法。

（1）按【Ctrl+A】组合键，选择全部文档。

（2）单击鼠标右键，打开如图 7.34 所示的快捷菜单，单击其中的"更新域"命令，则所有的题注编号将重新排为正确的编号。

图 7.33　"自动插入题注"对话框

图 7.34　快捷菜单中的"更新域"命令

7.4.3　交叉引用

创建一篇长文档时，经常遇到类似"如表 4.21 所示"这样的文字，但是当在"表 4.21"之前插入或者删除了其他表格后，该表格的编号可能不再是"4.21"，这时就需要在所有提及该表格的地方作相应的修改，Word 中的"交叉引用"功能可以很好地解决这个问题。

当文档中使用了标题样式或插入了脚注、书签、题注或带编号的段落后，就可以创建"交叉引用"来引用它们。

【实例 7-6】第 6 章的表格编号和正文之间的交叉引用。

（1）前面已经对表格添加了题注编号。

（2）在文档正文中输入说明性文字"如所示"，将插入点移至说明性文字"如"的后面。

（3）单击"引用"选项卡"题注"功能区中的"交叉引用"命令按钮，打开如图 7.35 所示的"交叉引用"对话框。

图 7.35　"交叉引用"对话框。

（4）在"引用类型"列表框中选择要引用的项目类型"表 6."。

（5）在"引用内容"列表框中单击文档中所要插入的信息"只有选项卡和编号"。

（6）在"引用哪一个题注"框中单击所要引用的题注。

（7）选中"插入为超链接"复选框，这样，当读者单击交叉引用的内容"表 6.1"时，能够跳转到该表格的位置。

（8）单击"插入"按钮。

这样，说明性的文字就和表格建立了联系，当表格的位置发生变化而导致编号错误时，选择全文档后按功能键【F9】或在快捷菜单中选择"更新域"就可以全部更新，从而将题注编号和说明性文字同时修改为正确的内容。

7.4.4　制作目录

目录的作用是列出文档中的各级标题及每个标题所在的页码。Word 具有自动创建目录的功能。创建了目录之后，只要单击目录中的某个页码，就可以跳转到该页码所对应的标题。

1．从标题样式创建目录

在创建目录之前，应确保对文档的标题应用了样式（标题 1～标题 9）。

【实例 7-7】以本章内容为例，从标题样式创建目录。

（1）把插入点置于要放置目录的位置。

（2）单击"引用"选项卡"目录"功能区中"目录"下拉按钮，选取"插入目录"命令，打开"目录"对话框。单击"目录"选项卡切换到"目录"选项卡，如图 7.36 所示。

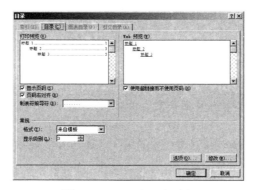

图 7.36　"目录"选项卡

（3）选中"显示页码"复选框，则在目录中每个标题后面将显示页码。选中"页码右对齐"复选框，则使页码右对齐。

（4）在"制表符前导符"列表框中可以指定标题与页码之间的链接符。

（5）在"显示级别"列表框中指定目录中显示的标题层次为"3"。

（6）单击"确定"按钮，生成本章内容的部分目录如图 7.37 所示。

图 7.37　目录实例

在目录中单击某章节的标题，可以直接跳转到文档中的相关内容。

2．更新目录

更新目录的方法很简单，只要把鼠标指针移到目录中，然后单击鼠标右键，从弹出的快捷菜单中选择"更新域"命令，打开如图 7.38 所示的"更新目录"对话框。在"更新目录"对话框中，如果选择"只更新页码"单选项，则仅更新现有目录项的页码，不会影响目录项的增加或修改；如果选择"更新整个目录"单选项，将重新创建目录。

图 7.38　"更新目录"对话框

 **习题 7**

一、单选题

1．"大纲工具"功能区中"大纲级别"文本框中显示的内容是（　　　）。

　　A．将选定段落的标题样式提升一级

　　B．将选定段落的标题样式下降一级

　　C．光标所在段落的标题样式名称

　　D．文档显示的最低级别

2．在大纲视图中，当某段落大纲级别被设置为 3 级后（　　　）。

　　A．此段落不能升级，只能降级

　　B．此段落不能降级，只能升级

　　C．此段落既不能升级，也不能降级

D．此段落既能升级，也能降级

3．下面关于主控文档或子文档的说法不正确的是（　　　）。

　　A．子文档间不能重新排列顺序

　　B．可以将主控文档拆分为子文档

　　C．主控文档是一个独立的文档

　　D．若干个子文档可以合并为一个子文档

4．（　　　）功能可以将一系列的 Word 命令或指令组合成一个命令，以实现任务执行的自动化。

　　A．邮件合并　　　　　　B．宏　　　　　　　C．网络功能　　　　　　D．主控文档

5．邮件合并操作中使用的数据源不可以是（　　　）

　　A．现有的 Excel 表格　　　　　　　　　　B．QQ 好友

　　C．Access 数据库　　　　　　　　　　　　D．Word 表格

6．在"自动插入题注"对话框中，"插入时添加题注"列表中不含有（　　　）

　　A．Microsoft Word 表格　　　　　　　　B．Microsoft Word 文档

　　C．Microsoft Word 图片　　　　　　　　D．Microsoft Word 公式 3.0

二、上机实习

1．利用 Word 邮件合并功能制做某高校准考证，要求如下：

（1）如图 7.39 所示，在 Word 中做出准考证主文档，保存文件名为"准考证"。

准　考　证		
院校：		
系别：		贴照片处
班级：		
姓名：	学号：	

图 7.39　准考证

（2）在 Excel 中录入与考生有关的信息：院校、系别、班级、姓名、学号，并录入若干人员信息，保存文件为"考生信息"。

（3）利用邮件合并功能将"考生信息"合并至"准考证"，制作完整的准考证。

2．录制名为"star"的宏，使用【Ctrl+R】为组合键，内容为绘制一个五角星形，填充为红色，将宏保存在当前文档。

3．录入以下文本，保存文件为"脚注和尾注.docx"，并完成以下操作。

（1）将所有"电子"替换为"Electron"，字体颜色为红色。

（2）为"Electron"添加脚注：指化学反应不可再分的基本微粒。

（3）为本文添加尾注：关于电子。

样文

电子是构成原子的基本粒子之一，质量极小，带负电，在原子中围绕原子核旋转。不同的原子拥有的电子数目不同，例如，每一个碳原子中含有 6 个电子，每一个氧原子中含有 8 个电子。能量高的离核较远，能量低的离核较近。通常把电子在离核远近不同的区域内的运动称为电子的分层排布。

第 8 章

Excel 2010 基础知识

学习目标

- 了解 Execl 的启动和退出方法，了解其功能和工作窗口布局
- 掌握 Execl 文档的创建、打开、保存和关闭操作
- 掌握 Execl 工作簿、工作表、单元格、行、列等基本概念及操作方法
- 掌握编辑 Excel 工作表数据的基本方法
- 掌握设置数据字符格式、行高和列宽、数据对齐方式、数字格式、边框和底纹的方法

8.1 Excel 简介

Excel 是应用范围非常广的电子表格软件。

8.1.1 功能介绍

Excel 中文版的强大功能主要表现在以下几个方面：友好的用户界面，操作简单，易学易用；引入公式和函数后能进行数据计算；能自动绘制数据统计图；能有效管理、分析数据；拥有网络功能、宏功能和内嵌的 VBA（Visual Basic for Application）等。

8.1.2 Excel 2010 中文版的工作界面

启动 Excel 2010 中文版后，将打开 Excel 的工作簿窗口，如图 8.1 所示。

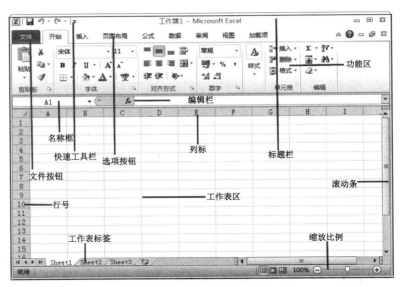

图 8.1　Excel 2010 中文版的工作簿窗口

从中可以发现 Excel 和 Word 的窗口非常相似。工作窗口中有标题栏、文件按钮、快速工具栏、功能区、列标、行号、工作表区、工作表选项卡等。Excel 特有部分的名称功能说明见表 8.1。

表 8.1　Excel 特有部分的名称和功能

名称	功能说明
名称框	用于指示当前选定的单元格、图表项或绘图对象。在"名称"下拉列表框中输入单元格（区域）的名称，再按【Enter】键可快速命名选定的单元格或区域。单击"名称"列表框中相应的名称，可快速移动至已命名的单元格
编辑栏	用于显示活动单元格中的常数或公式。当输入数据时编辑栏中将显示三个工具按钮：✕为取消按钮，✓为输入按钮，f_x 为插入函数按钮
列标	位于编辑栏下方的灰色字母编号区。单击列标可选定工作表中的整列单元格。如果右击列标，将显示相应的快捷菜单；如果要改变某一列的宽度，拖曳该列列标右端的边线即可
行号	位于各行左侧的灰色编号区。单击行号可选定工作表中的整行单元格。右击行号，将显示相应的快捷菜单。拖曳行号下端的边线，可改变该行的高度
工作表区	用于记录数据的区域
工作表选项卡	用于显示工作表的名称。单击工作表选项卡将激活相应工作表；在选项卡上右击鼠标，可显示与工作表操作相关的快捷菜单；单击选项卡栏左端的滚动按钮，可滚动显示工作表选项卡

8.1.3　工作簿和工作表

1．工作簿

Excel 中的文档就是工作簿，一个工作簿由一个或多个工作表组成。由于每个工作簿可以包含多张工作表，因此可在一个文件中管理多种类型的数据信息。Excel 启动后，显示的是名称为"工作簿 1"的工作簿，如图 8.1 所示。工作簿文件的扩展名是".xlsx"。默认情况下，工作簿由 3 个工作表组成，即 Sheet1、Sheet2 和 Sheet3，当前活动工作表是 Sheet1。

2．工作表

　　一个工作簿文件中可以有多个工作表，在工作表中可以分析和处理数据，图 8.1 中显示的即是"工作簿 1"中的"Sheet1"工作表，工作表由单元格组成，纵向称为列，由列标区的字母分别命名（A，B，C…）；横向称为行，由行号区的数字分别命名（1，2，3…）。每一张工作表最多可以有 65536 行 256 列。

　　工作表中可以输入字符串、数字、公式、图表等丰富的信息。每张工作表都由一个工作表选项卡与之对应（如 Sheet1、Sheet2、Sheet3），单击工作表选项卡，相应的工作表就显示到屏幕上。

　　在 Excel 中工作簿与工作表的关系就像日常生活中的账簿与账页之间的关系一样。一个账簿由许多张账页组成，一个账页用来描述一个月或一段时间的账目，一个账簿则用来说明一年或更长时间的账目。

8.2　单元格

8.2.1　单元格的基本概念

　　单元格是 Excel 工作表的基本元素，是整体操作的最小单位，单元格中可以存放文字、数字和公式等信息，如图 8.2 所示。单元格的高度和宽度及单元格内数据的对齐方式和字体大小都可以根据需要进行调整。

图 8.2　单元格

　　单元格由它在工作表中的位置所标识，行用数字标识，列用字母标识，如图 8.2 所示。单元格"A1"中的内容是文字"Excel 2010"，单元格"B2"中的内容是数字"2010"，当前单元格是粗框显示的"C4"单元格，对应的行号和列标都用黄底突出显示，且该单元格的引用"C4"出现在"名称"框中，单元格中的内容"学会生活"出现在编辑栏中。

　　A1、B2、C4 等就是单元格的地址。如果要表示一个连续的单元格区域，可以用该区域左上角和右下角单元格名字表示，中间用冒号隔开。例如，A1:D5 表示一个从 A1 单元格到 D5 单元格的矩形区域。

8.2.2　单元格的选定

　　在单元格中输入数据和进行编辑之前要先选定该单元格。

1．选定一个单元格

在 Excel 工作表区中鼠标箭头变成⊕，用鼠标指针指向需要选定的单元格，单击该单元格后即已选定，变为当前单元格，其边框以黑色粗线标识。

2．选定连续单元格区域

（1）将鼠标指针指向需要连续选定的单元格区域的第一个单元格。

（2）拖曳鼠标至最后一个单元格，选定的区域变为蓝色。

（3）释放鼠标左键，该连续单元格区域已被选定，如图 8.3 所示。

图 8.3　选定的连续单元格区域

3．选定不连续单元格区域

（1）单击需选定的不连续单元格区域中的一个单元格，拖曳鼠标选定一个矩形区域。

（2）按住【Ctrl】键，拖曳鼠标选定其他单元格区域。

（3）重复上一步，直到选定最后一个单元格区域。选定的不连续单元格区域如图 8.4 所示。

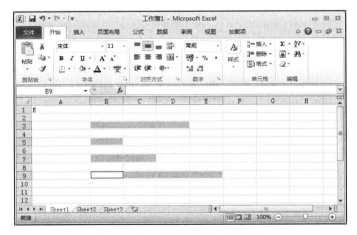

图 8.4　选定的不连续单元格区域

4．选定行

可以选定单行、连续行或局部连续总体不连续的行。

（1）单击行号选定单行。

（2）单击连续行区域第一行的行号，按住【Shift】键，然后单击连续行区域最后一行的行号，选定连续行。

（3）若要选定局部连续总体不连续的行，只要按住【Ctrl】键，然后依次选定需要选定的行。

5．选定列

选定列区域的操作与选定行区域的操作方法基本相同，只是将对行的操作换为对列的操作。

6．选定工作表的所有单元格

有两种方法可以选定所有单元格：

（1）单击工作表左上角行号与列号相交处的"选定全部"按钮￼。

（2）按【Ctrl+A】组合键。

8.2.3　命名单元格

默认情况下，单元格的地址就是它的名字，如 A1、B2 等。也可以给单元格或单元格区域另外命名，而且记忆单元格的名字远比记忆单元格的地址更为方便，这样能提高单元格引用的正确性。

1．在命名时应注意下列规则

（1）名字的第一个字符必须是字母或文字。

（2）在命名时不可使用除下画线（_）和点（.）以外的其他符号。

（3）不区分英文字母大小写。

（4）名字不能使用类似地址的形式，如 A3、B4、C6 等。

（5）避免使用 Excel 的固定词汇，如 DATEBASE 等。

2．命名单元格的方法

使用"名称框"命名，"名称框"位于编辑栏左侧，显示活动单元格的引用地址。

（1）选定要命名的单元格或单元格区域。

（2）单击"名称框"，在框中输入新定义的名字。

（3）按【Enter】键完成命名。

注意:

在"名称框"中输入名字后一定要按【Enter】键，命名才能生效，这时"名称框"中将居中显示该单元格或单元格区域的名字。

3．删除命名

单元格的命名不能在名称框中直接删除，要执行以下操作：

单击"公式"选项卡"定义的名称"功能区中的"名称管理器"按钮，打开"名称管理器"对话框，在列表框中选中要删除的命名，单击"删除"按钮。

注意:

在删除命名前，要确定该命名是否被其他单元格或公式引用，否则在引用它的单元格中将显示错误值"#NAME?"。

8.3 在单元格中输入数据

在工作表中可以向单元格中输入的数据分为常量和公式两种。常量包括数字、文字和日期、时间等，其中数字、日期和时间可以参与各种运算，公式的内容将在后面的章节中学习。

8.3.1 常用输入法

单击要输入或修改数据的单元格后就可以直接输入数据。

1．输入文字

文字可以包括汉字、字母、数字和符号。

（1）在工作表中单击单元格"A1"。

（2）输入"期末考试成绩单"，按【Enter】键，结果如图 8.5 所示，文本型数据在单元格中自动左对齐。

图 8.5 输入文字

2．输入数字

在 Excel 中，数字是仅包含下列字符的常数值：0 1 2 3 4 5 6 7 8 9 + - ( )，/ $ % . E e

数值型数据在单元格中自动右对齐，数字项最多只能有 15 位，若输入的数字太长以致无法在单元格中全显示出来时，Excel 则将其转化为科学记数形式，即当单元格中以科学记数法表示数字或填满了"#"符号时，就表示这一列没有足够的宽度来正确地显示这个数字，如图 8.6 所示。在这种情况下，需要改变数字格式或改变列宽度。在 Excel 中，把在单元格中显示的数值称为显示值；在编辑栏中显示的被称为单元格中存储的原值。单元格中显示的数字位数取决于该列宽度和使用的显示格式。

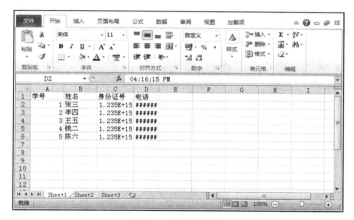

图 8.6　输入数字

输入数字时应注意以下几点：

➢ Excel 将忽略数字前面的正号 " ＋ "，并将单一的 "." 视作小数点，而其他数字与非数字的组合将被视为文本。

➢ 在负数前冠以减号 "－"，或将其置于括号 "( )" 中。

➢ 可以像平时一样使用小数点，还可以利用千位分隔符（逗号），在千位、百万位等处加上逗号。

3．输入日期和时间

Excel 能够识别出各种形式的用普通表示法输入的日期和时间格式。

（1）输入日期

例如，输入日期 1993 年 12 月 1 日时，可先选择单元格并按照下面任意一种格式输入。

93-12-1

93/12/1

1-dece-93

12-1-93

如果 Excel 识别出输入的是一个有效的日期或时间格式，　就能在屏幕上看到这个日期或时间。但无论在单元格中是按哪一种格式输入的上述日期，出现在编辑栏里的日期格式总是 1993-12-1。

（2）输入时间

可以用下面的任何一种格式输入时间。

16:15

16:15:15

4:15 PM

4:15:15 A

99-7-14 16:15

A 或 AM 表示上午，P 或 PM 表示下午。最后一种时间表示格式可以把日期和时间组合在一起输入。

实用技巧：

按【Ctrl+ ;】组合键可以输入系统当前日期。按【Ctrl+Shift+ ;】组合键可以输入系统当前时间。

8.3.2　提高输入效率

1．利用"自动完成"填充已录信息

在输入同一列的内容时，若内容有重复或相近，就可以通过"自动完成"功能快速输入。例如，如图 8.7 所示，在工作表 Sheet1 的 B2 到 B3 单元格输入内容，然后在 B4 单元格中，输入"石"字，此时"石"字自动填入与 B3 单元格相同的文字，并以反白的方式显示。若自动填入的内容正好是想输入的文字，按下【Enter】键就可以将内容存入单元格中，若不是则继续录入即可。此功能只适用于录入文字。

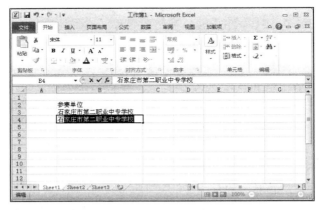

图 8.7　自动完成

2．利用下拉列表完成录入

例如，工作表 Sheet 1 的 C2 到 C6 单元格已输入内容，在 C7 单元格想再次输入"计算机"，在该单元格上单击右键，在弹出的快捷菜单中选择"从下拉列表中选择"选项，如图 8.8 所示。选择该项，以前本列输入的信息会显示出来，从中选择所要的内容信息"计算机"即可。如图 8.9 所示。

图 8.8　编辑快捷菜单

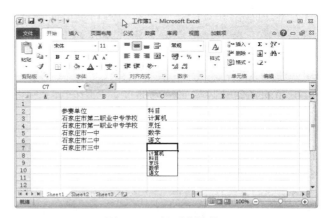

图 8.9　下拉列表清单

注意：

下拉列表清单的组成方法是：由所选择的单元格向上、向下寻找，直至遇到空白单元格为止。

3．使用填充功能

例如，要在 C3 到 C8 单元格中全部填写"打印机"，首先在 C3 录入"打印机"三个字，选中 C3 单元格，将指针移至单元格右下角，指针会变成"十"字形，拖曳鼠标至 C8 单元格释放左键，完成填写操作。在 C8 单元格旁边出现"自动填充选项"按钮，如图 8.10 所示，当进行其他编辑操作后，"自动填充选项"才会消失。

单击"自动填充选项"按钮 ，有 3 种填充方式可供选择，如图 8.11 所示。

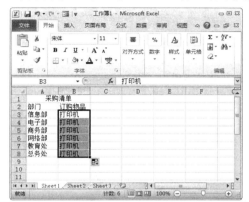

图 8.10　"自动填充"相同内容　　　　　　　　图 8.11　自动填充选项

➢ **复制单元格**：填入单元格的内容与格式（如字型、颜色），此为为默认选项。

➢ **仅填充格式**：填入单元格的格式。

➢ **不带格式填充**：填入单元格的内容。

4．使用数列填充功能

Excel 可建立的数列类型有 4 种。

➢ **等差数列**：数列中相邻两数字的差相等，例如：1，3，5，7，9…

➢ **等比数列**：数列中相邻两数字的比值相等，例如：2，4，8，16…

➢ **日期**：如 2014/5/12，2014/5/13，2014/5/14……

➢ **自动填入**：自动填入数列是属于不可计算的文字数据，例如：甲、乙、丙……等都是。Excel 已将这类文字数据建立成数据库，从而在使用自动填入数列时，就像使用一般数列一样。

数列填充是指在 Excel 工作表中按一定的规则或变化趋势自动对某一区域填入数据或公式。

【实例 8-1】 在数据表中制作如图 8.12 所示的数据序列。

（1）在"A1"单元格单击，输入文本"学生"，将鼠标移至该单元格右下角的填充柄，鼠标指针变为"十"字形，拖曳鼠标至第 10 行，完成第 1 列的复制填充。

（2）在"B1"单元格单击，输入数值"1"，拖曳填充柄第 10 行，完成第 2 列的复制填充。

（3）在"C1"单元格单击，输入数值"1"，将鼠标移至该单元格右下角的填充柄，鼠标指针变为黑"十"字形，按住【Ctrl】键拖曳鼠标至第 10 行，完成第三列数值逐行加 1 的等差序列填充。

（4）在"D1"单元格单击，输入数值"2"，拖曳鼠标选中 D1:D10 单元格区域，单击"开始"选项卡"编辑"功能区中的"填充"按钮右侧的箭头，在列表中选择"序列"选项，打开"序列"对话框，设置序列产生在"列"，类型为"等差序列"，步长值为"2"，如图 8.13 所示，单击"确定"按钮，完成第四列数值逐行加 2 的等差序列填充。

图 8.12 自动填充序列示例　　　　　图 8.13 "序列"对话框

（5）在"E1"单元格单击，输入数值"2"，拖曳鼠标选中 E1:E10 单元格区域，单击"开始"选项卡"编辑"功能区中的"填充"按钮右侧的箭头，在列表中选择"序列"，打开"序列"对话框，设置序列产生在"列"，类型为"等比序列"，步长值为"2"，完成第五列以 2 为比值的等比序列填充。

注意：

在使用日期填充序列时，"自动填充选项"按钮会多出与日期相关的项目，如图 8.14 所示，选择列表中"以工作日填充"单选项，所填充日期会跳过周六、周日。

图 8.14 填充日期序列

填充"甲、乙、丙……"等时，先输入"甲"，照前面方法拖曳到达终止位置即可，如图 8.15 所示。

图 8.15 自动填入不可计算的文字数据数列

8.3.3 提高输入有效性

为了提高单元格中输入数据的正确性，可以为单元格或单元格区域指定输入数据的有效范围。例如将数据限制为特定的类型，如整数、小数或文本，并且可以限制其取值范围。此外，还可以通过工作表中的数据序列来指定有效数据的范围，或限定允许输入的字符数。使用公式时，可以根据其他单元格中的计算值来判定当前单元格中输入值的有效性。

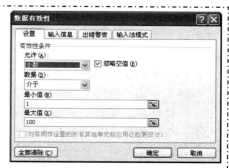

【实例 8-2】指定 B 列输入的数据在 1 至 100 之间。

（1）选定 B 列。

（2）单击"数据"选项卡"数据工具"功能区的"数据有效性"按钮，打开"数据有效性"对话框，如图 8.16 所示。

（3）在"允许"下拉列表框中，选择"小数"。

（4）在"数据"列表框中选择"介于"选项，在"最小值"文本框中输入"1"，在"最大值"文本框中输入"100"，单击"确定"按钮。

图 8.16 "数据有效性"对话框

8.4 编辑单元格

单元格的基本编辑操作包括编辑单元格数据，移动和复制单元格，在工作表中清除、插入和删除单元格，查找和替换等内容。

8.4.1 编辑单元格中的数据

选定要编辑的单元格后，直接输入数据，按【Enter】键确认，这样将使单元格中的已有数据被新的数据代替。而双击要编辑的单元格后，单元格中的数据被激活，可以直接在单元格中对数据进行编辑或修改，但是必须在如图 8.17 所示的"Excel 选项"选项卡中，选中"允许直接在单元格内部编辑"复选框后，这种方法才有效。

图 8.17 "Excel 选项"选项卡

8.4.2 移动和复制单元格

移动和复制单元格指移动和复制单元格中的内容。使用"开始"功能区中的"复制"、"剪切"和"粘贴"按钮可以快捷、方便地移动和复制数据。

（1）选定要移动或复制的单元格。

（2）单击"剪切"或"复制"按钮。

（3）单击要粘贴到的单元格。

（4）单击"粘贴"按钮。

在移动及复制操作的过程中，选定的单元格区域被一个闪烁的虚线框包围着，如图 8.18 所示，被称为"活动选定框"，按【Esc】键可取消"活动选定框"。

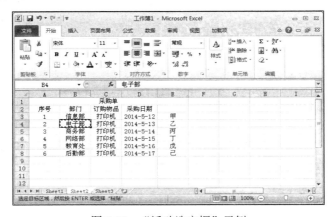

图 8.18 "活动选定框"示例

8.4.3 清除、插入和删除单元格

1. 清除单元格内容

在 Excel 中，如果要清除单元格里的内容时，可以清除一个单元格里所有的内容，也可以只清除单元格中的格式或公式，或者只清除单元格的批注。

清除一个单元格所含内容的快速方法是：选定这个单元格，然后按【Delete】键即可清除单元格的数据，但它的格式和批注还都保留着。

精确清除一个单元格内容的操作步骤如下：

（1）选定要清除内容的单元格或者单元格区域。

（2）单击"开始"选项卡"编辑"功能区中的"清除"按钮 ，清除功能列表如图 8.19 所示。

（3）根据需要选定一个清除功能选项。

2. 插入和删除单元格

在工作表中可以插入或删除一个单元格，也可以插入或删除一行或一列。

插入单元格的方法如下：

（1）选定需要插入单元格的区域，插入单元格的个数应与选定的个数相同。

（2）单击"开始"选项卡"单元格"功能区的"插入"按钮右侧的箭头，从列表中选择"插入单元格"命令，如图 8.20 所示，或在选定单元格区域单击鼠标右键，在弹出的快捷菜单中单击"插入"命令，打开"插入"对话框，如图 8.21 所示。

图 8.19 清除功能列表

图 8.20 "插入单元格"命令

图 8.21 "插入"对话框

（3）在"插入"对话框内选择单元格的插入方式。

➢ **活动单元格右移**：将选定的单元格向右移。

➢ **活动单元格下移**：将选定的单元格向下移。

（4）单击"确定"按钮。

插入整行、整列和删除单元格的方法与 Word 中相似，这里就不再赘述。

3．查找与替换

【**实例 8-3**】将当前工作表中的数值型数据"100"，全部替换为文本型数据"满分"。

（1）按下【Ctrl+F】组合健，或单击"开始"选项卡"编辑"功能区中的"查找和选择"下方的箭头，在列表中选择"查找"命令，打开"查找和替换"对话框，如图 8.22 所示。

图 8.22 "查找和替换"对话框

（2）在"查找内容"文本框中输入要查找的信息"100"。

（3）在"范围"下拉列表中选择"工作表"，在"搜索"下拉列表中选择默认的"按行"，在"查找范围"下拉列表中选择"值"。

（4）单击"替换"选项卡，打开"替换"选项卡，在"替换为"文本框中输入"满分"。

（5）单击"全部替换"按钮，则替换整个工作表中所有符合搜索条件的单元格数据。

和 Word 一样，也可以使用通配符"＊"和"？"代替不能确定的部分信息。"？"代表一个字符，"＊"代表一个或多个字符。单击"格式"按钮，通过设置格式可以查找和替换指定格式的内容。

8.4.4 给单元格加批注

1．添加批注

给单元格添加批注，可以突出单元格中的数据，使该单元格中的信息更具易读性。

（1）在要添加批注的单元格上单击鼠标右键，在弹出的快捷菜单中选择"插入批注"命令。

（2）在批注文本框中输入注释文本，如图 8.23 所示。

	A	B	C	D	E	F
1	姓名	班级	语文	数学	英语	网页编程
2	李亚杰	班干部	60	62	65	78
3	高宇		61	76	80	66
4	张宇	一班	62	82	87	72
5	褚晓燕	二班	65	70	80	84
6	张世毅	三班	70	80	80	66

图 8.23　在批注文本框中输入注释文本

（3）完成文本输入后，单击批注方框外部的工作表区域，关闭"批注"方框。

添加了批注的单元格的右上角有一个小红点，提示该单元格已经被添加了注释，只要将鼠标移至该单元格上，就会显示出批注的内容。

2．设置批注的显示方式

（1）在已插入批注的单元格上单击鼠标右键，在弹出的快捷菜单中选择"编辑批注"命令，Excel 将显示该单元格的批注方框。

（2）拖曳批注框边上或角点上的尺寸句柄，可修改批注外框的大小。拖曳批注框的边框可移动批注。

（3）在批注框内可对内容进行修改。

（4）双击批注框的边框，在弹出的快捷菜单中选择"设置批注格式"命令，打开"设置批注格式"对话框，如图 8.24 所示，可以设置批注的位置、字体、字号、填充颜色等多个选项。在"颜色与线条"选项卡中拖曳"透明度"的滑块，或输入具体的值，可以使批注以半透明状态显示，而不是完全覆盖下面的内容。

（5）用鼠标右键单击包含批注的单元格，从弹出的快捷菜单中选择"隐藏批注"命令。

3．清除单元格中的批注

选定该单元格后使用快捷菜单中的"删除批注"命令来清除批注。如果选定单元格后按【Delete】或【Backspace】键，将只清除单元格中的内容，而保留其中的批注和单元格格式。

如果要删除工作表中的所有批注，可单击"开始"选项卡"编辑"功能区的"查找和选择"按钮下方的箭头，在列表中选择"定位条件"选项，打开如图 8.25 所示的"定位条件"对话框，选择"批注"单选项。回到工作表后，单击"编辑"功能区中的"清除"按钮，在列表中选择"清除批注"命令。

图 8.24　"设置批注格式"对话框

图 8.25　"定位条件"对话框

8.5　单元格的基本操作

单元格格式包括单元格中文本的字体、对齐方式、单元格中数字的类型、单元格的边框、图案和单元格保护等内容。

8.5.1　设置单元格格式

首先，建立如图 8.26 所示的成绩表。下面，以此表为例来介绍如何设置单元格中的常用格式。

课目 姓名	语文	数学	英语	网页编程	编程基础
2008-2009学年度08级7班期末考试成绩					
李亚杰	60	62	65	78	95
张飞飞	74	82	84	64	86
褚晓燕	65	70	80	84	80
王瑞铎	73	62	63	88	60
王鹏飞	73	72	87	68	88
郑科	74	78	90	62	76
高宇	61	76	80	66	60
彭晓龙	74	78	84	64	78
张宇	62	82	87	72	80
张世毅	70	80	80	66	70
许腾飞	74	60	89	88	65

图 8.26　成绩表

（1）在"A1"单元格中输入"2008-2009 学年度 08 级 7 班期末考试成绩"。

（2）按【Ctrl+1】组合键，打开"设置单元格格式"对话框，在如图 8.27 所示的"字体"选项卡中设置"字体"为华文楷体，"字形"为加粗，"字号"为 22。

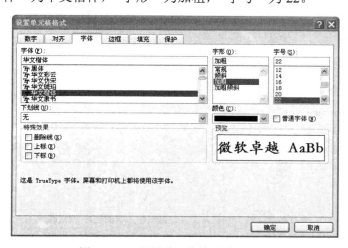

图 8.27　"设置单元格格式"对话框

（3）从 A3 单元格开始输入如图 8.26 所示的数据。

（4）拖曳鼠标选中第三行中所有数据，按【Ctrl+1】组合键，打开如图 8.28 所示的"设置单元格格式"对话框的"填充"选项卡，设置单元格背景色为"浅灰色"。

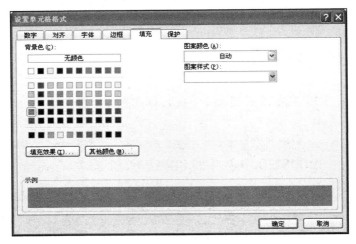

图 8.28 "填充"选项卡

（5）拖曳鼠标选中 A1:F1 单元格区域，按【Ctrl+1】组合键，打开如图 8.29 所示的"对齐"选项卡，在"文本对齐方式"选项区中，设置"水平对齐"为"跨列居中"，设置 A1 单元格中的内容在 A1:F1 区域中居中显示。

注意：

虽然文字跨列居中显示，但内容仍然存储在 A1 单元格中。

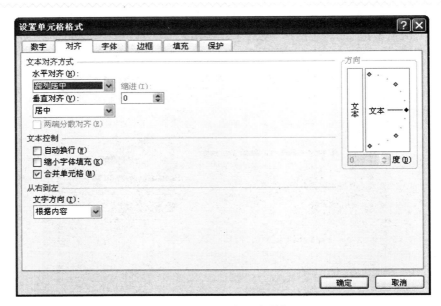

图 8.29 "对齐"选项卡

（6）拖曳鼠标选中 A3:F14 单元格区域，按【Ctrl+1】组合键，打开如图 8.29 所示的"对齐"选项卡，在"文本对齐方式"选项区中，设置"水平对齐"为"居中"、"垂直对齐"为"居中"，即数据在单元格中部显示。

（7）单击选中第 1 行，单击"开始"选项卡"单元格"功能区的"格式"按钮下方的箭头，在列表中选择"行高"选项，打开如图 8.30 所示的"行高"对话框，在"行高"文本框中输入"32"，行高的单位是"磅"。

（8）单击选中第 3 行，单击"单元格"功能区的"格式"按钮右侧的箭头，在列表中选择"列宽"选项，打开如图 8.31 所示的"列宽"对话框，设置"列宽"为"16"，列宽的单位为"字符"。

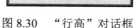

图 8.30　"行高"对话框　　图 8.31　"列宽"对话框

（9）按住【Ctrl】键后单击选中 B 至 F 列，设置列宽为 10 个字符。

（10）拖曳鼠标选中 A3:F14 单元格区域，按【Ctrl+1】组合键，打开如图 8.32 所示的"边框"选项卡，选择线条样式和颜色后，单击"外边框"和"内部"按钮，给选中的每一个单元格添加边框。

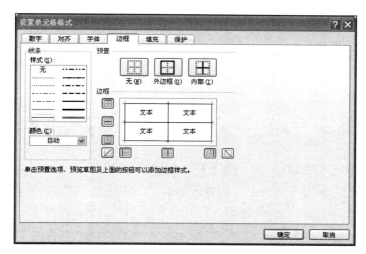

图 8.32　"边框"选项卡

（11）单击 A3 单元格，单击"左斜线"按钮，添加单元格内分隔线。

（12）单击第 3 行，按【Ctrl+1】组合键，打开"对齐"选项卡，选中"文本控制"区中的"自动换行"复选框。按空格键调整"课目 姓名"至如图 8.26 所示的位置。

（13）选定 B4:F14 单元格区域，按【Ctrl+1】组合键，打开"单元格格式"对话框中的"数字"选项卡，如图 8.33 所示。

（14）在"分类"列表框中选择"数值"，在"小数位数"框中输入"1"，即最多只能有一位小数。

图 8.33　"数字"选项卡

实用技巧：

（1）分类中的"特殊"格式可用于追踪数据清单和数据库中的值。在这种格式中增加了"邮政编码"、"中文小写数字"和"中文大写数字"等日常生活中常用到的数字类型。

（2）在 Excel 中也可以使用格式刷快速复制单元格格式。

8.5.2　设置条件格式

使用条件格式可以根据指定的公式或数值确定搜索条件，然后将格式应用到选定工作范围中符合搜索条件的单元格，并突出显示要检查的动态数据。

【实例 8-4】将如图 8.26 所示的成绩单中 90 分以上的成绩用红色显示，60 分以下的单元格加上蓝色背景。

（1）拖曳鼠标选中成绩单中 B4:F13 单元格区域。

（2）单击"开始"选项卡"样式"功能区中的"条件格式"按钮，选择"突出显示单元格规则"中"大于"一项，如图 8.34 所示，打开"大于"对话框，如图 8.35 所示。

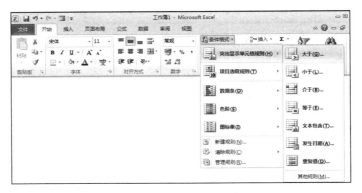

图 8.34　条件格式列表

图 8.35　"大于"对话框

（3）在左侧文本框中输入"90"，在右侧列表框中选择"红色文本"，单击"确定"按钮。

（4）单击"开始"选项卡"样式"功能区中的"条件格式"按钮，选择"突出显示单元格规则"中"小于"一项，打开"小于"对话框，在左侧文本框输入"60"，右侧选择"自定义格式"。打开"设置单元格格式"对话框，在"填充"选项卡的"背景色"选项区中选择"蓝色"，如图 8.36 所示，单击"确定"按钮。

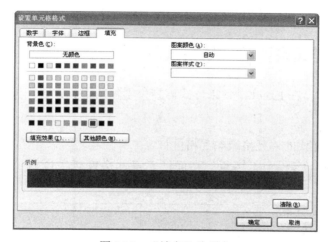

图 8.36　"填充"选项卡

在设置过程中，如果出错，可以删除"条件格式"，选择"清除规则"即可。

8.5.3　设置单元格的保护

设置单元格的保护可锁定单元格，防止对单元格进行移动、修改、删除及隐藏等操作，还可隐藏单元格中的公式。

【实例 8-5】对图 8.26 中的成绩进行数据保护。

（1）拖曳鼠标选中图 8.26 成绩单中 B4:F13 单元格区域。

（2）按【Ctrl+1】组合键，打开如图 8.37 所示的"设置单元格格式"对话框"保护"选项卡。

（3）根据需要设定保护方式。选定"锁定"复选框可防止成绩被改动、移动、更改大小或删除，选定"隐藏"复选框，只是能使单元格内容不显示。但是只有在工作表被保护时，锁定单元格或隐藏功能才有效。

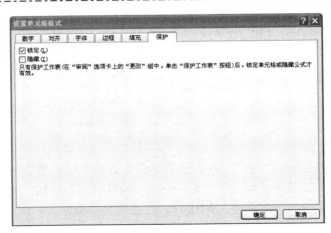

图 8.37 "保护"选项卡

（4）单击"确定"按钮，完成对单元格保护的设置。

8.5.4 使用样式设置单元格格式

同在 Word 中一样，在 Excel 中使用样式可减少重复的格式设置，大大提高工作效率。

1．使用内部样式

（1）选定要套用样式的单元格或单元格区域。

（2）单击"开始"选项卡"样式"功能区"单元格样式"按钮，打开"样式"列表，如图 8.38 所示。

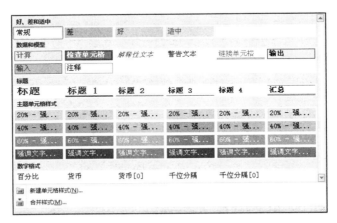

图 8.38 "样式"列表

（3）从中选择需要的样式即可。

2．创建样式

自定义样式在创建它的工作簿中有效，并可像内置样式一样被应用。

（1）选中使用新样式的单元格。

（2）单击"样式"列表中的"新建单元格样式"命令，打开"样式"对话框，如图 8.39

所示。

（3）在"样式名"文本框中输入新样式的名称。单击"格式"按钮，在"格式"对话框中，设置需要的格式。

3．修改样式

无论是内部样式还是自定义样式，均可对其进行修改。

（1）单击"开始"选项卡"样式"功能区的"单元格样式"按钮，打开"样式"列表，或在需要修改的样式上单击右键，弹出修改样式快捷菜单，如图 8.40 所示。

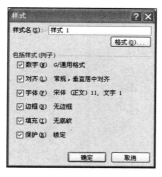

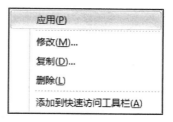

图 8.39　"样式"对话框　　　图 8.40　修改样式快捷菜单

（2）单击"修改"命令，打开"单元格格式"对话框，设置需要的格式。

4．删除样式

选择需要删除的样式，在"样式"快捷菜单中，选择"删除"命令即可。常规样式不可以被删除。

图 8.41　"合并样式"对话框

5．合并样式

如果在当前活动工作簿中想使用另一个工作簿中创建的样式，可通过样式合并来实现。

（1）首先打开包含所需样式的源工作簿文件，然后回到当前文档中。

（2）单击"开始"选项卡"样式"功能区的"单元格样式"按钮，打开"样式"列表，选择"合并样式"命令，打开"合并样式"对话框，如图 8.41 所示。

（3）在"合并样式来源"列表框中，选定要合并的源工作簿，单击"确定"按钮。

执行以上操作后，就将源工作簿中的样式合并到目标工作簿中，在"样式名"下拉列表中，可以观察到目标工作簿中样式的变化。

8.6　工作表的基本操作

默认情况下，一个工作簿包含 3 个工作表，根据需要可以添加或删除工作表。

8.6.1 设定默认工作表数目

（1）单击"文件"选项卡中的"选项"按钮，打开"Excel 选项"窗口默认的"常规"选项卡，如图 8.42 所示

图 8.42 "常规"选项卡

（2）在"新建工作簿时"区域中的"包含的工作表数"增量框中设置每个工作簿默认的工作表数目。

8.6.2 激活工作表

如果要在工作表中进行工作，必须先激活相应的工作表，使之成为当前工作表。常用方法有以下两种：

➢ 用鼠标单击工作簿底部的工作表选项卡。

➢ 使用键盘激活工作表。按【Ctrl+PgUp】组合键，激活当前工作表的前一页工作表。按【Ctrl+PgDn】组合键，激活当前工作表的后一页工作表。

8.6.3 插入和删除工作表

在工作簿中插入工作表可以用以下四种方法。

（1）单击工作表选项卡右侧的"插入工作表"按钮，将在最后一个工作表之后插入一个默认样式的工作表。

（2）单击"开始"选项卡"单元格"功能区的"插入"按钮下方的箭头，在列表中选择"插入工作表"命令，Excel 将在当前工作表的前面插入一个默认样式的工作表。

（3）使用组合键【Shift+F11】同样可在当前工作表之前插入一个默认样式的工作表。

（4）右击工作表选项卡，在弹出的快捷菜单中单击"插入"命令，打开如图 8.43 所示的"插入"对话框，可以根据需要选择不同的模板。

图 8.43　"插入"对话框

8.6.4　重命名工作表

每个工作表都有自己的名称，默认情况下是 Sheet1，Sheet2……但也可以对工作表重新命名。双击要重命名的工作表选项卡，直接在工作表选项卡上输入新的工作表名称。

8.6.5　移动和复制工作表

在 Excel 中，可以在一个或多个工作簿中移动或复制工作表。在不同的工作簿中移动或复制工作表时，这些工作簿必须都是打开的。

（1）在要移动的工作表的选项卡上单击右键，在弹出的快捷菜单中选择"移动或复制"命令，打开"移动或复制工作表"对话框，如图 8.44 所示。

（2）在"将选定工作表移至"选项中的"工作簿"下拉列表框中选择目的工作簿，在"下列选定工作表之前"列表中选择工作表的目的位置。使用鼠标可快速在同一工作簿中移动工作表的位置，具体操作是将它拖曳到所希望的位置，然后释放鼠标左键即可。

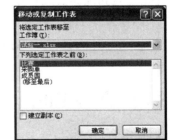

图 8.44　"移动或复制工作表"对话框

8.6.6　设置工作表的显示方式

当需要尽可能多地看到工作表中的数据而不用工具栏和状态栏时，可以将它们隐藏起来。

单击"视图"选项卡"工作簿视图"功能区中的"全屏显示"按钮，可去掉工作簿窗口中的所有窗口元素，即去掉大多数的屏幕元素，用最大的屏幕空间来显示工作表中的数据。在进入"全屏显示"状态之后，按【Esc】键可还原窗口中其他被隐藏的元素。

8.6.7 隐藏和取消隐藏工作表

1．隐藏工作表
（1）激活要隐藏的工作表。
（2）在工作表上单击右键，在弹出的快捷菜单中选择"隐藏"命令。

2．取消隐藏工作表
（1）在任意一个工作表选项卡上单击右键，在弹出的快捷菜单中单击"取消隐藏"命令。
（2）在打开的"取消隐藏"对话框中选择要取消隐藏的工作表，如图 8.45 所示。

3．只隐藏工作表中的某些行或列
（1）选定需要隐藏的行或列。
（2）单击鼠标右键，在如图 8.46 所示的快捷菜单中选择"隐藏"命令。

图 8.45　"取消隐藏"对话框

图 8.46　行或列的右键快捷菜单

4．取消对行或列的隐藏
选中已隐藏的行两侧的行，单击右键，在行快捷菜单中选择"取消隐藏"命令。

8.7　工作簿的基本操作

8.7.1　新建工作簿

启动 Excel 后，系统自动生成一个新的工作簿，名称为"工作簿 1"，在编辑过程中也可以用下面的方法创建新的工作簿。

1．新建空白工作簿
（1）单击"文件"选项卡中的"新建"选项，单击"空白工作簿"选项，再单击"创建"按钮，如图 8.47 所示，或者直接双击"空白工作簿"。
（2）按【Ctrl+N】组合键即可新建一个空白工作簿。

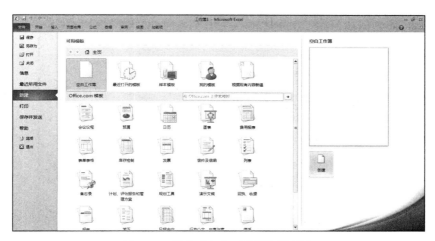

图 8.47 新建"空白工作簿"选项卡

2．使用模板创建新的工作簿

Excel 提供了许多模板，根据需要，在"新建"选项卡中选择，即可制作出满意的工作薄。例如，制作"差旅费报销单"，可以先选择"费用报表"模板，在打开的子模板中选择"差旅费报销单 2"，选择好后单击"下载"按钮。在窗口右侧会显示所选模板的预览，根据需要进行选择，如图 8.48 所示。

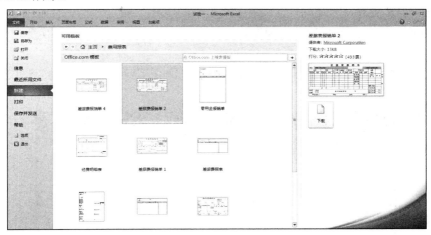

图 8.48 使用模板创建工作薄

8.7.7 保存工作簿

完成一个工作簿的编辑后，应将工作簿保存在磁盘上以备使用。保存工作簿、以新文件名保存工作簿，以及在新文件夹中保存工作簿的方法与 Word 中保存文档的方法相同，这里就不再赘述。

1．设置自动保存功能

（1）单击"文件"选项卡中的"选项"选项，打开如图 8.49 所示的"Excel 选项"对话框中的"保存"选项卡。

图 8.49　"保存"选项卡

（2）选中"保存自动恢复信息时间间隔"复选框，指定每隔多少分钟自动保存一次。

2．保存工作区文件

保存工作区文件就是将打开的一组工作簿窗口的大小和位置等信息保存至一个文件中，这样非常方便继续前期的工作。

（1）单击"视图"选项卡"窗口"功能区中的"保存工作区"按钮，打开"保存工作区"对话框，如图 8.50 所示。

图 8.50　"保存工作区"对话框

（2）为工作区选择文件夹并命名。

（3）单击"保存"按钮。

执行以上操作后，当重新进入 Excel 并打开该工作区文件时，将看到屏幕上显示的是使用保存工作区时的那一组工作簿，并且按当时的方式排列。

8.7.3　打印工作簿

下面以前面制作的数据表"采购单"为实例，来介绍如何高质量打印 Excel 文件。

（1）单击"文件"按钮中的"打印"选项卡，如图 8.51 所示。

图 8.51　"打印"选项卡

（2）进行相关参数的设置。

➤ **份数**：可以直接输入，或通过增量按钮调整。

➤ **打印机**：当前连接可用的打印机。

➤ **设置**：用来设置打印区域，默认为活动工作表，如图 8.52 所示。

➤ **页数**：设置打印的范围，从第几页到第几页。

➤ **调整**：用来调整打印的顺序，如图 8.53 所示。

图 8.52　"设置"列表

图 8.53　"调整"列表

➤ **纵向**：用来设置打印纸方向，可以选择"横向"或"纵向"。

➤ **纸张大小**：默认为 A4，从中可以选择所需，如果不符合要求，可以单击"其他纸张大小"进行自定义。

➤ **边距**：包含普通、宽、窄三种，如图 8.54 所示。如果不符合要求，可以单击"自定义边距"，打开如图 8.55 所示的"页面设置"对话框，在其中的"页边距"选项卡进行调节。如：设置"左"页边距为"5 厘米"，使数据表在页面的中部打印，水平居中，垂直居中。

➤ **缩放**：表格打印时的缩放形式，选项设置如图 8.56 所示。

（3）打印质量设置。单击右下角的"页面设置"按钮，打开如图 8.57 所示"页面设置"

对话框"页面"选项卡窗口，设置"打印质量"为"600 点/英寸"。

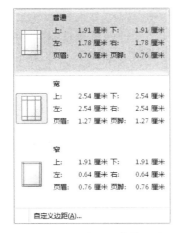

图 8.54 "边距"窗格列表

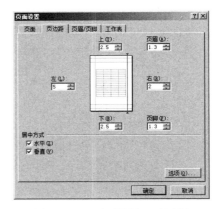

图 8.55 "页面设置"对话框

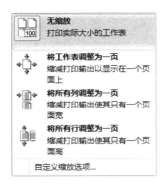

图 8.56 "缩放"选项列表

图 8.57 "页面"选项卡窗口

（4）添加页眉、页脚。在如图 8.58 所示的"页眉/页脚"选项卡中单击"自定义页眉"按钮，打开如图 8.59 所示的"页眉"对话框，在"左"框中插入实例素材中提供的图片文件"logo.jpg"，并输入页眉文字"绿蕾工作组"。在"页眉/页脚"选项卡中的"页脚"下拉列表框中选择需要的页脚类型，单击"自定义页脚"按钮可以像页眉一样添加有自己特点的页脚。

图 8.58 "页眉/页脚"选项卡

图 8.59 "页眉"对话框

（5）选择数据表中的打印区域。在如图 8.60 所示的"工作表"选项卡的"打印区域"框中单击右侧的"压缩对话框"按钮 ，折叠"页面设置"对话框，在显示出来的工作窗口中，利用鼠标选中所要打印的单元格区域，再次单击"展开对话框"按钮 ，展开"页面设置"对话框。单击"打印标题"区中"顶端标题行"框右侧的"压缩对话框"按钮 ，折叠"页面设置"对话框，在工作窗口中单击选中数据表的标题行，返回对话框。

图 8.60　"工作表"选项卡

实用技巧:

按【Ctrl+P】组合键可以快速打开"打印"对话框。

8.7.4　保护工作簿

设置对工作表和工作簿的保护可以防止他人因误操作造成对工作表数据的损害，可以保护工作簿的结构及窗口，防止对工作簿进行删除、移动、隐藏，以及重命名工作表等操作，还可以保护窗口不被关闭。

（1）打开需要保护的工作簿。

（2）单击"审阅"选项卡"更改"功能区中的"保护工作簿"按钮，打开"保护结构和窗口"对话框，如图 8.61所示。

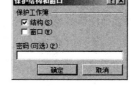

图 8.61　"保护结构和窗口"对话框

（3）根据需要进行设置。

➢ **结构**：保护工作簿的结构，防止删除、移动、隐藏、取消隐藏、重命名工作表或插入工作表。

➢ **窗口**：防止工作表的窗口被移动、缩放、隐藏、取消隐藏或关闭。

➢ **密码（可选）**：输入密码后可以防止别人取消对工作簿的保护。

8.8　管理工作簿窗口

Excel 能提供多文档界面，可以为多个工作簿打开多个窗口，还可以为一个工作簿文件打开多个窗口同时显示多个工作表，甚至可以设置多个窗格以观察同一个工作表的不同部分。

8.8.1　同时显示多张工作表

用多窗口显示同一工作簿时，可以同时观察同一工作簿里的多个工作表。

图 8.62　"重排窗口"对话框

（1）单击"视图"选项卡"窗口"功能区中的"新建窗口"按钮。

（2）在新建窗口中单击需要显示的工作表选项卡，这样在屏幕上的两个窗口中会显示两个工作表的内容。

对于打开的多个文档窗口，可以重新选择它们在屏幕上的排列方式。

（1）单击"视图"选项卡"窗口"功能区中的"全部重排"按钮，打开"重排窗口"对话框，如图 8.62 所示。

（2）在"排列方式"单选框中选择所需的选项。如果只是要同时显示活动工作簿中的工作表，则选中"当前活动工作簿的窗口"复选框。

8.8.2　同时显示工作表的不同部分

如果要独立地显示并滚动工作表中的不同部分，可以将工作表按照水平或垂直方向分割成独立的窗格。在每个窗格里都可以使用滚动条来显示工作表的一个部分。

1．将工作表分割成窗格

（1）使用功能按钮进行拆分。

① 选定单元格，该单元格所在的位置将成为被拆分的分割点。

② 单击"视图"选项卡"窗口"功能区中的"拆分"按钮，在选定单元格处工作表将拆分为 4 个独立的窗格，如图 8.63 所示。

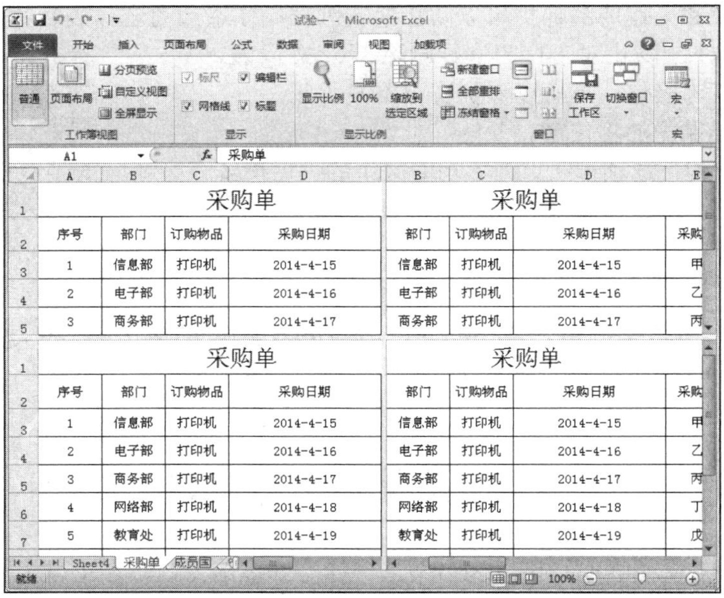

图 8.63　工作表拆分成窗格示例

（2）使用鼠标进行拆分。

在水平滚动条的右端和垂直滚动条的顶端各有一个小方块，即拆分框。用鼠标拖曳拆分框可分别上下、左右拆分工作表。

2．调整与切换窗格

当工作表被拆分成几个窗格后，在工作表中会出现分割条，可以用鼠标拖曳分割条或拆分框来调整窗格的大小，使用鼠标在各个窗格中单击可进行切换。也可以使用键盘在窗格间切换，每按一次【F6】键，活动单元格以顺时针方向依次出现在下一个窗格中，被激活的单元格是每个窗口中最近被选定的单元格。

3．撤销拆分窗格

撤销拆分窗格的常用方法有以下两种。

（1）再次单击"视图"选项卡"窗口"功能区中的"拆分"按钮。

（2）在分割条上双击。

8.8.3　在滚动时保持行、列标志可见

Excel 的冻结拆分窗口功能可以将工作表的上窗格和左窗格冻结在屏幕上，使行标题和列标题在滚动工作表时一直显示在屏幕中。

【**实例 8-6**】将采购单中的首行、首列冻结，并始终显示在屏幕上方。

（1）单击表中单元格。

（2）单击"视图"选项卡"窗口"功能区中的"冻结窗格"按钮，打开如图 8.64 所示列表。

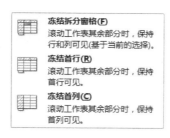

图 8.64　冻结拆分列表

（3）单击"冻结首行"、"冻结首列"按钮即可。

当窗口冻结后，"冻结拆分窗格"按钮自动转为"取消冻结窗格"功能，再次单击可撤销窗口冻结。

实用技巧：

在被冻结的工作表中按【Ctrl+Home】组合键，活动单元格的指针将回到冻结点所在的单元格。

Word 2010、Excel 2010、PowerPoint 2010 实用教程

 习题 8

一、单选题

1. 用鼠标单击第一张工作表选项卡，再按住【Shift】键后单击第五张工作表选项卡，则选中（   ）个工作表。

    A．0   B．1   C．2   D．5

2. 某区域是由 A1、A2、A3、B1、B2、B3 这六个单元格组成，不能使用的区域标识是（   ）。

    A．A1:B3   B．A3:B1   C．B3:A1   D．A1:B1

3. 若在 A1 单元格中输入（13），则 A1 单元格的内容为（   ）

    A．字符串 13   B．字符串（13）   C．数字 13   D．数字负 13

4. Excel 工作簿中最多有（   ）个工作表。

    A．3   B．30   C．255   D．无穷个

5. Excel 工作簿文件的扩展名是（   ）。

    A．.xlsx   B．.exe   C．.wal   D．.doc

6. 在 Excel 工作表的某个单元格中输入分数 1/4 时，其正确的输入方法是（   ）。

    A．1/4   B．01/4   C．0 1/4   D．1/4 0

7. Excel 中默认的对齐方式是（   ）。

    A．文字数值在单元格左对齐   B．文字在单元格左对齐，数值右对齐

    C．文字和数值在单元格右对齐   D．居中

8. 在 Excel 中，若在活动单元格中输入的数值过长时，Excel（   ）。

    A．根据其所在的列宽去掉超出的部分   B．根据系统设定的长度取舍

    C．将其转换为科学计数法显示   D．原样显示

9. 在 Excel 中，单元格不可以接受（   ）。

    A．文字   B．数值   C．图表   D．日期

10. 在 Excel 中，使单元格区域输入等比数列可采用（   ）。

    A．公式   B．剪贴板   C．"序列"对话框   D．日期

11. 在 Excel 中，页眉和页脚的内容不可以是（   ）。

    A．文本   B．数字   C．图表   D．时间

二、上机实习

1. 建立一个工作簿文件，并做如下操作。

（1）在 Sheet1 工作表中输入如下内容。

① 在 A1 单元格中输入："时间去哪了"；

② 以数字字符的形式在 B1 单元格中输入 ".88888888"；

③ 在 A2 单元格中输入 "12345678912345"；

④ 在 A3 单元格中输入日期 "2001 年 12 月 12 日" 和数字 "32"

⑤ 在 A4 至 G4 单元格中用智能填充数据的方法横向输入：星期日、星期一、星期二、星期三、星期四、星期五、星期六；

200

⑥ 在 A5 至 G5 单元格中输入"车间一"、"车间二"、"车间三"……"车间七";

提示: 先定义填充序列:车间一、车间二、车间三……车间七。

⑦ 在 A6 至 F6 单元格中输入等比数据:6、24、96、384、1536、6144。

(2)将新建立的工作簿以文件名"练习 1"保存在 D 盘"excel 练习"文件夹中。

2. 打开"练习 1"工作簿文件,并做如下操作。

(1)将"Sheet1"工作表更名为"操作 1"。

(2)将工作表"操作 1"移动到"Sheet2"之后。

(3)新建一个工作簿文件并以文件名"练习 2"保存在 D 盘"excel 练习"文件夹中。

(4)将"练习 1"工作簿中的工作表"操作 1"复制到"练习 2"工作簿中。

(5)在"练习 1"工作簿中的"Sheet3"之前插入一工作表,并命名为"操作 2"。

(6)将工作表"操作 2"水平分割成两个工作表。

(7)将工作表"操作 2"垂直分割成两个工作表。

(8)将工作簿"练习 1"以"练习 3"为名保存在 D 盘"excel 练习"文件夹下。

第 9 章

管理数据清单

学习目标

- 掌握编辑 Excel 数据清单的基本方法
- 能够熟练使用自动筛选和条件筛选显示符合条件的数据
- 掌握数据排序的一般方法，能够自定义排序序列
- 掌握数据分类汇总的一般方法
- 能够使用数据透视表追踪数据

在 Excel 中，数据清单是包含相关数据的一系列数据行，如成绩单、工资报表等。数据清单可以像数据库一样被使用，其中行表示记录，列表示字段，并且数据清单的第一行保存列标题或称为字段名。在 Microsoft Excel 中，对数据清单也可执行类似于查询、排序或分类汇总数据等操作。

9.1　创建与编辑数据清单

9.1.1　输入字段名

"成绩单"中的"语文"、"数学"等就是数据清单中的字段名。输入字段名时，需注意以下几点：

> 不要出现重名的字段。
> 尽可能使用简明扼要的字段名称。
> 列标题行和数据之间不要出现空行。

所有字段名输入完毕后，就可以在字段名下直接输入数据，创建的"期中考试成绩单"数据清单如图 9.1 所示。

科目 姓名	数学	语文	英语	计算机基础	网页编程
王佳丽	79	81	76	86	82
王林	86	82	69	58	79
刘羽	60	54	80	69	65
贾为国	93	97	70	89	92
许国威	70	75	75	90	82
李振兴	68	56	78	73	68
杨良蕃	89	92	76	87	65
王桂兰	67	73	68	70	89
李德光	76	80	65	53	89
张小红	89	89	58	91	89
王向栋	76	65	98	68	91
李弘香	60	81	87	83	76
王望乡	60	90	79	68	57
张长躬	67	64	91	97	67
赵铁钧	60	80	75	76	89
刘 芳	87	65	67	86	91

表顶行：2013—2014学年2011级12班期中考试成绩

图 9.1 "期中考试成绩单"数据清单

9.1.2 使用记录单在数据清单中添加或编辑数据

Excel 提供了一个小巧方便的实用工具——记录单，使向数据清单中录入数据的工作更加简单易行。只要数据清单中有了字段名，Excel 便自动建立了类似于 FoxPro 中的 Edit 命令界面的记录单，而且它还包含了一些常用数据浏览功能，使编辑数据更为容易。

1．编辑记录

（1）在 Excel 2010 界面中如果找不到"记录单"，单击"自定义快速访问工具栏"中的"其他命令"，打开"Excel 选项"对话框，如图 9.2 所示，添加"记录单"按钮。

图 9.2 "Excel 选项"对话框中的"快速访问工具栏"选项卡

（2）单击需要添加记录的数据清单中的任一单元格。

（3）单击"快速访问工具栏"中的"记录单" 按钮，打开以当前工作表名为标题的记录单对话框，如图 9.3 所示。

（4）单击"新建"按钮。

（5）输入新记录所包含的信息。按【Tab】键移到下一字段，按【Shift＋Tab】组合键可移至上一字段。

（6）输入完一条记录数据后，按【Enter】键确认添加记录，然后重复输入，新建的数据将存放在成绩表的尾部。

（7）数据输入全部结束后，单击"关闭"按钮完成新记录的添加并关闭记录单对话框。

（8）按"上一条"、"下一条"按钮以显示要修改的记录，可以在相应的编辑框中进行修改。

（9）按"上一条"、"下一条"按钮显示要删除的记录，单击"删除"按钮。

2．查找记录

（1）在要查找的数据清单中单击任一单元格。

（2）单击"快速访问工具栏"中的"记录单" 按钮，打开记录单对话框。

（3）单击"条件"按钮，在记录单中输入查找条件，查找条件可以是字符串，也可以是条件表达式。例如，在"计算机基础"文本框中输入查找条件"＞90"，如图 9.4 所示。

图 9.3　记录单对话框　　　　　　　　图 9.4　输入查找条件

（4）按【Enter】键，在对话框中将显示第一条符合条件的记录，单击"下一条"按钮可查找到下一条符合条件的记录，如果要查看前面符合条件的记录，单击"上一条"按钮。

在创建和维护数据清单时，需注意以下几点：

➢ 避免在一个工作表上建立多个数据清单，每张工作表仅使用一个数据清单，因为数据清单的某些管理功能（如筛选等），一次只能在一个数据清单中使用。

➢ 数据清单与其他数据间至少留出一列或一行空白单元格。在执行排序、筛选或插入自动汇总等操作时，将有利于 Excel 检测和选定数据清单。

➢ 避免将关键数据放到数据清单的左右两侧。因为这些数据在筛选数据清单时可能会被隐藏。

➢ 在修改数据清单之前，应确保隐藏的行或列也被显示。如果清单中的行和列未被显示，数据将有可能被删除。

➢ 不要在单元格中文本的前面或后面输入空格，单元格开头和末尾的多余空格会影响排序与搜索，可以用缩进代替输入空格。

9.2 筛选数据

"筛选"就是一种用于快速查找数据清单中数据的方法。经过筛选的数据清单中只显示符合指定条件的记录，以供浏览、分析和打印之用。

在 Excel 中，可以使用两种方式来查找或筛选数据：自动筛选和高级筛选。自动筛选是一种非常容易的压缩数据清单的方法，它可以方便地显示满足条件的那些记录，而"高级筛选"稍复杂，但它能满足多重的，甚至是需要计算的条件。

9.2.1 使用"自动筛选"

"自动筛选"提供了快速访问大量数据的管理功能。

【实例 9-1】使用"自动筛选"功能在数据清单中只显示语文成绩为 92 分的学生。

（1）在数据清单内选定任一单元格。

（2）单击"数据"选项卡中"排序和筛选"功能区中的"筛选"按钮，在每个字段名的右边都会出现一个下拉箭头按钮，单击"语文"右边的下拉箭头。

（3）在下拉列表中选中"92"复选框，如图 9.5 所示。

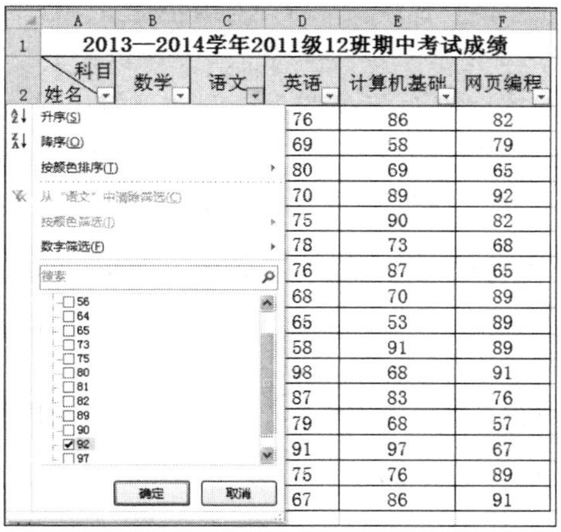

图 9.5　设置筛选条件

（4）经过筛选后的数据清单如图 9.6 所示，表中只显示语文成绩为 92 分的学生的数据，其他的记录都被隐藏起来。

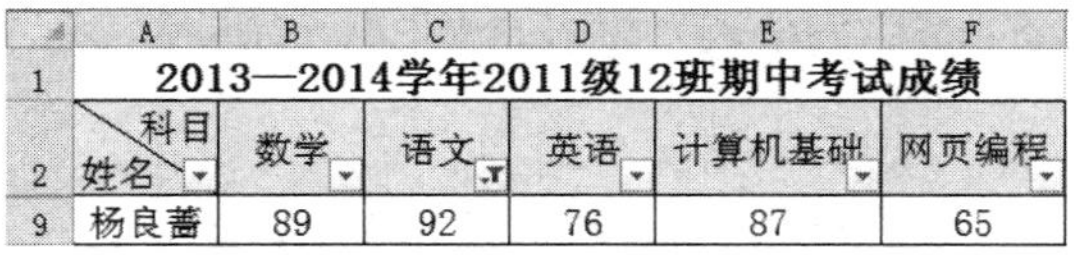

图 9.6　自动筛选后的数据清单

使用了自动筛选的字段，其字段名右边的下拉箭头就是自动筛选标记。使用自动筛选可以设置多个筛选条件，每个字段都可使用自动筛选。

如果要显示最大的或最小的几项，还可以使用自动筛选的"前 10 个"功能来筛选。

【实例 9-2】筛选出语文分最高的 3 名学生。

（1）单击数据清单中任一单元格。

（2）单击"数据"选项卡中"排序和筛选"功能区中的"筛选"按钮 。

（3）单击"语文"右边的下拉箭头，在下拉列表中指向"数字筛选"命令，在其下级列表中选择"10 个最大的值"命令。

（4）在"自动筛选前 10 个"对话框中设置筛选条件。因为要筛选出最高分，所以选择"最大"，在筛选个数中输入"3"，如图 9.7 所示。

（5）单击"确定"按钮，筛选结果如图 9.8 所示。

图 9.7 "自动筛选前 10 个"对话框

	A	B	C	D	E	F
1	2013—2014学年2011级12班期中考试成绩					
2	科目\姓名	数学	语文	英语	计算机基础	网页编程
6	贾为国	93	97	70	89	92
9	杨良蕾	89	92	76	87	65
15	王望乡	54	90	79	68	57

图 9.8 筛选结果

如果要取消自动筛选，只需单击"数据"选项卡中的"筛选"按钮即可。如果只是清除设置的筛选条件（结果），单击"排序和筛选"功能区中"清除"按钮 即可。

【实例 9-3】筛选出语文成绩在 80～89 分之间的学生的记录。

（1）单击数据清单中任一单元格。

（2）单击"数据"选项卡中"排序和筛选"功能区中的"筛选"按钮 。

（3）单击"语文"字段右边的下拉箭头，在下拉列表中单击"数字筛选"下级列表中的"自定义筛选"命令，弹出"自定义自动筛选方式"对话框，如图 9.9 所示。

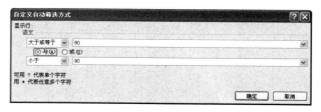

图 9.9 "自定义自动筛选方式"对话框

（4）在第一行的条件选项中选择"大于或等于"，在对话框第一行的文本框中输入"80"。选择"与"单选按钮，表示两个条件要同时成立。在第二行的条件选项中选择"小于"，在后面的文本框中输入"90"。

（5）单击"确定"按钮，关闭对话框，则只显示语文成绩在 80～89 分之间的学生的记录，如图 9.10 所示。

	A	B	C	D	E	F
1	2013—2014学年2011级12班期中考试成绩					
2	科目\姓名	数学	语文	英语	计算机基础	网页编程
3	王佳丽	79	81	76	86	82
4	王林	86	82	69	58	79
11	李德光	76	80	65	53	89
12	张小红	89	89	58	91	89
14	李弘香	60	81	87	83	76
17	赵铁钧	60	80	75	76	89

图 9.10 筛选结果

注意:

"与"表示多个条件要同时成立,"或"表示多个条件中只要有一个成立就可以。

9.2.2　高级筛选

如果要设置更多的复合条件,应使用高级筛选。先建立一个条件区域,用来指定数据必须满足的条件。在条件区域的首行中包含所有作为筛选条件的字段名,在条件区域的字段名下面输入筛选条件,建成条件区域后用一个空行将条件区域和数据区域分开。

【实例 9-4】使用高级筛选,显示各科成绩在 70 分以上的学生。

(1)建立"条件区域",复制各个学科的名称,粘贴在数据清单的下方,在条件区域"语文"单元格的下面输入">70",将鼠标指针移到该单元格的右下角,当鼠标指针变为黑"十"字形时,按住【Ctrl】键的同时拖曳鼠标,用该单元格的内容填充其他的条件值,效果如图 9.11所示。

	数学	语文	英语	计算机基础	网页编程
\<2013—2014学年2011级12班期中考试成绩\>					
王佳丽	79	81	76	86	82
王林	86	82	69	58	79
刘羽	60	54	80	69	65
贾为国	93	97	70	89	92
许国威	70	75	75	90	82
李振兴	68	56	78	73	68
杨良蓄	89	92	76	87	65
王桂兰	67	73	68	70	89
李德光	76	80	65	53	89
张小红	89	89	58	91	89
王向栋	76	65	98	68	91
李弘香	60	81	87	83	76
王望乡	54	90	79	68	57
张长躬	67	64	91	97	67
赵铁钧	60	80	75	76	89
刘　芳	87	65	67	86	91
	数学	语文	英语	计算机基础	网页编程
	>70	>70	>70	>70	>70

图 9.11　建立"条件区域"

(2)单击数据清单中任一单元格。

(3)单击"数据"选项卡中"排序和筛选"功能区中的"高级"按钮 【高级】,打开"高级筛选"对话框,如图 9.12 所示。

(4)在"列表区域"文本框中将自动显示数据清单区域的地址,如果不正确,单击"列表区域"文本框右侧的"折叠对话框"按钮,回到工作表,用鼠标重新选定。

(5)单击"条件区域"文本框中的"折叠对话框"按钮,回到工作表,用鼠标拖曳选定刚创建的条件区域,再单击"展开对话框"按钮,回到对话框。

(6)单击"确定"按钮,筛选结果如图 9.13 所示。

图 9.12　"高级筛选"对话框

A	B	C	D	E	F
1		2013—2014学年2011级12班期中考试成绩				
2	科目 姓名	数学	语文	英语	计算机基础	网页编程
3	王佳丽	79	81	76	86	82
19						
20		数学	语文	英语	计算机基础	网页编程
21		>70	>70	>70	>70	>70

图 9.13　筛选结果

【实例 9-5】在高级筛选中还可以把筛选结果复制到工作表的其他位置，也就是在工作表中既显示原始数据，又显示筛选后的结果。

（1）单击数据区域的任一单元格。

（2）单击"数据"选项卡"排序和筛选"功能区中的"高级"按钮，打开"高级筛选"对话框。

（3）单击"将筛选结果复制到其他位置"单选按钮。

（4）选择"列表区域"和"条件区域"。

（5）单击"复制到"文本框右侧的"工作表"按钮，回到工作表区域，弹出"高级筛选 – 复制到："对话框，如图 9.14 所示，在工作表数据区域外单击任一单元格。

图 9.14　"高级筛选－复制到"对话框

（6）单击"高级筛选 – 复制到："对话框中文本框右侧的按钮，返回"高级筛选"对话框。

（7）单击"确定"按钮。

9.3　数据排序

为了使数据清单中的数据更具易读性，Excel 提供了多种方式对数据进行排序，既可以按一般升序、降序的方式排序，也可以按自定义的数据序列进行排序。

9.3.1　默认排序顺序

Excel 在默认升序排序时，采用如下顺序。

① 数值从最小的负数到最大的正数排序。

② 文本（拼音的首字母）按 A～Z 的顺序排序，数字文本按 0～9 的顺序排序。

③ 在逻辑值中，False 排在 True 之前。

④ 所有错误值的优先级相同。

⑤ 空格排在最后。

在 Excel 中排序时可以指定是否区分大小写。如果区分大小写，在升序时，小写字母排列在大写字母之前。对汉字排序的，既可以设置根据汉语拼音的字母顺序排序，也可以设置为根据汉字的笔画顺序排序。

9.3.2 按一列排序

根据数据清单中某一列的数据对整个数据清单进行升序或降序排列。

【实例 9-6】按照成绩表中"数学"成绩由高到低（降序）的顺序对成绩进行排序。

（1）单击数据清单中的存放"数学"成绩的列中的任一单元格。

（2）单击"数据"选项卡"排序和筛选"功能区中的"降序"按钮 $\overset{Z}{A}\downarrow$，排序结果如图 9.15 所示。

	A	B	C	D	E	F
1	2013—2014学年2011级12班期中考试成绩					
2	科目 姓名	数学	语文	英语	计算机基础	网页编程
3	贾为国	93	97	70	89	92
4	杨良蕃	89	92	76	87	65
5	张小红	89	89	58	91	89
6	刘 芳	87	65	67	86	91
7	王林	86	82	69	58	79
8	王佳丽	79	81	76	86	82
9	李德光	76	80	65	53	89
10	王向栋	76	65	98	68	91
11	许国威	70	75	75	90	82
12	李振兴	68	56	78	73	68
13	王桂兰	67	73	68	70	89
14	张长躬	67	64	91	97	67
15	刘羽	60	54	80	69	65
16	李弘香	60	81	87	83	76
17	赵铁钧	60	80	75	76	89
18	王望乡	54	90	79	68	57

图 9.15　排序结果

9.3.3 按多列排序

按一列进行排序时，当遇到相同值时，就需要按其他列的值继续排序，Excel 允许同时对多列的数据进行排序。

【实例 9-7】成绩单中的数据先按语文成绩升序排序，当语文成绩相同时按数学成绩升序排序，如果仍相同按英语成绩升序排序。

（1）单击数据区域的任一单元格。

（2）单击"数据"选项卡"排序和筛选"功能区中的"排序"按钮 $\overset{Z}{A}$，打开"排序"对话框，如图 9.16 所示。

图 9.16　"排序"对话框

（3）在"主要关键字"下拉列表中选择"语文"作为第一关键字，然后单击"添加条件"按钮，即可在主要关键字下方增加一个次要关键字，在"次要关键字"下拉列表中选择"数学"作为第二个排序的依据。同样的方法，再增加一个次要关键字，在"次要关键字"下拉列表中选择"英语"作为第三个排序的依据，并为每一个关键字选择相应的排序方式：升序。

（4）单击"确定"按钮，排序结果如图 9.17 所示。

2013—2014学年2011级12班期中考试成绩					
科目 姓名	数学	语文	英语	计算机基础	网页编程
刘羽	60	54	80	69	65
李振兴	68	56	78	73	68
张长躬	67	64	91	97	67
王向栋	76	65	98	68	91
刘 芳	87	65	67	86	91
王桂兰	67	73	68	70	89
许国威	70	75	75	90	82
赵铁钧	60	80	75	76	89
李德光	76	80	65	53	89
李弘香	60	81	87	83	76
王佳丽	79	81	76	86	82
王林	86	82	69	58	79
张小红	89	89	58	91	89
王望乡	54	90	79	68	57
杨良蓄	89	92	76	87	65
贾为国	93	97	70	89	92

图 9.17　多重排序的结果

9.3.4　自定义排序

自定义排序是根据需要自行定义的排序方式。例如，按照星期日、星期一、星期二，或是低、中、高等顺序排序。

1．创建自定义排序序列

通过工作表中现有的数据项或者临时输入的方式，都可以创建自定义序列。

【实例 9-8】对期中成绩单中的量化考核成绩进行排序，该成绩的值为优、良、可、差四项，采用自定义排序。

（1）单击"文件"菜单中的"选项"命令，打开"Excel 选项"选项卡，在左侧窗格中单击"高级"选项，然后在右侧单击"编辑自定义列表"按钮，如图 9.18 所示。

图 9.18　"Excel 选项"选项卡

（2）打开"自定义序列"对话框，如图 9.19 所示。

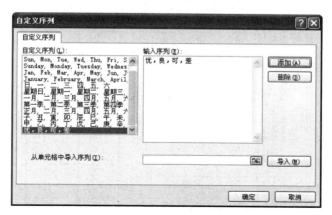

图 9.19 "自定义序列"对话框

（3）在"输入序列"文本框中，从第一个序列元素开始按递增顺序输入新的序列："优，良，可，差"。

（4）单击"添加"按钮将新定义的次序加入到左侧的"自定义序列"列表框中。

（5）单击"确定"按钮，完成自定义序列创建。

2. 使用"自定义序列"排序。

【实例 9-9】在期中成绩单中对"量化考核"列按"优，良，可，差"四个等级进行升序排序。

（1）在"量化考核"列中单击任一单元格。

（2）单击"数据"选项卡中"排序和筛选"功能区中的"排序"按钮，打开"排序"对话框，在"主要关键字"中选择"量化考核"选项，在"次序"中选择"自定义序列"方式，在"自定义序列"对话框的"自定义序列"列表中选择自定义的序列"优，良，可，差"，如图 9.20 所示。

图 9.20 "排序"对话框

（3）单击"确定"按钮，关闭"自定义序列"对话框。

（4）单击"排序"对话框中的"确定"按钮，关闭对话框，排序效果如图 9.21 所示。

	A	B	C	D	E	F	G
1	\multicolumn{7}{c	}{2013—2014学年2011级12班期中考试成绩}					
2	科目 姓名	量化考核	数学	语文	英语	计算机基础	网页编程
3	李德光	差	76	80	65	53	89
4	王林	差	86	82	69	58	79
5	张小红	差	89	89	58	91	89
6	王望乡	差	54	90	79	68	57
7	张长躬	可	67	64	91	97	67
8	王向株	可	76	65	98	68	91
9	王桂兰	可	67	73	68	70	89
10	许国威	可	70	75	75	90	82
11	赵铁钧	可	60	80	75	76	89
12	王佳丽	可	79	81	76	86	82
13	刘羽	良	60	54	80	69	65
14	李振兴	良	68	56	78	73	68
15	刘 芳	良	87	65	67	86	91
16	李弘香	良	60	81	87	83	76
17	杨良蕾	优	89	92	76	87	65
18	贾为国	优	93	97	70	89	92

图 9.21　自定义排序结果

9.4　分类汇总

利用 Excel 进行数据分析和数据统计时，分类汇总是分析数据的一项有力工具。在 Excel 中使用分类汇总可以十分轻松地完成以下任务。

➢ 显示整个数据清单的分类汇总及总和。
➢ 显示每一个数据组的分类汇总及总和。
➢ 在数据组上执行各种计算，例如求和、求平均值等。

9.4.1　创建简单的分类汇总

在 Excel 中只需指定进行分类汇总的数据项、待汇总的数值和用于计算的函数。例如："求和"函数，就可在数据清单中自动计算分类汇总及总和值。

【实例 9-10】对"部门"进行分类汇总，并求出工资字段的总和值。

（1）建立如图 9.22 所示的数据清单。

	A	B	C	D	E	F	G
1	员工编号	部门	性别	年龄	籍贯	工龄	工资
2	K12	开发部	男	30	陕西	5	2000
3	C24	测试部	男	32	江西	4	1600
4	W24	文档部	女	24	河北	2	1200
5	S21	市场部	男	26	山东	4	1800
6	S20	市场部	女	25	江西	2	1900
7	K01	开发部	女	26	湖南	2	1400
8	W08	文档部	男	24	广东	1	1200
9	C04	测试部	男	22	上海	5	1800
10	K05	开发部	女	32	辽宁	6	2200
11	S14	市场部	女	24	山东	4	1800
12	S22	市场部	女	25	北京	2	1200
13	C16	测试部	男	28	湖北	4	2100
14	W04	文档部	男	32	山西	3	1500
15	K02	开发部	男	36	陕西	6	2500

图 9.22　数据清单

（2）对需要进行分类汇总的字段"部门"进行排序。

（3）在要分类汇总的数据清单区域内，单击任一单元格。

（4）单击"数据"选项卡中"分级显示"功能区中的"分类汇总"按钮，打开"分类汇总"对话框，如图 9.23 所示。

（5）在"分类字段"列表中选择需要分类汇总的数据项"部门"，在"汇总方式"列表中选择用于计算分类汇总的函数"求和"。

（6）在"选定汇总项"列表框中选择需要对其汇总计算的字段"工资"。

（7）单击"确定"按钮，关闭对话框，分类汇总结果如图 9.24 所示。

图 9.23 "分类汇总"对话框

1 2 3		A	B	C	D	E	F	G
	1	员工编号	部门	性别	年龄	籍贯	工龄	工资
	2	C24	测试部	男	32	江西	4	1600
	3	C04	测试部	男	22	上海	5	1800
	4	C16	测试部	男	28	湖北	4	2100
	5		测试部 汇总					5500
	6	K12	开发部	男	30	陕西	5	2000
	7	K01	开发部	女	26	湖南	2	1400
	8	K05	开发部	女	32	辽宁	6	2200
	9	K02	开发部	男	36	陕西	6	2500
	10		开发部 汇总					8100
	11	S21	市场部	男	26	山东	4	1800
	12	S20	市场部	男	25	江西	2	1900
	13	S14	市场部	女	24	山东	4	1800
	14	S22	市场部	女	25	北京		1200
	15		市场部 汇总					6700
	16	W24	文档部	女	24	河北	2	1200
	17	W08	文档部	男	24	广东	1	1200
	18	W04	文档部	男	32	山西	3	1500
	19		文档部 汇总					3900
	20		总计					24200

图 9.24 分类汇总结果

9.4.2 分级显示数据

在建立了分类汇总的工作表中，数据是分级显示的。如图 9.24 所示的工作表是对"部门"字段进行分类汇总后的结果。第 1 级数据是汇总项的总和，第 2 级数据是部门分类汇总数据组各汇总项的和，第 3 级数据是数据清单的原始数据。利用分级显示可以快速地显示汇总信息。

分级视图中各个按钮的名称和功能如下。

➤ 一级数据按钮 `1`：显示一级数据，如图9.25所示。

1 2 3		A	B	C	D	E	F	G
	1	员工编号	部门	性别	年龄	籍贯	工龄	工资
	20		总计					24200

图 9.25 显示一级数据

➤ 二级数据按钮 `2`：显示一级和二级数据，工作表如图9.26所示。

1 2 3		A	B	C	D	E	F	G
	1	员工编号	部门	性别	年龄	籍贯	工龄	工资
	5		测试部 汇总					5500
	10		开发部 汇总					8100
	15		市场部 汇总					6700
	19		文档部 汇总					3900
	20		总计					24200

图 9.26 显示一级和二级数据

➤ 三级数据按钮 ³ : 显示前三级数据。

➤ 显示明细数据按钮 + : 显示该级的明细数据，工作表如图9.27所示。

1 2 3		A	B	C	D	E	F	G
	1	员工编号	部门	性别	年龄	籍贯	工龄	工资
	2	C24	测试部	男	32	江西	4	1600
	3	C04	测试部	男	22	上海	5	1800
	4	C16	测试部	男	28	湖北	4	2100
-	5		测试部 汇总					5500
+	10		开发部 汇总					8100
+	15		市场部 汇总					6700
+	19		文档部 汇总					3900
-	20		总计					24200

图 9.27 显示明细数据

➤ 隐藏明细数据按钮 − : 单击该按钮，隐藏明细数据。

明细数据是相对汇总数据而言的，它位于汇总数据的上面，就是数据清单中的原始记录。建立分类汇总后，如果修改明细数据，汇总数据将会自动更新。

9.4.3　清除分类汇总

（1）单击分类汇总数据清单中任意单元格。

（2）单击"数据"选项卡中"分级显示"功能区中的"分类汇总"按钮，打开"分类汇总"对话框。

（3）单击"全部删除"按钮。

9.4.4　创建多级分类汇总

在 Excel 中可以创建多级的分类汇总，前面建立了"部门"的分类汇总，可以称之为一级分类汇总，还可以在此基础上对"性别"进行分类汇总，称为二级分类汇总，即汇总出每个部门的不同性别的人的工资总额。

（1）在进行一级分类汇总前，对数据清单按一、二级分类汇总的字段："部门"、"性别"进行多列排序。

图 9.28　"分类汇总"对话框

（2）建立一级分类汇总后，再次单击"数据"选项卡中"分级显示"功能区中的"分类汇总"按钮，打开"分类汇总"对话框。

（3）在"分类字段"列表框中选择"性别"，表示按"性别"再次进了行分类汇总。

（4）在"汇总方式"列表框中选择"求和"。

（5）在"选定汇总项"列表框中选择"工资"。

（6）取消选中"替换当前分类汇总"复选框，如图 9.28 所示。

（7）单击"确定"按钮，两级的分类汇总建立，结果如图 9.29 所示。

图 9.29 两级分类汇总结果

9.5 使用数据透视表

数据透视表是一种特殊形式的表，它能对数据清单中的数据进行综合分析，如图 9.30 所示。

行标签 ▼	平均值项:语文	平均值项:英语	平均值项:计算机基础	平均值项:网页编程
二班	76.33333333	76.83333333	79.16666667	79
三班	71.2	77.6	80.2	83
一班	82	72.6	73.6	76.4
总计	76.5	75.75	77.75	79.4375

图 9.30 数据透视表示例

9.5.1 数据透视表简介

数据透视表一般由三部分组成。

➢ **行选项卡**：在数据透视表中被指定为行方向的源数据清单或表格中的字段。

➢ **列选项卡**：在数据透视表中被指定为列方向的源数据清单或表格中的字段。

➢ **值区域**：含有汇总数据的数据透视表中的一部分。

9.5.2 创建简单的数据透视表

数据透视表的数据源可以是 Excel 的数据清单或表格，也可以是外部数据清单和 Internet 上的数据源，还可以是经过合并计算的多个数据区域及另一个数据透视表。

【**实例 9-11**】创建如图 9.31 所示的数据清单，添加班级字段。

（1）单击数据清单中的任一单元格。

（2）单击"插入"选项卡的"表格"功能区中的"数据透视表"按钮，在其列表中选择"数据透视表"命令，打开"创建数据透视表"对话框，如图 9.32 所示。

图 9.31 数据清单

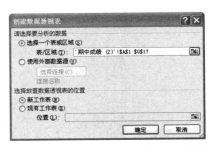

图 9.32 "创建数据透视表"对话框

（3）在"请选择要分析的数据"选项组中指定数据源类型："Microsoft Office Excel 数据列表或数据库"或者是"外部的数据源"。Excel 会自动选中当前单元格所在的数据清单，如果有误可单击"表/区域"框右侧的"折叠对话框"按钮，返回到工作表中重新选择。

（4）单击"选择放置数据透视表的位置"选项组中的"新工作表"单选项，将数据透视表显示在新工作表上。单击"确定"按钮，进入"数据透视表工具"窗口，如图 9.33 所示，进入数据透视表编辑状态。

图 9.33 "数据透视表工具"窗口

（5）在"选择要添加到报表的字段"列表中将"班级"作为行选项卡拖到"行选项卡"区域，将"语文"拖到"数值"区域，效果如图 9.34 所示。

（6）在汇总列的任一数值上单击，如在值为"458"的单元格单击，再单击"数据透视表工具"下方的"选项"选项卡的"活动字段"功能区中的"字段设置"按钮，打开如图 9.35 所示的"值字段设置"对话框，在"计算类型"列表框中选择"平均值"选项，单击"确定"按钮，将汇总方式由默认的"求和"汇总改为"平均值"汇总。

（7）将"数学"字段拖到"数值"区域，重复上一步，将汇总方式改为"平均值"汇总。

（8）重复上面的步骤，设置其他字段。

图 9.34　以班为单位汇总语文成绩

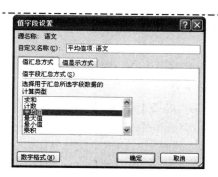

图 9.35　"值字段设置"对话框

现在已经创建了一张简单的数据透视表，源数据清单中的数据是没有组织的零乱的数据，人们很难看出其中的特点，而刚刚建立的数据透视表则是一目了然的有组织的数据，可以很清楚地看到各个班每科的平均成绩及三个班的总平均成绩。

使用数据透视表还可以筛选数据，如单击图 9.34 中的"行选项卡"下拉按钮，打开如图 9.36 所示的命令列表，清除掉"一班"、"二班"的选项，单击"确定"按钮后，则只显示"三班"的汇总成绩，如图 9.37 所示。

图 9.36　"行选项卡"命令列表

图 9.37　筛选数据

对数据透视表可执行"清除"、"选择"、"移动"、"更改透视图的样式"等操作，在数据透视表中的任意位置单击后，在出现的"数据透视表工具"窗口的"选项"和"设计"选项卡中单击相应的按钮即可。

习题 9

一、单选题

1. 在 Excel 中，关于记录的筛选，下列说法中正确的是（　　　）。

 A．筛选是将不满足条件的记录从工作表中删除

 B．筛选是将满足条件的记录放在一张新的工作表中供查询

  C．高级筛选可以在保留原数据库显示的情况下，根据给定条件，将筛选出来的记录显示到工作表的其他空余位置

  D．自动筛选显示满足条件的记录，但无法恢复显示原数据库

2．Excel 提供了（ ）两种筛选方式。

  A．人工筛选和自动筛选   B．自动筛选和高级筛选

  C．人工筛选和高级筛选   D．一般筛选和特殊筛选

3．Excel 在排序时（ ）。

  A．按主关键字排序，其他不论

  B．首先按主关键字排序，主关键字相同则按次关键字排序，以此类推

  C．按主要、次要关键字的组合排序

  D．按主要、次要关键字中的数据项排序

4．在 Excel 中，通过"排序选项"对话框可选择（ ）。

  A．按关键字排序   B．可定义新的排序序列

  C．按某单元格排序   D．按笔画排序

二、上机实习

1．新建工作簿"数据清单练习"，并完成以下操作。

（1）在 Sheet1 录入样表数据，并复制到 Sheet2、Sheet3、Sheet4 中。

（2）在 Sheet1 中以基本工资为主关键字，以附加工资为次要关键字进行排序。

（3）在 Sheet2 中对所有记录以关键字"部门"按升序进行排序，按"部门"进行分类汇总，求出基本工资、附加工资的总和。

（4）在 Sheet3 中自动筛选出"基本工资>500"且"附加工资>400"的记录。

（5）在 Sheet4 中以"部门"为行选项卡，以"基本工资"和"附加工资"为数值，建立数据透视表。

样表

样表：部门	姓名	性别	出生日期	基本工资	附加工资	政治面貌
数学系	张林	男	1-8-77	488.00	356.00	党员
物理系	王晓强	男	9-30-78	265.00	328.00	团员
数学系	文博	男	6-26-79	488.00	431.00	团员
物理系	刘冰丽	女	3-30-79	336.00	298.00	群众
化学系	李芳	女	12-9-79	521.00	380.00	团员
数学系	张红华	男	8-27-77	498.00	388.00	党员
数学系	曹雨生	男	11-28-78	680.00	398.00	团员
化学系	李里芳	女	11-12-78	521.00	368.00	群众
化学系	徐志华	男	4-27-77	710.00	366.00	团员
数学系	李晓立	女	8-12-78	880.00	410.00	党员
化学系	罗成明	女	6-25-79	562.00	290.00	团员

2．新建工作簿，并完成以下操作。

（1）在 Sheet1 录入样表数据，并复制到 Sheet2、Sheet3、Sheet4、Sheet5 中。

（2）按第一关键字"数学"升序排列，按第二关键字"语文"降序排列。

（3）自动筛选出英语成绩为 58 的记录（Sheet2）。

（4）自动筛选出语文成绩最低的两条记录（Sheet3）。

（5）自动筛选出电子成绩介于 60～80 的记录（Sheet4）。

（6）高级筛选出各科均在 70 分以上的记录（Sheet5）。

样表

姓名	数学	语文	英语	政治	电子
陈恒阳	86	62	69	66	68
王庆	36	71	85	48	96
陈昆	76	65	58	63	74
王然	73	75	66	80	93
周培	77	88	58	94	85
王菲	77	78	86	82	65
李博	78	77	79	73	82
王欢	68	57	66	90	80

第 10 章

完成复杂计算

学习目标

- 能够准确引用单元格地址
- 掌握使用公式计算的一般方法
- 掌握 Excel 常用函数的使用方法
- 了解 Excel 中数组的使用特点
- 能够通过审核公式核对计算结果

　　公式是对单元格中数值进行计算的等式，使用公式可以进行数据计算。函数是 Excel 中预设的内置公式，使用函数可以提高计算的效率。数组是一种计算工具，可用来对多个数值或对一组数据进行操作。综合使用公式、函数和数组可以在 Excel 中完成复杂的计算。

10.1　创建与编辑公式

　　使用公式可进行简单的加减计算，也可以完成复杂的财务、统计及科学计算，还可以用公式比较或操作文本。公式以等号开头，后面紧接着运算数和运算符，运算数可以是常数、单元格引用、单元格名称和工作表函数。对公式"=(A2+67)/SUM(B2:F2)"说明如下：

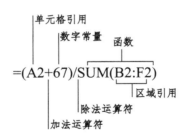

```
          单元格引用
            数字常量    函数
=(A2+67)/SUM(B2:F2)
                      区域引用
              除法运算符
        加法运算符
```

该公式的含义：① 将 A2 单元格中的数值加上 67；
　　　　　　　② 计算 B2 单元格到 F2 单元格中数值的和；
　　　　　　　③ 用②的结果除以①的结果。

10.1.1 创建公式

1．公式中的运算符

在 Excel 中数据是分类型的，如数字型、文本型、逻辑型等。在公式中，每个运算符都只能连接特定类型的数据。Excel 的运算符有以下 4 类。

➢ **算术运算符**：如加、减、乘、除等。
➢ **比较运算符**：用来比较两个数值大小关系的运算符，它们返回逻辑值 TRUE 或 FALSE。
➢ **文本运算符**：用来将多个文本连接成组合文本。
➢ **引用运算符**：可以将单元格区域合并运算。

各种运算符的含义及示例见表 10.1。

表 10.1　运算符的含义及示例

算术运算符	含 义	示 例
+（加号）	加	1+2
-（减号）	减	2-1
-（负号）	负数	-1
*（星号）	乘	2*2
/（斜杠）	除	4/2
%（百分比）	百分比	12%
^（脱字符）	乘幂	3^2
比较运算符	**含 义**	**示 例**
=（等号）	等于	A1=A2
>（大于号）	大于	A1>A2
<（小于号）	小于	A1<A2
>=（大于等于号）	大于等于	A1>=A2
<=（小于等于号）	小于等于	A1<=A2
<>（不等号）	不等于	A1<>A2
文本运算符	**含 义**	**示 例**
&（连字符）	将两个文本连接起来产生连续的文本	"学会" & "求知"产生"学会求知"
引用运算符	**含 义**	**示 例**
:（冒号）	区域运算符。对两个引用之间包括这两个引用在内的所有单元格进行引用	A1:D1（引用 A1 到 D1 范围内的所有单元格）
,（逗号）	联合运算符。将多个引用合并为一个引用	SUM(A1:D1，A2:C2)将 A1:D2 和 A2:C2 两个区域合并为一个。
（空格）	交叉运算符。产生同时属于两个引用的单元格区域的引用	SUM(A1:F1 B1:B4)(B1 同时属于两个引用 A1:F1，B1:B4)

在 Excel 中不仅可以对数字和字符进行计算，也可以对日期和时间进行计算。

日期的计算中经常用到两个日期之差，如：公式="98/10/20"–"98/10/5"，计算结果为 15。

注意：

在 Excel 中输入日期时如果以短格式输入年份（年份输入两位数），Excel 将做如下处理：

① 如果年份在 00—29，Excel 将作为 2000—2029 年处理，如：输入 10/10/20 时，Excel 认为这个日期是 2010 年 10 月 20 日。

② 如果年份在 30—99，Excel 将其作为 1930—1999 年处理，如：输入 73/3/23 时，Excel 认为这个日期是 1973 年 3 月 23 日。

2．公式的运算顺序

每个运算符都有自己的运算优先级，表 10.2 列出了各种运算符的优先级，对于不同优先级的运算，按照优先级从高到低的顺序进行。对于同一优先级的运算，按照从左到右的顺序进行。使用括号把公式中优先级低的运算括起来，可以改变运算的顺序。

表 10.2　各种运算符的优先级

运算符（优先级从高到低）	说　　明
：（冒号）	区域运算符
，（逗号）	联合运算符
（空格）	交叉运算符
-（负号）	-5
%（百分号）	百分比
^（脱字符）	乘幂
* 和 /	乘和除
+ 和 -	加和减
&	文本运算符
=、>、<、>=、<=、<>	比较运算符

10.1.2　输入公式

在单元格里直接输入公式的操作步骤如下：

（1）单击将要在其中输入公式的单元格；

（2）在编辑栏中输入"＝（等号）"；

（3）输入公式内容；

（4）按回车键确认公式。

【实例 10-1】在成绩表中计算每个同学的总成绩。

（1）在如图 10.1 所示的成绩单中单击单元格 I3。

（2）在编辑栏中输入"="后，单击"C3"单元格；在编辑栏中继续输入"+"，单击"D3"单元格；输入"+"，单击"E3"单元格；输入"+"，单击"F3"单元格；输入"+"，单击"G3"单元格；输入"+"，单击"H3"单元格，然后按回车键，结果如图 10.2 所示。

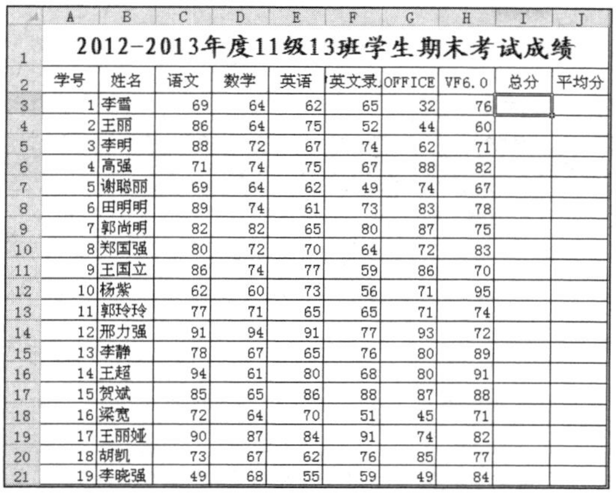

	A	B	C	D	E	F	G	H	I	J
1	2012-2013年度11级13班学生期末考试成绩									
2	学号	姓名	语文	数学	英语	英文录	OFFICE	VF6.0	总分	平均分
3	1	李雪	69	64	62	65	32	76		
4	2	王丽	86	64	75	52	44	60		
5	3	李明	88	72	67	74	62	71		
6	4	高强	71	74	75	67	88	82		
7	5	谢聪丽	69	64	62	49	74	67		
8	6	田明明	89	74	61	73	83	78		
9	7	郭尚明	82	82	65	80	87	75		
10	8	郑国强	80	72	70	64	72	83		
11	9	王国立	86	74	77	59	86	70		
12	10	杨紫	62	60	73	56	71	95		
13	11	郭玲玲	77	71	65	65	71	74		
14	12	邢力强	91	94	91	77	93	72		
15	13	李静	78	67	65	76	80	89		
16	14	王超	94	61	80	68	80	91		
17	15	贺斌	85	65	86	88	87	88		
18	16	梁宽	72	64	70	51	45	71		
19	17	王丽娅	90	87	84	91	74	82		
20	18	胡凯	73	67	62	76	85	77		
21	19	李晓强	49	68	55	59	49	84		

图 10.1 工作表示例

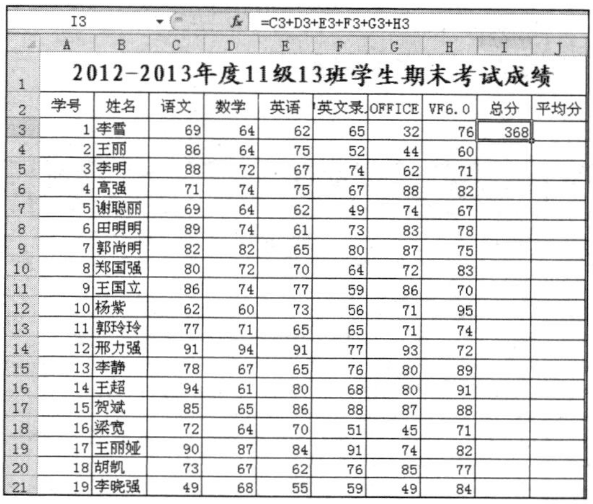

I3 =C3+D3+E3+F3+G3+H3

	A	B	C	D	E	F	G	H	I	J
1	2012-2013年度11级13班学生期末考试成绩									
2	学号	姓名	语文	数学	英语	英文录	OFFICE	VF6.0	总分	平均分
3	1	李雪	69	64	62	65	32	76	368	
4	2	王丽	86	64	75	52	44	60		
5	3	李明	88	72	67	74	62	71		
6	4	高强	71	74	75	67	88	82		
7	5	谢聪丽	69	64	62	49	74	67		
8	6	田明明	89	74	61	73	83	78		
9	7	郭尚明	82	82	65	80	87	75		
10	8	郑国强	80	72	70	64	72	83		
11	9	王国立	86	74	77	59	86	70		
12	10	杨紫	62	60	73	56	71	95		
13	11	郭玲玲	77	71	65	65	71	74		
14	12	邢力强	91	94	91	77	93	72		
15	13	李静	78	67	65	76	80	89		
16	14	王超	94	61	80	68	80	91		
17	15	贺斌	85	65	86	88	87	88		
18	16	梁宽	72	64	70	51	45	71		
19	17	王丽娅	90	87	84	91	74	82		
20	18	胡凯	73	67	62	76	85	77		
21	19	李晓强	49	68	55	59	49	84		

图 10.2 用公式计算总分

（3）可以用前面学过的填充方法，快速计算成绩单中其他同学的成绩，将鼠标移至单元格 I3 右下角的填充柄上，拖曳鼠标至单元格 I21，则 Excel 会用公式填充被选中的单元格。

10.1.3 编辑公式

单元格中的公式也可以像单元格中的其他数据一样进行编辑，如修改、复制、移动等。双击含有公式的单元格后，就可以直接编辑公式，编辑后按回车键确认。

公式也可以被复制到其他单元格中，选中并复制含有公式的单元格后，再单击目标单元格并单击鼠标右键，在弹出的快捷菜单中选择"选择性粘贴"命令，弹出如图 10.3 所示的"选择性粘贴"对话框，选择"公式"单选按钮，或在目标单元格单击鼠标右键，在"粘贴选项"中选择 *fx*。

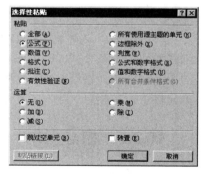

图 10.3 "选择性粘贴"对话框

注意：

在单元格绝对引用时复制公式不改变，但单元格相对引用将会改变，将会根据目标单元格的位置发生相应的变化。

移动公式时先选中含有公式的单元格，再将鼠标移到单元格边框上，当鼠标变为白色箭头时拖曳鼠标到目标单元格。用菜单命令或剪切按钮✂也可以像移动单元格一样来移动公式。

注意:

移动公式时，公式中的单元格引用不发生改变。

10.1.4　公式返回的错误值和产生的原因

在数据表中有时会看到"#NAME?"、"#VALUE?"等信息，这些都是公式使用错误后返回的错误值，产生原因见表 10.4。

表 10.4　公式返回的错误值及其产生的原因

返回的错误值	产生的原因
#####!	公式计算的结果太长，单元格容纳不下，增加单元格的列宽可以解决这个问题
#DIV/0	除数为零
#N/A	公式中无可用的数值或缺少函数参数
#NAME?	使用了 Excel 不能识别的名称
#NULL!	使用了不正确的区域运算或不正确的单元格引用
#NUM!	在需要数字参数的函数中使用了不能接受的参数，或者公式计算结果的数字太大或太小，Excel 无法表示
#REF!	公式中引用了无效单元格
#VALUE!	需要数字或逻辑值时输入了文本或将单元格引用、公式或函数作为数组常量输入

10.2　单元格的引用

单元格的引用就是指单元格的地址，单元格的引用把单元格中的数据和公式联系起来。在创建和使用复杂公式时，单元格的引用是非常有用的。单元格的引用的作用在于标识工作表上的单元格和单元格区域，并指明使用数据的位置。通过引用可以在公式中使用单元格中的数据。单元格引用有相对引用和绝对引用、混合引用三种方式。

10.2.1　相对引用

相对引用的意义是指单元格引用会随公式所在单元格的位置的变更而改变，图 10.4 中总分的计算填充用的就是相对引用，即引用在被复制到其他单元格时，其单元格引用地址自动发生改变。在单元格 I3 的公式为"=SUM(C3:H3)"，在单元格 I4 的公式为"=SUM(C4:H4)"，后面单元格位置变了，相应的公式也变化了。

10.2.2　绝对引用

绝对引用是指引用特定位置的单元格。如果公式中的引用是绝对引用，那么复制后的公式引用不会改变。绝对引用的格式是在列字母和行数字之前加上美元符"$"，如$A$2、$B$5 都是绝对引用。

【实例 10-2】在学生成绩表的"平均分"列左侧插入一列，字段名为"合计"。在 C22 单元格中输入"平时表现"，在 D22 单元格中输入"28"。合计字段值=总分+28。
（1）单击 J3 单元格，输入公式"=I3+\$D\$22"，回车。
（2）然后拖曳填充柄。

若单元格 J3 中的公式为"=I3+D22"，如果拖曳填充柄填充会发现公式发生了变动，可是数据却没有变化，显然这样是不对的，因为 D23、D24 单元格都是零。

10.2.3　混合引用

除了相对引用和绝对引用之外，还有混合引用。当需要固定某行引用而改变列引用，或者需要固定某列引用而改变行引用时，就要用到混合引用，如\$B5、B\$5 都是混合引用。在 Excel 中，使用【F4】键可以快速改变单元格引用的类型。

【实例 10-3】修改单元格引用的类型。
（1）选择单元格 A1 然后输入："=B2"。
（2）按【F4】键将引用变为绝对引用，该公式变为"=\$B\$2"。
（3）再按【F4】键将引用变为混合引用（绝对行，相对列），公式变为"=B\$2"。
（4）再按【F4】键将引用变为另一种混合形式（绝对列、相对行），公式变为"=\$B2"。
（5）再按【F4】键返回到原来的相对引用形式。

实用技巧：

若滚动工作表后活动单元格不再可见，按【Ctrl+Backspace】键可快速重新显示活动单元格。

10.2.4　引用其他工作表中的单元格

在 Excel 中，可以引用工作簿中其他工作表中的单元格地址，其方法是：在公式中同时包括工作表引用和单元格引用。例如，要引用工作表 Sheet9 中的 B2 单元格，输入"="号后，单击工作表选项卡"Sheet9"打开该工作表，再单击单元格"B2"，如果还要引用其他单元格，可继续输入公式，否则按回车键回到当前工作表中，编辑框中显示"Sheet9！B2"。感叹号将工作表引用和单元格引用分开。

【实例 10-4】将学生成绩表中的姓名内容引用到学生情况表中。
（1）单击学生情况表，在 B 列前插入一列，字段名输入"姓名"。
（2）单击 B2 单元格，输入"="。
（3）单击学生成绩表中的 B3 单元格，按回车键。
（4）单击学生情况表，B2 单元格显示"李雪"，然后拖曳填充柄填充列中其他单元格。

10.2.5　引用其他工作簿中的单元格

在 Excel 中，还可以引用不同工作簿中的单元格。其方法是：同时打开相关的工作簿文件，输入公式时，选择需要引用的工作簿文件，单击选中要引用的单元格，再切换到输入公式的文件。如：

> =[成绩]汇总!$A$1-[量化考核]出勤!$B$1

在上面的公式中，[成绩]和[量化考核]是两个不同工作簿的名称，"汇总"和"出勤"是分别属于两个工作簿的工作表的名称。$A$1 和$B$1 表示单元格的绝对引用。

10.3 函　　数

函数是一些已经定义好的公式，函数通过参数接收数据，输入的参数应放到函数名后并且用括号括起来。各函数使用特定类型的参数，如数字、引用、文本或编辑值等。函数大多数情况下返回的是计算的结果，也可以返回文本、引用、逻辑值、数组或工作表的信息。

在 Excel 中，不仅提供了大量的内置函数，还可以根据需要使用 Visual Basic 自定义函数。使用公式时尽可能地使用内置函数，它可以节省输入时间，减少错误。

10.3.1　Excel 内置函数

Excel 提供了大量的内置函数，按照功能进行分类，见表 10.5。

表 10.5　内置函数分类

分　类	功能简介
数据库函数	分析数据清单中的数值是否符合特定条件
日期与时间函数	在公式中分析和处理日期值和时间值
信息函数	确定存储在单元格中的数据的类型
财务函数	进行一般的财务计算
逻辑函数	进行逻辑判断或复合检验
统计函数	对数据区域进行统计分析
查找和引用函数	在数据清单中查找特定数据或查找一个单元格的引用
文本函数	在公式中处理字符串
数学和三角函数	进行数学计算
工程函数	用于工程分析
多维数据集函数	用来从 Analysis Services 中提取 OLAP 数据并显示在单元格中

10.3.2　常用函数

Excel 提供了几百个内置函数，下面只介绍常用的函数，有关其他函数的用法，可以使用 Excel 的帮助进行学习。

1．SUM 函数

➤ 功能：SUM 函数用于计算多个参数值的总和。

➤ 语法：SUM(数值 1，数值 2，…)

数值 1，数值 2，…为 n 个需要求和的参数。

➢ **参数**：逻辑值、数字、数字的文本形式、单元格的引用。

【实例 10-5】计算本章第 1 节实例中“总分”的值（用内置函数更快捷方便）。

（1）在如图 10.1 所示的成绩单中单击单元格 I3。

（2）单击“公式”选项卡的“函数库”功能区中的“自动求和”按钮Σ，在 I3 单元格中自动显示“= SUM(C3:H3)”，即对第 3 行中 C3～H3 单元格区域中的值求和，单击回车键，运算结果即显示在 I3 单元格中，如图 10.4 所示。

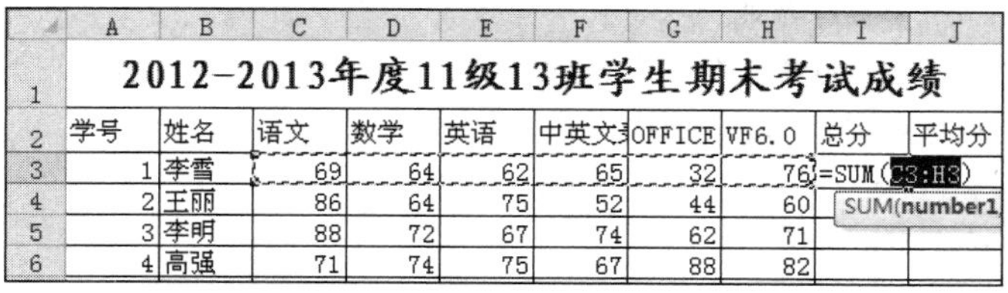

	A	B	C	D	E	F	G	H	I	J
1	2012-2013年度11级13班学生期末考试成绩									
2	学号	姓名	语文	数学	英语	中英文录	OFFICE	VF6.0	总分	平均分
3	1	李雪	69	64	62	65	32	76	=SUM(C3:H3)	
4	2	王丽	86	64	75	52	44	60	SUM(number1,	
5	3	李明	88	72	67	74	62	71		
6	4	高强	71	74	75	67	88	82		

图 10.4　使用“自动求和”函数求和

2．SUMIF 函数

➢ **功能**：SUMIF 函数对符合指定条件的单元格求和。

➢ **语法**：SUMIF(存储判断条件的单元格区域、计算条件、要计算的单元格区域)

【实例 10-6】设 A1:A4 中的数据是 10,20,30,40，而 B1:B4 中的数据是 100,200,300,400，那么 SUMIF(A1:A4,“>15”,B1:B4)等于 900，因为只有 A2、A3、A4 中的数据满足条件“>15”，所以只对 B2、B3、B4 进行求和。

3．AVERAGE 函数

➢ **功能**：AVERAGE 函数对所有参数计算算术平均值

➢ **语法**：AVERAGE(数值 1,数值 2,…)

参数应该是数字或包含数字的单元格引用、数组或名字。

【实例 10-7】求成绩单中每位同学的平均成绩。

（1）单击 J3 单元格。

（2）单击“公式”选项卡的“函数库”功能区中的“自动求和”按钮Σ右侧的下拉箭头，打开如图 10.5 所示的常用函数列表。

（3）选择“平均值”函数，在 J3 单元格中显示“=AVERAGE(C3:I3)”，参数区域中包含了不应该求值的“总分”项，用鼠标单击 C3 单元格，拖曳鼠标到 H3 单元格将参数区域修改为“C3:H3”，运算结果如图 10.6 所示。

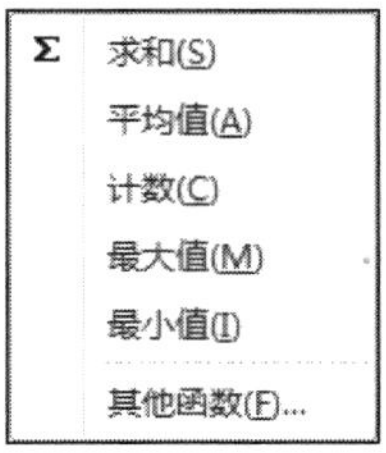

图 10.5　“常用函数”列表

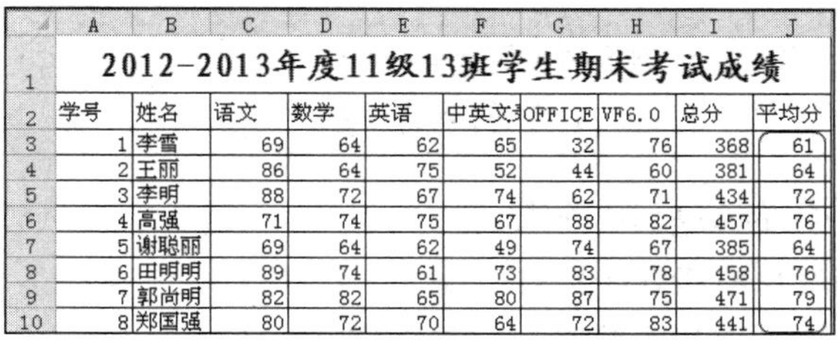

	A	B	C	D	E	F	G	H	I	J
1	2012-2013年度11级13班学生期末考试成绩									
2	学号	姓名	语文	数学	英语	中英文录	OFFICE	VF6.0	总分	平均分
3	1	李雪	69	64	62	65	32	76	368	61
4	2	王丽	86	64	75	52	44	60	381	64
5	3	李明	88	72	67	74	62	71	434	72
6	4	高强	71	74	75	67	88	82	457	76
7	5	谢聪丽	69	64	62	49	74	67	385	64
8	6	田明明	89	74	61	73	83	78	458	76
9	7	郭尚明	82	82	65	80	87	75	471	79
10	8	郑国强	80	72	70	64	72	83	441	74

图 10.6　平均成绩计算结果

4．DAY 函数

➤ **功能**：DAY 函数将某一日期的表示方法从日期序列数形式转换成它所在月份中的序数（某月的第几天），用整数 1～31 表示。

➤ **语法**：DAY(日期值)

日期值是用于日期和时间计算的日期时间代码，可以是数字或文本，如"98/10/20"。

【实例 10-8】单元格 L4 的值为日期"2014-1-29"，则" = DAY(L4)"的值是 29。

5．TODAY 函数和 NOW 函数

➤ **功能**：TODAY 函数返回当前日期。

NOW 函数返回当前日期和时间。

➤ **语法**：TODAY()

NOW()

注意:

这两个函数都不需要输入参数。

6．LEFT 和 RIGHT 函数

➤ **功能**：LEFT 函数从字符串最左端截取子字符串。

RIGHT 函数从字符串最右端截取子字符串。

➤ **语法**：LEFT(字符串,截取子串的长度)

【实例 10-9】LEFT（"Microsoft",3) 等于"Mic"。

RIGHT（"I am a teacher",7) 等于"teacher"。

7．TRUNC 函数

➤ **功能**：将数字截为整数或保留指定位数的小数。

➤ **语法**：TRUNC (数值,小数位数)

【实例 10-10】TRUNC (17.89) 等于 17。

TRUNC (-18.64,1) 等于-18.6

8．INT 函数

➤ **功能**：返回实数向下取整后的整数值。

➤ **语法**：INT (数值)

【实例 10-11】INT (10.78) 等于 10

INT (-7.6) 等于-8

9．LOG 和 LOG10 函数

➤ **功能**：LOG 函数返回指定底数的对数。

LOG10 函数返回以 10 为底的对数。

➤ **语法**：LOG (数值,底数)

LOG10 (数值)

【实例 10-12】LOG (8,2) 等于 3。

LOG10 (1000) 等于 3。

10．TYPE 函数

➤ **功能**：返回数据的类型。

➤ **语法**：TYPE (数据)

返回值含义见表 10.6 所示。

表 10.6　TYPE 函数的返回值

参数值的类型	TYPE 函数的返回值
数字	1
文本	2
逻辑值	4
误差值	16
数组	64

【实例 10-13】假设 A2 单元格中的数据是"Smith"。

TYPE (10) 等于 1。

TYPE（"EXCEL"）等于 2。

TYPE (2+A2) 等于 16。

TYPE ({1,2;3,4}) 等于 64。

11．COUNT 函数

➤ **功能**：统计数据的个数

➤ **语法**：COUNT (数值 1,数值 2,…)

12．COUNTIF 函数

➤ **功能**：统计单元格区域中满足特定条件的单元格数目。

➤ **语法**：COUNTIF (单元格区域,"条件")

【实例 10-14】利用学生成绩表统计 90 分以上的人数、80~89 分的人数、70~79 分的人数、60~69 分的人数、不及格率和及格率。

首先，在学生成绩表的末尾处建立一个"统计区"，在 B22~B27 单元格中分别输入"80-89"、"70-79"、"60-69"、"不及格"和"及格率"，然后按下面步骤操作，结果如图 10.7 所示。

90分以上	2	1	1	1	1	2
80-89	7	2	2	1	6	6
70-79	6	6	5	6	7	8
60-69	3	9	10	5	1	2
不及格	1	0	1	6	4	0
及格率	94.74%	100.00%	94.74%	68.42%	78.95%	100.00%

图 10.7　使用函数分析成绩单

（1）选定使用公式的单元格后，单击"公式"选项卡"函数库"功能区中的"其他函数"按钮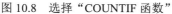的向下小箭头，在弹出的窗格中选择"统计"命令，在下级菜单中选择"COUNTIF 函数"，如图 10.8 所示。

（2）在如图 10.9 所示的"函数参数"对话框中选择统计范围为"C3:C21"，统计条件为">90"。单击"确定"按钮，结果即显示在选定的单元格中。

图 10.8　选择"COUNTIF 函数"

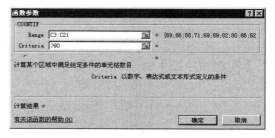

图 10.9　"函数参数"对话框

（3）单击"80-89:"单元格右边的单元格，使用"COUNTIF 函数"，选择统计范围为"C3:C21"，统计条件为">=80"，继续在编辑框中输入"－"，再单击存放 90 分段统计结果的单元格，则统计出 80～89 的人数，完整的公式为：=COUNTIF(C3:C21,">=80")－C24

（4）重复上面的操作，统计其他分数段。

（5）单击"及格率"右边的单元格，使用 COUNTIF 函数统计及格人数后，输入除号"/"，再用 COUNT 函数统计所有考试人数，得出及格率，完整的公式为："=COUNTIF(C3:C21,">=60")/COUNT(C3:C21)"。

（6）用横向拖曳填充柄的方法计算其他科目的统计数据。

注意：

"及格率"单元格要设置数字格式为"百分比"，小数位数为"2"。

10.3.3　编辑函数

在编辑公式中的函数时，小的修改可以手工编辑，但是如果要对函数进行比较大的改动，还是应该使用"函数参数"对话框。

（1）选中要编辑函数的单元格。

（2）单击"函数库"功能区中"插入函数"按钮f_x，弹出"函数参数"对话框，如图 10.10 所示。

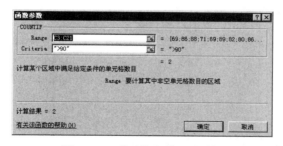

图 10.10　"函数参数"对话框

（3）在"函数参数"对话框中将显示公式中的函数和它的所有参数。

注意:

如果公式中含有一个以上的函数，在编辑栏中单击某个函数的任意位置后，再执行以上的操作就可编辑该函数。

10.4　使用数组

数组是一种计算工具，可用来建立对两组或更多组数值进行操作的公式，这些数值被称为数组参数，数组公式返回的结果既可以是单个的也可以是多个的。数组区域是共享同一数组公式的单元格区域。数组公式是在小空间内进行大量计算的强有力方法，它可以替代很多重复的公式。

10.4.1　数组公式的创建和输入

（1）如果希望数组公式返回一个结果，单击需要输入数组公式的单元格，如果希望数组公式返回多个结果，选定需要输入数组公式的单元格区域。

（2）输入公式。

（3）按【Ctrl+Shift+Enter】组合键，锁定数组公式，Excel 会自动在编辑栏中公式的两边加上大括号，表明它是一个数组公式。

注意:

不要自己输入大括号，否则 Excel 会认为输入的是一个正文选项卡。

【实例 10-15】用数组公式计算期末考试个人成绩总和。

（1）选定存放结果的单元格区域。

（2）输入"=C3:C21+D3:D21+E3:E21+F3:F21+G3:G21+H3:H21"。

（3）按【Ctrl+Shift+Enter】组合键结束输入，计算结果如图 10.11 所示。

学号	姓名	语文	数学	英语	中英文	OFFICE	VF6.0	总分	平均分
1	李雪	69	64	62	65	32	76	368	
2	王丽	86	64	75	52	44	60	381	
3	李明	88	72	67	74	62	71	434	
4	高强	71	74	75	67	88	82	457	
5	谢聪丽	69	64	62	49	74	67	385	
6	田明明	89	74	61	73	83	78	458	
7	郭尚明	82	82	65	80	87	75	471	
8	郑国强	80	72	70	64	72	83	441	
9	王国立	86	74	77	59	86	70	452	
10	杨紫	62	60	73	56	71	95	417	

公式栏：{=C3:C21+D3:D21+E3:E21+F3:F21+G3:G21+H3:H21}

图 10.11　数组公式的计算结果

10.4.2　使用数组常量

在数组公式中，通常使用单元格区域引用，也可以直接输入数值数组，即数组常量。数组常量可由数、正文或逻辑值组成。使用数组常量时必须用大括号"{ }"括起来，并且用逗号或分号分隔元素。逗号分隔不同列的值，分号分隔不同行的值。

【实例 10-16】求学生期末考试总评。

（1）选择需要创建公式的单元格，在编辑栏中输入"="，然后在函数栏的下拉列表中选择 SUM 函数。

（2）在编辑栏中对函数的参数进行修改，如图 10.12 所示。这里引用 C3～H3 单元格中的数值，使它们分别乘以数组{0.2,0.2,0.2,0.1,0.1,0.2}中对应的常量。完成函数的参数修改后按【Ctrl+Shift+Enter】组合键创建数组公式，此时单元格中将显示出计算结果。

公式栏：{=SUM(C3:H3*{0.2,0.2,0.2,0.1,0.1,0.2})}

学号	姓名	语文	数学	英语	中英文	OFFICE	VF6.0	总分	总评
1	李雪	69	64	62	65	32	76	368	63.9
2	王丽	86	64	75	52	44	60	381	
3	李明	88	72	67	74	62	71	434	
4	高强	71	74	75	67	88	82	457	

图 10.12　计算"总评"成绩

（3）将鼠标指针放置在 J3 单元格右下角的填充柄上，拖曳到 J21 鼠标单元格，公式填充显示计算结果如图 10.13 所示。

公式栏：{=SUM(C3:H3*{0.2,0.2,0.2,0.1,0.1,0.2})}

学号	姓名	语文	数学	英语	中英文	OFFICE	VF6.0	总分	总评
1	李雪	69	64	62	65	32	76	368	63.9
2	王丽	86	64	75	52	44	60	381	66.6
3	李明	88	72	67	74	62	71	434	73.2
4	高强	71	74	75	67	88	82	457	75.9
5	谢聪丽	69	64	62	49	74	67	385	64.7
6	田明明	89	74	61	73	83	78	458	76
7	郭尚明	82	82	65	80	87	75	471	77.5
8	郑国强	80	72	70	64	72	83	441	74.6

图 10.13　计算所有学生的总评成绩

10.4.3 编辑数组公式

编辑数组公式或函数时应注意以下几点：

➢ 在数组区域中不能编辑、清除和移动单个单元格，也不能插入或删除单元格，必须将数组区域的单元格作为一个整体，然后同时编辑它们。

➢ 要移动数组区域的内容，需选择整个数组，并选择"编辑"、"剪切"命令，然后选择新的位置并选择"编辑"、"粘贴"命令。此外，还可以使用鼠标拖曳选择区域到新的位置。

➢ 不能剪切、清除或编辑数组的一部分，但可以为数组中单个单元格定义不同的格式。此外，还可以从数组区域中复制单元格，然后在工作表的其他区域粘贴它们。

编辑一个数组公式的操作步骤如下：

（1）移动插入点至数组范围中。

（2）单击编辑栏，或按【F2】键，或者双击数组区域的第一个单元格，这时公式两边的括号将消失。

（3）编辑数组公式，按【Shift+Ctrl+Enter】组合键，完成编辑修改。

10.5 审核公式

据有关调查结果显示，许多电子表格都包含错误。因为大多数的使用者都没有进行过系统的学习，也几乎无人接受过设计和审核工作表的训练。而在使用新工作表做关键决策之前，一定要确保准确无误，所以对工作表中的公式和数据进行审核是十分重要的。

Excel 提供了许多强大而又方便的功能，可以很方便地处理审核工作表。命令、宏和错误值帮助在工作表里发现错误；追踪箭头说明工作表里公式和结果的流程，可以追踪引用单元格或从属单元格；出错追踪可以帮助追查公式中出错的源头。

10.5.1 基本概念

"引用"和"从属"这两个概念在审核公式中非常重要，它们用于表示包含公式的单元格与其他单元格的关系。

➢ 引用单元格：单元格中的值被选定单元格中的公式所使用（指明所选单元格中的数据是由哪几个单元格中数据通过公式计算得出的），引用单元格通常包含公式。

➢ 从属单元格：使用所选单元格值的单元格，从属单元格通常包含公式或常数。

10.5.2 "公式审核"功能区

面对大的工作表时，使用 Excel 提供的"公式"选项卡"公式审核"功能区中的功能按钮可以很快地把握公式和值的关联关系，如图 10.14 所示，其按钮功能说明见表 10.7。

图 10.14　"公式审核"功能区

表 10.7　"公式审核"功能区中按钮的功能说明

名　称	说　明
错误检查	检查公式中的常见错误
追踪引用单元格	显示箭头，用于指示影响当前所选单元格值的单元格
移去箭头	删除"追踪引用单元格"或"追踪从属单元格"绘制的箭头

续表

名　　称	说　　明
追踪从属单元格	显示箭头，用于指示受当前所选单元格值影响的单元格
监视窗口	更改工作表时，监视某些单元格的值
公式求值	显示“公式求值”对话框，对公式每个部分单独求值以调试公式
显示公式	在每个单元格中显示公式，而不是结果值

10.5.3　追踪引用单元格

【实例 10-17】追踪成绩单中计算总分的公式中引用的单元格。

（1）选择单元格 I3。

（2）单击“公式审核”功能区中的“追踪引用单元格”按钮，可找出该公式所引用的单元格，如图 10.15 所示。Excel 用纯蓝色的追踪线连接活动单元格与引用单元格。

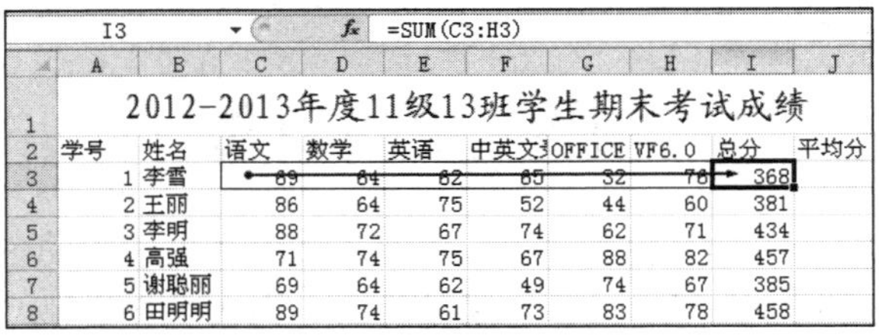

I3　=SUM(C3:H3)

	A	B	C	D	E	F	G	H	I	J
1	2012-2013年度11级13班学生期末考试成绩									
2	学号	姓名	语文	数学	英语	中英文录	OFFICE	VF6.0	总分	平均分
3	1	李雪	69	64	62	65	32	76	368	
4	2	王丽	86	64	75	52	44	60	381	
5	3	李明	88	72	67	74	62	71	434	
6	4	高强	71	74	75	67	88	82	457	
7	5	谢聪丽	69	64	62	49	74	67	385	
8	6	田明明	89	74	61	73	83	78	458	

图 10.15　追踪引用单元格示例

10.5.4　追踪从属单元格

追踪从属单元格就是指明有哪些单元格使用了当前单元格中的数据。以一位同学的语文成绩为例说明：单击“公式审核”功能区中的“追踪从属单元格”按钮，可找出使用该单元格数值的公式；追踪箭头指明单元格 C3 被单元格 I3、J3、C24、C25、C26、C27、C28、C29 中的公式直接引用。在单元格 C3 中出现一个点，表明它是数据流向中的从属单元格，如图 10.16 所示。

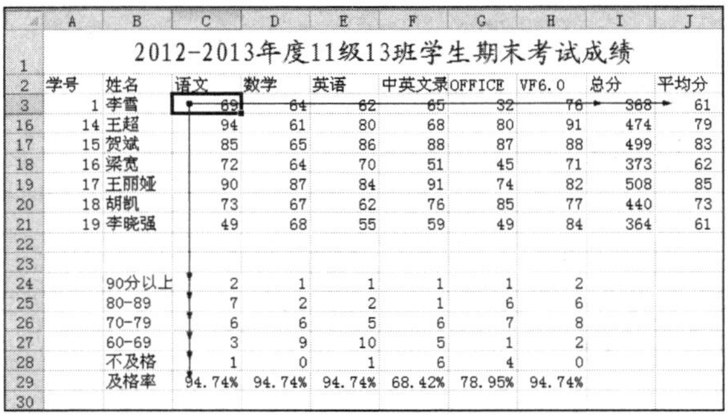

	A	B	C	D	E	F	G	H	I	J
1	2012-2013年度11级13班学生期末考试成绩									
2	学号	姓名	语文	数学	英语	中英文录	OFFICE	VF6.0	总分	平均分
3	1	李雪	69	64	62	65	32	76	368	61
16	14	王超	94	61	80	68	80	91	474	79
17	15	贺斌	85	65	86	88	87	88	499	83
18	16	梁宽	72	64	70	51	45	71	373	62
19	17	王丽娅	90	87	84	91	74	82	508	85
20	18	胡凯	73	67	62	76	85	77	440	73
21	19	李晓强	49	68	55	59	49	84	364	61
22										
23										
24		90分以上	2	1	1	1	1	2		
25		80-89	7	2	2	1	6	6		
26		70-79	6	6	5	6	7	8		
27		60-69	3	9	10	5	1	2		
28		不及格	1	0	1	6	4	0		
29		及格率	94.74%	94.74%	94.74%	68.42%	78.95%	94.74%		
30										

图 10.16　追踪从属单元格示例

追踪箭头的一个方便功能是可以沿审核工具所画的路径移动，方法是双击箭头。例如，选中单元格 C4，双击 C4 和 H4 之间的追踪箭头，活动单元格将跳到箭头的另一端，即单元格 H4 变为活动单元格。利用本功能可以沿着引用和被引用的关系路径切换活动单元格。

 习题 **10**

一、单选题

1. 在工作表中 D7 单元格内输入公式"=A7+$B$4"并确定后，在第 3 行处插入一行，则插入后 D8 单元格中的公式为（　　）。

　　A．=A8+$B$4　　　　　B．=A8+$B$5　　　　　C．=A7+$B$4　　　　　D．A7+$B$5

2. 在工作表中 D7 单元格内输入公式"=A7+$B$4"并确定后，在第 5 行处插入一行，则插入后 D8 单元格中的公式为（　　）。

　　A．=A8+$B$4　　　　　B．=A8+$B$5　　　　　C．=A7+$B$4　　　　　D．A7+$B$5

3. 在工作表中的 D7 单元格内输入公式"=A7+$B$4"并确定后，在第 3 行处删除一行，则删除后 D6 单元格中的公式为（　　）。

　　A．=A6+$B$4　　　　　B．=A6+$B$3　　　　　C．=A7+$B$4　　　　　D．A7+$B$3

4. 在 Excel 工作表中，单元格 D5 中有公式"=$B$2+C4"，删除第 A 列后 C5 单元格中的公式为（　　　）

　　A．=$A$2+B4　　　　　B．=$B$2+B4　　　　　C．=$A$2+C4　　　　　D．=$B$2+C4

5. 在 Excel 工作表中，正确的 Excel 公式形式为（　　）。

　　A．=B3*Sheet3!A2　　B．=B3*Sheet3$A2　　C．=B3*Sheet3:A2　　D．=B3*Sheet3%A2

6. 在 Excel 中，单元格地址绝对引用正确的方法是（　　）。

　　A．在单元格地址前加"$"

　　B．在单元格地址后加"$"

　　C．在构成单元地址的字母和数字前分别加"$"

　　D．在构成单元地址的字母和数字间加"$"

7. 在 Excel 中，单元格引用位置的表示方式为（　　）。

　　A．列号加行号　　　　B．行号加列号　　　　C．行号　　　　　　D．列号

8. 在 Excel 中，计算参数中所有数值的平均值的函数为（　　）。

　　A．SUM()　　　　　　B．AVERAGE()　　　　C．COUNT()　　　　D．TEXT()

9. 在 Excel 中，公式的定义必须以（　　）符号开头。

　　A．=　　　　　　　　B．"　　　　　　　　C．:　　　　　　　　D．*

10. 当在 Excel 中进行操作时，若某单元格中出现"#VALUE!"的信息时，其含义是（　　　）。

　　A．在公式中单元格引用不再有效　　　　B．单元格中的数字太大

　　C．计算结果太长超过了单元格宽度　　　　D．在公式中使用了错误的数据类型

二、上机实习

1. 打开工作簿"数据清单练习"，使用 Sheet1 中的数据，在"成绩 4"单元格的右侧输入两个字段名"总成绩"、"平均成绩"，并统计总成绩，计算平均成绩，结果分别放在相应的单元格中。

2. 新建工作簿"公式练习一"，在 Sheet1 中录入样表一，计算"预计高位"和"预计低位"（最大值和最小值），结果分别放在相应的单元格中。在 Sheet2 中录入样表二，并设置好表格格式，计算"总计"，结果分别放在相应的单元格中。（注意：总计不是计算左侧数据总和，不能用Σ，应用 SUM 函数）

Word 2010、Excel 2010、PowerPoint 2010 实用教程

样表一

纽约汇市开盘预测（3/25/96）						
顺序	价位	英镑	马克	日元	瑞朗	加元
第一阻力位	阻力位	1.486	1.671	104.25	1.4255	1.3759
第二阻力位	阻力位	1.492	1.676	104.6	1.4291	1.3819
第三阻力位	阻力位	1.496	1.683	105.05	1.433	1.384
第一支撑位	支撑位	1.473	1.664	103.85	1.4127	1.3719
第二支撑位	支撑位	1.468	1.659	103.15	1.408	1.368
第三支撑位	支撑位	1.465	1.655	102.5	1.404	1.365
预计高位						
预计低位						

样表二

我国部分省市教育学院本专科学生数

地区	毕业生			在校生			总计
	合计	本科	专科	合计	本科	专科	
北京	1180	173	1007	1722	45	1677	
天津	287	181	106	1057	237	820	
河北	3404	172	3232	4001	299	3702	
山西	2826	452	2374	3710	1719	1991	
内蒙古	1634	14	1620	2418	0	2418	
辽宁	2031	702	1329	2674	881	1793	
吉林	370	119	251	588	497	91	
上海	659	547	112	1049	355	694	
江苏	1760	349	1411	2328	376	1952	

3. 新建工作簿文件"公式练习二"，在 Sheet1 中录入以下样表，并完成以下操作：

学号	姓名	语文	数学	政治	数据库	平均分	总绩点分
1	李雪	87	83	91	73		
2	王丽	69	93	75	89		
3	李明	72	85	79	86		
4	高强	95	84	99	81		

（1）计算四名学生四科成绩的平均分，填充在"平均分"下各单元格中。

（2）按公式"总绩点分＝语文*0.3＋数学*0.3＋政治*0.2＋数据库*0.2"计算并填充"总绩点分"下各单元格。

（3）在"平均分"前插入一列，字段名为"总分"，并计算每个学生的总分。

（4）在第一行上面插入一行，合并单元格 A1～I1，输入标题"学生成绩表"，格式为黑体、倾斜、字号 20 磅、水平居中。

（5）除标题外的其余文字的格式设为楷体、12 磅、右对齐。

（6）A～I 列设为"最合适列宽"。

（7）设置输入数据有效性。成绩介于 0～100，否则出现出错警告"对不起，你输错了！"

（8）按总分从低到高排序。

（9）筛选出总分最高的前两位同学的成绩，并把结果保存到 Sheet2 中。

（10）筛选出各科成绩均大于 80 分的记录，把结果保存到 Sheet3 中，并把记录所在的姓名单元格添加批注，批注的内容是"各科成绩均大于 80 分"。

236

第 11 章

图表与图形对象

当需要对工作表或数据清单进行分析，并直观地表示出结果时，使用 Excel 已经准备好的多种图表类型可以迅速生成图表，还可以对图表进行进一步的修饰。

11.1　创建图表

11.1.1　图表类型

Excel 提供了 14 种内置图表类型，每一种图表类型还有若干种子类型，还可以根据需要自定义合适的图表类型。

在学习图表类型前应先理解数据系列和分类项这两个术语：

➢ **数据系列**：用图形表示的数值集合。
➢ **分类项**：图表中安排数值的标题。

下面介绍几种常见的图表类型。

1．柱形图和条形图

柱形图和条形图都可以比较相交于类别轴上的数值大小。

柱形图如图 11.1 所示，分类项"时间"水平排列，数据系列"信息技术市场份额"垂直显示。柱形图适用于显示一段时间内数据的变化或者各项之间的比较，通常用来强调数据随时间的涨落变化。

条形图如图 11.2 所示。条形图适用于描述各项数据之间的差别情况，分类项垂直排列，数据系列水平显示。

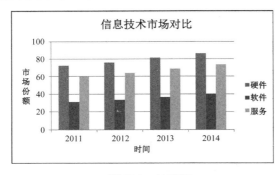

图 11.1　柱形图

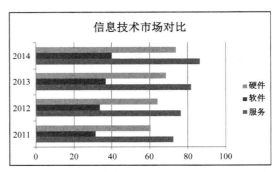

图 11.2　条形图

2．折线图

折线图如图 11.3 所示，适用于描述各种数据随时间的变化趋势。折线图以等间隔显示数据的变化趋势。

3．饼图和圆环图

饼图如图 11.4 所示，一般只显示一个数据系列。饼图适用于表示数据系列中每一项占该系列总值的百分比，但是无法分析多个数据序列。

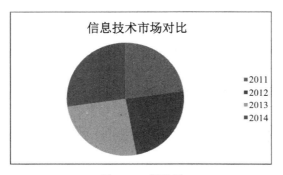

图 11.3　折线图

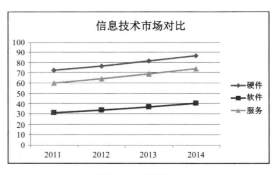

图 11.4　饼图

圆环图如图 11.5 所示，它的作用类似于饼图，但它可以显示多个数据系列，每个圆环代表一个数据系列。

4．（XY）散点图

（XY）散点图如图 11.6 所示，适用于比较绘在分类轴上的不均匀时间或测量间隔上的趋势。当分类数据为均匀间隔时，应使用折线图。

5．面积图

面积图如图 11.7 所示，显示每一个数值所占大小随时间或类别而变化的趋势线，适用于比较多个数据系列在幅度上连续的变化情况，可以直观地看到部分与整体的关系。因此，面积图强调幅度随时间变化的情况。

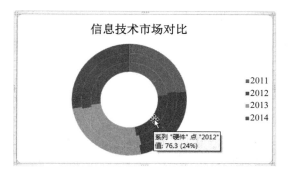

图 11.5 圆环图

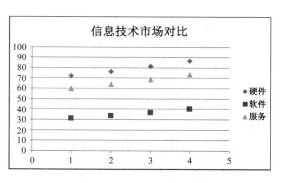

图 11.6 （XY）散点图

6．三维图

三维图包括三维柱形图、三维条形图、三维圆柱图、三维圆锥图和三维棱锥图等类型。三维柱形图如图 11.8 所示，三维图有立体感，可以产生良好的视觉效果。

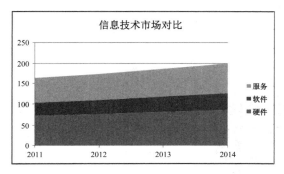

图 11.7 面积图

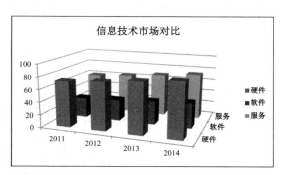

图 11.8 三维柱形图

虽然三维图有立体感，但如果角度位置选取不合适反而会弄巧成拙，让人看不明白。使用命令可以对三维图进行调整。使用命令调整三维图的步骤如下：

（1）选择要调整的三维图表。

（2）单击"图表工具/布局"选项卡"背景"功能区中的"三维旋转"按钮，打开"设置图表区格式"对话框，单击左侧的"三维旋转"选项，如图 11.9 所示。

图 11.9 "设置图表区格式"对话框

（3）根据需要进行设置。

➤ "旋转"选项组

　　X（X）：调整视图在水平方向旋转的角度。

　　Y（Y）：调整视图在垂直方向旋转的角度。

　　透视：控制视野的大小。

➤ "图表缩放"选项组：

　　深度：深度以 Z 轴长的百分比为单位。如 200%表示图表的 Z 轴长度为 X 轴长度的 2 倍。

　　高度：高度以 X 轴长度的百分比为单位，只有在"直角坐标轴"复选框选中时，此项才能调整。

➤ **默认旋转按钮**：将对话框中所有的设定值重设为默认值。

11.1.2　创建图表

【**实例 11-1**】制作如图 11.10 所示的簇状柱形图。

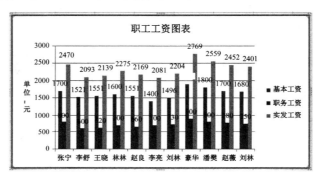

图 11.10　簇状柱形图示例

（1）建立如图 11.11 所示的数据清单，并在数据区内单击任一单元格。

（2）单击"插入"选项卡中"图表"功能区中的"柱形图"按钮，在其下拉列表中选择子图表类形"簇状柱形图"中"二维柱形图"组中的第一个，如图 11.12 所示。

编号	姓名	基本工资	职务工资	房水电	实发工资
9709001	张宁	1700	800	30	2470
9709002	李舒	1521	600	28	2093
9709003	王晓	1551	620	32	2139
9709004	林林	1600	700	25	2275
9709005	赵良	1551	660	42	2169
9709006	李亮	1400	700	19	2081
9709007	刘林	1496	730	22	2204
9709008	豪华	1900	900	31	2769
9709009	潘樊	1800	800	41	2559
9709010	赵薇	1700	780	28	2452
9709011	刘林	1680	750	29	2401

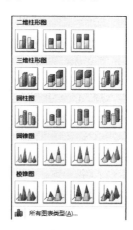

图 11.11　数据清单示例　　　　　图 11.12　"柱形图"下拉列表

（3）单击"图表工具/设计"选项卡中"数据"功能区中的"选择数据"按钮，打开"选择数据源"对话框，如图 11.13 所示。

图 11.13　"选择数据源"对话框

（4）单击"图表数据区域"框右侧的"折叠对话框"按钮，在工作表中拖曳选中"姓名"、"基本工资"、"职务工资"和"实发工资"四列数据（含字段名），单击"确定"按钮。

（5）单击"图表工具/布局"选项卡中"选项卡"功能区中的"图表标题"按钮，在其下拉列表中选择标题所在的位置，如"图表上方"（见图 11.14）。在图表上输入图表的标题"职工工资图表"。

（6）如果设置图表标题的其他格式，可以在"图表标题"下拉列表中选择"其他标题选项"命令，打开"设置图表标题格式"对话框，如图 11.15 所示。可以设置标题的边框线条、边框颜色、边框样式及发光柔和边缘等。本例中给标题加上了红色边框及发光和柔化边缘。

（7）单击"图表工具/布局"选项卡"选项卡"功能区中的"坐标轴标题"按钮，在其下拉列表中选择"主要纵坐标轴标题"下级的"竖排标题"，给图表加上纵坐标轴标题"单位：元"，如图 11.16 所示。

图 11.14　"图表标题"下拉列表　　　图 11.15　"设置图表标题格式"对话框

图 11.16　添加纵坐标轴标题示例

（8）单击"图表工具/布局"选项卡中"选项卡"功能区中的"数据选项卡"按钮，在其下拉列表中选择"数据选项卡"，设置图表显示数据的位置，如图 11.17 所示。

（9）如果要取消显示的数据，则在其下拉窗格中单击"无"，如果还要设置数据选项卡的其他格式设置，则单击"其他数据选项卡选项"命令。

（10）单击"图表工具/设计"选项卡中"位置"功能区中的"移动图表"按钮，打开"移动图表"对话框，如图 11.18 所示，选择"新工作表"单选项并在右面的文本框中输入"人员工资"作为新建工作表的名称，单击"确定"按钮，最终生成如图 11.10 所示的图表。

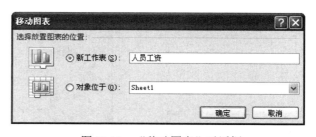

图 11.17　"数据选项卡"下拉列表　　　　图 11.18　"移动图表"对话框

11.2　编辑图表

11.2.1　调整图表的位置和大小

将图表作为嵌入对象移至工作簿的任一工作表中，其操作步骤如下。

（1）选中要移动位置的图表。

（2）单击"图表工具/设计"选项卡中"位置"功能区中的"移动图表"按钮，打开"移动图表"对话框，选择"对象位于"单选项，如图 11.19 所示。

图 11.19　在"移动图表"对话框中选择"对象位于"单选项

（3）在"对象位于"下拉列表中选择要嵌入图表的工作表。

调整图表大小的步骤如下。

（1）单击选中图表。

（2）将鼠标指针置于八个控制句柄中的某一个上，等指针变为双向箭头形状时，按住鼠标左键拖曳。

11.2.2　更改图表类型

如果创建后的图表不能直观地表达工作表中的数据，还可以更改图表类型。

（1）选中要更改类型的图表

（2）单击"图表工具/设计"选项卡中"类型"功能区中的"更改图表类型"按钮，打开如图 11.20 所示的"更改图表类型"对话框。

图 11.20　"更改图表类型"对话框

（3）选择所需的图表类型，单击"确定"按钮即可。

11.2.3　更改数据系列产生方式

图表中的数据系列既可以横向显示，也可以纵向显示，有时更改数据系列的产生方式可以使图表更加直观。

（1）选定"按列"生成的图表，如图 11.21 所示。

（2）单击"图表工具/设计"选项卡中"数据"功能区中的"切换行/列"按钮，修改后的图表如图 11.22 所示。

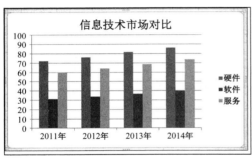

图 11.21　要修改的图表

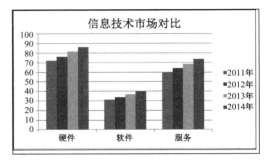

图 11.22　修改后的图表

11.2.4　添加或删除数据系列

向已经建立了图表的工作表中添加了数据系列后，同样需要在图表中添加该数据系列。

【实例 11-2】在如图 11.23 所示的工作表中添加名称为 "2010 年" 的数据系列，将该数据系列添加到图表中。

（1）选定要添加数据系列的图表。

（2）单击 "图表工具/设计" 选项卡中 "数据" 功能区中的 "选择数据" 按钮，单击 "选择数据源" 对话框的 "图例项（系列）" 列表中的 "添加" 按钮，打开 "编辑数据系列" 对话框，如图 11.24 所示。

	A	B	C	D	E	F
1				信息技术市场对比		
2	项目	2010年	2011年	2012年	2013年	2014年
3	硬件	69.5	72.4	76.3	81.6	86.4
4	软件	30.7	31.3	33.8	36.8	40
5	服务	57.3	60.2	63.9	68.7	73.6

图 11.23　添加了数据系列的工作表

图 11.24　"编辑数据系列" 对话框

（3）单击 "系列名称" 文本框右侧的 "折叠对话框" 按钮，在图 11.23 中选择单元格 B2，添加该字段名。

（4）单击 "系列值" 文本框右侧的 "折叠对话框" 按钮，在工作表中选定要添加的数据系列（不包含字段名），然后再选中图 11.23 中的单元格区域 B3:B5，添加到该对话框。

（5）单击 "确定" 按钮，返回到 "选择数据源" 对话框，单击该对话框中的 "确定" 按钮，名为 "2010 年" 的数据系列被添加到图表中，如图 11.25 所示。

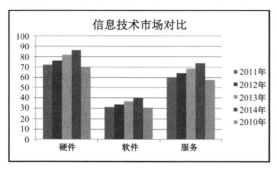

图 11.25　添加了数据系列的图表

实用技巧：

用复制的方法向图表中添加数据系列是添加数据系列操作中最方便的方法，不过新添加的数据序列将显示在最后。

① 选择要添加的数据所在的单元格区域。

② 单击鼠标右键，在弹出的快捷菜单中选择"复制"命令。

③ 单击要添加数据的图表。

④ 单击快捷菜单中的"粘贴"命令。

删除数据系列的操作很简单。如果仅删除图表中的数据系列，单击选定图表中要删除的数据系列，然后按【Delete】键。如果要一起删除工作表中与图表中的某个数据系列，选定工作表中该数据系列所在的单元格区域，然后按【Delete】键。

11.2.5　向图表中添加文本

向生成的图表中添加横排或竖排文本框，可使图表包含更多的信息。

（1）单击要添加文本的图表。

（2）单击"插入"选项卡中"文本"功能区中的"文本框"按钮，在其下拉列表中选择"横排文本框"。

（3）在图表中单击以确定文本框的一个顶点的位置，然后拖曳鼠标至合适大小后松开鼠标左键。

（4）在文本框内输入文字。

（5）在文本框外单击结束输入，效果如图 11.26 所示。

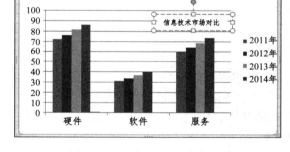

图 11.26　添加了文本框的图表

文本框的大小和位置可以像 Word 中一样根据需要随时调整，还可以设置和修改文本框的格式，使图表中的文本更加美观。

11.2.6　设置图表区和绘图区的格式

图表的绘图区用于放置图表主体的背景。图表区用于放置图表及其他元素，包括标题、图例和数据表的大背景。设置图表区格式的操作如下。

（1）在绘图区或图表区上双击，打开相应的格式设置对话框。如图 11.27 所示，以"设置图表区格式"对话框为例。

（2）在"填充"选项卡中，可以设置图表区的填充背景。

（3）在"边框颜色"选项卡中，可以给图表区加上边框及设置边框的颜色。

（4）在"边框样式"选项卡中，可以设置边框的样式。

（5）在"阴影"选项卡中，可以给边框添加阴影。

（6）在"发光和柔化边缘"选项卡中，可以设置边框的发光效果及对边缘进行柔和设置。

图 11.27　"设置图表区格式"对话框

（7）在"三维格式"选项卡中，设置边框的立体效果。

（8）在"属性"选项卡中，可以设置图表对象的大小和位置是否随着单元格而变化。

（9）在"可选文字"选项卡中，可以设置图表区中所有文本（图表标题、图例、坐标轴上标志文本）的字体。

实用技巧:

修改图表的两种方法：

① 在图表上直接修改，如修改标题的字号、字体，数据标志的字号、字体，坐标轴的刻度等。只要选中后右击鼠标，在弹出的快捷菜单中可以非常灵活地进行设置。标题、数据标志等的位置可以选中后直接拖曳到目的地。

② 用生成步骤进行高级修改。生成的图表不理想，不用重新创建，如果方法①不能解决问题，可在选中该图表后，再单击"图表工具/设计"、"布局"、"格式"选项卡下相应的按钮对图表进行修改即可。

11.3　数据分析

使用趋势线或误差线可以对图表中的数据进一步分析。

11.3.1　使用趋势线

趋势线以图形的方式显示某个系列中数据的变化趋势，多用于预测研究。

1．添加趋势线

（1）用于制作趋势线的数据如图 11.28 所示。

（2）用图 11.28 中数据制作的折线图，如图 11.29 所示。

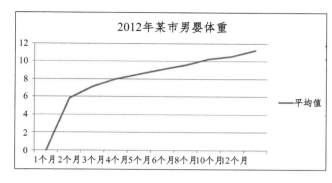

	A	B	C	D
1	2012年某市男童统计数据			
2	年龄	体重平均值（千克）		
3	1个月	5.85		
4	2个月	7.1		
5	3个月	7.99		
6	4个月	8.54		
7	5个月	9.08		
8	6个月	9.58		
9	8个月	10.25		
10	10个月	10.57		
11	12个月	11.26		

图 11.28　用于制作趋势线的数据　　　图 11.29　用于显示随时间变化趋势的图表——折线图

（3）单击"图表工具/布局"选项卡中"分析"功能区中的"趋势线"按钮，在其下拉列表中选择"其他趋势线选项"命令，打开"设置趋势线格式"对话框，如图 11.30 所示。

（4）在"趋势线选项"选项卡中，单击所需的趋势线类型："对数"（其他几种趋势线类型都可以进行数据的预测）。

各种趋势线的特点介绍如下：

➢ **线性**：适用于数据增长或降低比较平稳的情况。

➢ **对数**：适用于数据增长或降低一开始比较快，但后来逐渐趋于平缓的情况。

➢ **多项式**：适用于数据增长或降低波动较多的情况。

➢ **乘幂**：适用于数据增长或降低持续加强且加强幅度比较稳定的情况。

➢ **指数**：适用于数据增长或降低持续加强且加强幅度越来越大的情况。

（5）在"趋势线名称"选项组中，设置趋势线的名称。

（6）在"趋势预测"选项组中对趋势预测周期和截距等进行设置。

（7）选中"显示公式"复选框，单击"关闭"按钮。

（8）添加的趋势线如图 11.31 所示。

图 11.30　"设置趋势线格式"对话框

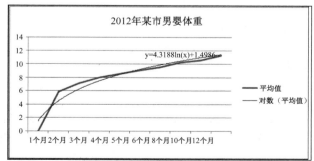

图 11.31　"对数"趋势线

2．修改趋势线

添加趋势线之后，根据需要还可以更改趋势线的格式。

（1）双击需要更改格式的趋势线，打开"设置趋势线格式"对话框。

（2）在该对话框中可以更改趋势线的类型、趋势线的线条样式、颜色和粗细、三维效果、趋势线的名称、趋势预测周期等。

3．删除趋势线

在图表中单击选定趋势线，然后按【Delete】即可删除趋势线。

11.3.2 使用趋势线进行预测

趋势线的主要功能是预测数据随时间的变化。利用上面制作的体重随时间变化的趋势线预测某市男婴 14 个月时的平均体重。

（1）在如图 11.32 所示的单元格 A12 单元格中输入"14"（代表月的数值）。

（2）在 B12 单元格中输入如图 11.33 中编辑栏中显示的预测公式"=4.3188*LN(A12)+1.4986"，按回车键，预测结果如图 11.33 所示。

图 11.32　输入需要预测的年龄

图 11.33　预测结果

11.3.3 使用误差线

代表数据系列中对每一数据标记潜在误差或不确定程度的图形线条为误差线，它可以作为对同一问题的统计或测算的准确度的参考依据，常用于统计和工程数据的绘图。可以给二维图表如面积图、条形图、柱形图、折线图、XY 散点图和气泡图中的数据系列添加误差线，但不能向三维图表、雷达图、饼图或圆环图的数据系列中添加误差线。

【实例 11-3】对图 11.29 中的"体重"数据系列添加误差线。

（1）单击图表中要添加误差线的数据系列，这里直接单击图表中的折线图。

（2）单击"图表工具/布局"选项卡中"分析"功能区中的"误差线"按钮，在其下拉列表中选择要添加的误差线的类型，如"标准误差误差线"、"百分比误差线"、"标准偏差误差线"，如图 11.34 所示。

（3）如果要添加其他类型的误差线，则在"误差线"下拉列表中单击"其他误差线选项"

命令，打开"设置误差线格式"对话框，如图 11.35 所示。

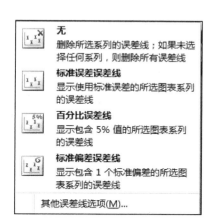

图 11.34 "误差线"下拉列表

图 11.35 "设置误差线格式"对话框

（4）在"垂直误差线"选项卡中"显示"选项组中选择"正负偏差"单选项，在"末端样式"选线组中选择"线端"单选项，在"误差量"选项组中选择"固定值"单选项，并在其后的文本框中输入数值 2。

（5）单击"关闭"按钮，添加了误差线的图表如图 11.36 所示。

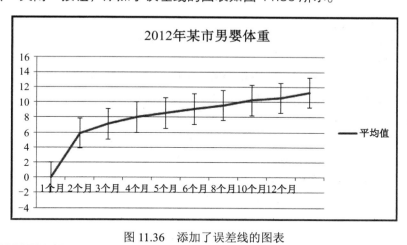

图 11.36 添加了误差线的图表

添加误差线之后，根据需要也可以更改误差线的格式。

（1）双击需要修改格式的误差线，打开"设置误差线格式"对话框。

（2）在"线条颜色"选项组中可以设置误差线的线条颜色，在"线型"选项组中可以设置线条的形状、粗细等格式；在"阴影"选项组中可以设置线条阴影格式。

用鼠标右键单击要删除的误差线，在弹出的快捷菜单中选择"删除"命令，或者单击要删除的误差线，然后按【Delete】键或选取"误差线"下拉列表中的"无"选项都可以删除误差线。不能单独删除一条误差线，删除某条误差线后所有数据系列的误差线都将被删除。

习题 11

一、选择题

1. 在 Excel 工作簿中既有一般工作表又有图表，当执行"文件"菜单中的"保存文件"命令时，则（　　）。

　　A. 只保存工作表文件　　　　　　　　B. 只保存图表文件

　　C. 分别保存　　　　　　　　　　　　D. 将二者作为一个文件保存

2. 下列关于 Excel 的叙述中，正确的是（　　）。

　　A. Excel 工作表的名称由文件名决定

　　B. Excel 允许一个工作簿中包含多个工作表

　　C. Excel 的图表必须与生成该图表的有关数据处于同一张工作表上

　　D. Excel 将工作簿的每一张工作表分别作为一个文件夹保存

3. 在 Excel 中，关于工作表及为其建立的嵌入式图表的说法，正确的是（　　）。

　　A. 删除工作表中的数据，图表中的数据系列不会删除

　　B. 增加工作表中的数据，图表中的数据系列不会增加

　　C. 修改工作表中的数据，图表中的数据系列不会修改

　　D. 以上三项均不正确

4. 用 Excel 可以创建各类图表，如条形图、柱形图等。为了显示数据系列中每一项占该系列数值总和的比例关系，应该选择哪一种图表？（　　）

　　A. 条形图　　　　　B. 柱形图　　　　　C. 饼图　　　　　D. 折线图

二、上机实习题

1. 新建工作簿"生产厂家.xlsx"，并在 Sheet1 中录入如图 11.38 所示的数据清单。

根据 Sheet1 工作表中的数据制作嵌入式簇状柱形图，要求如下：

（1）数据源为"生产厂家"、"库存数"、"入库数"。

（2）图表标题为"产品库存管理图表"，格式设置为楷体、20 磅字、加粗。

（3）X 轴标题为"生产厂家"，Y 轴标题为"数量"，格式均设置为黑体、12 磅字。

（4）图例选"底部"，格式设置为宋体，8 磅字。

（5）X 和 Y 分类轴的文字选用仿宋，8 磅字的格式。

最终样图如图 11.39 所示。

	A	B	C
1	生产厂家	库存数	入库数
2	一分厂	14800	52709
3	二分厂	4680	9850
4	三分厂	11391	43347
5	四分厂	1288	1127

图 11.38

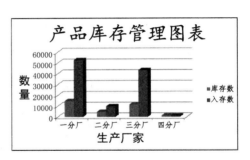

图 11.39　样图一

2．新建工作簿"人员工资.xlsx"，并在 Sheet1 中录入以下样表，使用"姓名"、"基本工资"和"应发工资"三列数据创建一个三维柱形图，最终样图如图 11.40 所示。

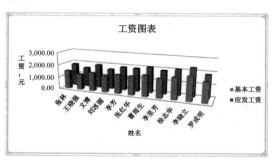

图 11.40　样图二

3．新建工作簿"欧洲信息技术市场.xlsx"，并在 Sheet1 中录入如图 11.41 所示的样表，使用"通信"一行的数据创建数据折线图，最终样图如图 11.42 所示。

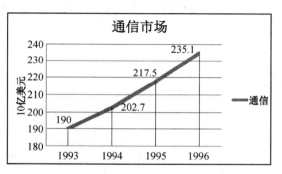

图 11.41　样表　　　　　　　　　　　　　　图 11.42　样图三

PowerPoint 2010 基础知识

学习目标

- 熟悉四种视图窗口的功能特点
- 能够添加、编辑各种版式的幻灯片，能够添加各种对象
- 能够使用及编辑内置设计模板，能够自制个性化设计模板
- 能够熟练设置各种放映幻灯片的特效
- 能够插入声音、影片剪辑，并设置播放效果
- 能够正确打包演示文稿

PowerPoint 中文版是一个非常受欢迎的多媒体演示软件。它可以把你的意图、方案和其他需要展示的内容，用文字、数据、图表、图像、声音及视频片段等组成幻灯片，形成极为生动的演示效果。

12.1　PowerPoint 2010 简介

12.1.1　PowerPoint 的工作界面

PowerPoint 2010 的工作界面如图 12.1 所示。

PowerPoint 主界面由快速访问工具栏、标题栏、文件选项卡、功能区、"幻灯片/大纲"窗格、幻灯片编辑区、备注窗格和状态栏组成。

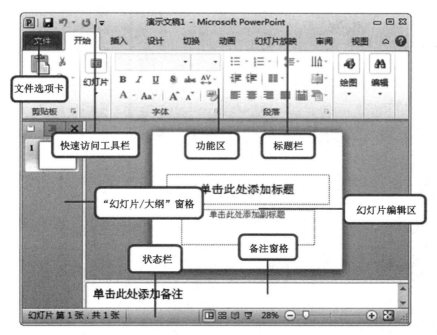

图 12.1　PowerPoint 2010 工作界面

PowerPoint 2010 工作界面各部分的组成及作用介绍如下。

➢ "标题栏"、"快速访问工具栏"、"文件"选项卡、"功能区"的功能和作用同于 Word 2010 和 Excel 2010。

➢ 幻灯片/大纲窗格：用于显示演示文稿的幻灯片数量及位置，通过它可更加方便地掌握整个演示文稿的结构。在"幻灯片"窗格下，将显示整个演示文稿中幻灯片的编号及缩略图；在"大纲"窗格下列出了当前演示文稿中各张幻灯片中的文本内容。

➢ 幻灯片编辑区：是整个工作界面的核心区域，用于显示和编辑幻灯片，在其中可输入文字内容、插入图片和设置动画效果等，是使用 PowerPoint 制作演示文稿的操作平台。

➢ 备注窗格：位于幻灯片编辑区下方，可供幻灯片制作者或幻灯片演示者查阅该幻灯片信息或在播放演示文稿时对需要的幻灯片添加说明和注释。

➢ 状态栏：位于工作界面最下方，用于显示演示文稿中所选的当前幻灯片张数及幻灯片总张数、幻灯片采用的模板类型、视图切换按钮及页面显示比例等。

12.1.2　视图窗口

为满足用户不同的需求，PowerPoint 2010 提供了多种视图模式编辑和查看幻灯片，在工作界面下方单击视图切换按钮中的任意一个按钮，即可切换到相应的视图模式下。下面对各视图进行介绍。

1．普通视图

普通视图是系统默认的视图模式，PowerPoint 2010 默认显示普通视图，在该视图中可以同时显示幻灯片编辑区、"幻灯片/大纲"窗格及备注窗格。它主要用于调整演示文稿的结构及编辑单张幻灯片中的内容，如图 12.2 所示。

2．"幻灯片浏览"视图

单击视图切换按钮中的"幻灯片浏览"按钮 ⊞，切换到"幻灯片浏览"视图，如图 12.3 所示。在这种视图下以最小化的形式显示演示文稿中的所有幻灯片，可以进行幻灯片顺序的调整、幻灯片动画设计、幻灯片放映设置和幻灯片切换设置等。但不能对单张幻灯片的具体内容进行编辑。

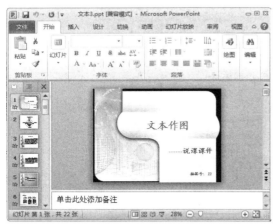

图 12.2　普通视图

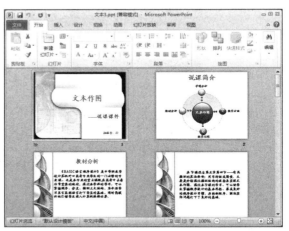

图 12.3　"幻灯片浏览"视图

3．"幻灯片放映"视图

单击视图切换按钮中的"幻灯片放映"按钮 ⊑，切换到"幻灯片放映"视图，如图 12.4 所示。该模式主要用于预览幻灯片在制作完成后的放映效果，以便及时对在放映过程中不满意的地方进行修改。通过放映视图可以测试插入的动画、添加的声音等的效果，还可以在放映过程中标注出重点，观察每张幻灯片的切换效果等。

4．阅读视图

单击视图切换按钮中的"阅读视图"按钮 ▣，可切换成"阅读视图"。该视图仅显示标题栏、阅读区和状态栏，主要用于浏览幻灯片的内容。在该模式下，演示文稿中的幻灯片将以窗口大小进行放映，如图 12.5 所示。

图 12.4　幻灯片放映视图

图 12.5　阅读视图

12.2 创建演示文稿

演示文稿是由一张或若干张幻灯片组成的，幻灯片是演示文稿中单独的"一页"，每张幻灯片一般至少包括两部分内容：幻灯片标题（用来表明主题）、若干文本条目（用来论述主题）。另外还可以包括图形、表格等其他对于论述主题有帮助的内容。

12.2.1 创建演示文稿

1．使用样本模板创建演示文稿

【实例 12-1】许多公司都会对新员工进行培训，这时往往会用 PowerPoint 课件来展示公司的历史、文化、理念等内容，下面制作新员工培训演示文稿。

（1）单击"文件"菜单的"新建"命令，打开"可用的模板和主题"选项卡，如图 12.6 所示。

图 12.6 "可用的模板和主题"选项卡

（2）单击"样本模板"按钮，打开图 12.7 所示界面，从中选择需要的模板，如"培训"。
（3）单击"创建"按钮，则生成以培训为模板的演示文稿，如图 12.8 所示。

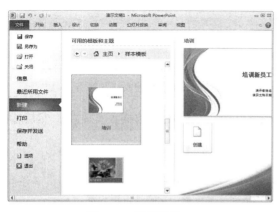

图 12.7 模板选择

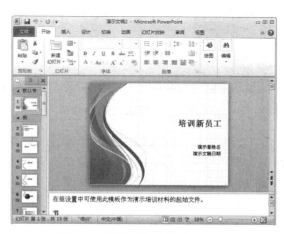

图 12.8 用模板创建的演示文稿

2．创建空白演示文稿

单击"文件"菜单的"新建"命令，打开"新建"选项卡，选择"空白演示文稿"，单击"创建"按钮。

12.2.2　插入和编辑文本

在 PowerPoint 中，对于固定版式的幻灯片来说，标题文字、解释说明性文本都有固定的放置位置，根据各幻灯片中的提示信息就可以在其中添加不同性质的文本，选中文本后可以设置相应的文本格式。

【实例 12-2】添加文本。

（1）单击"文件"菜单的"新建"命令，在"新建"选项中选择"空白演示文稿"，单击"创建"按钮，创建一个空白演示文稿。默认的是"标题幻灯片"版式，如图 12.9 所示。

（2）新创建的幻灯片有两个虚线框，这两个虚线框在 PowerPoint 中被称为占位符。单击"单击此处添加标题"占位符输入标题"文本作图"，再单击"单击此处添加副标题"占位符，输入"——说课课件"。

（3）改变幻灯片中字符格式的方法同于 Word 或 Excel 中。将标题文字的格式设为"楷体、60 号、加粗、橙色"，副标题文字的格式设为"楷体、40 号、加粗、橙色"。

（4）选中副标题文本框，当鼠标变成形状时，拖曳鼠标将其移动到合适的位置松开鼠标，如图 12.10 所示

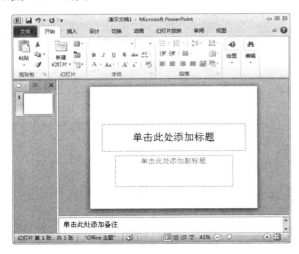

图 12.9　"标题幻灯片"版式

图 12.10　创建完成的标题幻灯片

另外，如要在内置版式提示框以外的位置输入文字，可在目的位置插入文本框，然后输入所需文本。用文本框输入文本的操作步骤如下：

（1）以文字选项卡方式输入文字。

➢ 在幻灯片视图中，单击"插入"选项卡中"文本"功能区的"文本框"按钮向下的小箭头，在弹出的列表中选择"横排文本框"，然后在需要输入文本的地方单击鼠标，此时将出现一个插入光标。

➢ 输入文字后在文本框以外的任意位置单击鼠标，文字周围的文本框将消失。

这种以文字选项卡方式加入文字的方法，输入的文字不会自动换行，主要适合输入一段比

较短的文字。

（2）以字处理方式输入文字。

➤ 在幻灯片视图中，单击"插入"选项卡中"文本"功能区的"文本框"按钮向下的小箭头，在弹出的列表中选择"横排文本框"，在需要输入文本的位置按下并拖曳鼠标向右移动，可以拉出一个带控制点的虚线框，松手后，在虚线框中可以看到文字输入光标。

➤ 在文本框中输入文字。

使用字处理方式加入文本时，当输入的文字超过文本框的边界时，文字将自动换行。这种方式适合于在幻灯片中加入的一段较长文字。

12.2.3 添加、删除幻灯片

在 PowerPoint 2010 中添加幻灯片的方法有三种：

（1）在幻灯片栏选中一张幻灯片后按回车键。

（2）利用组合键【CTRL+M】。

（3）使用菜单：单击"开始"选项卡"幻灯片"功能区中的"新建幻灯片"按钮。

【实例 12-2】在【实例 12-1】的基础上添加如图 12.11 所示的第二张幻灯片。

（1）单击"开始"选项卡"幻灯片"功能区中的"新建幻灯片"按钮向下的小箭头，打开如图 12.12 所示的"幻灯片版式"列表，选择"标题和内容"版式。

图 12.11 第二张幻灯片效果图

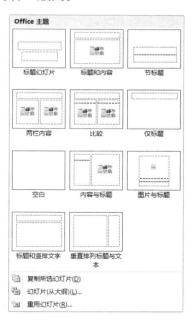

图 12.12 "幻灯片版式"列表

（2）在第一张幻灯片的后面添加了一张新的幻灯片，在标题区域输入"说课简介"，单击正文框或按【Ctrl+Enter】组合键即可进入正文框，输入相应的内容。

正文部分的段落是有层次的，PowerPoint 中文版中最多可以有五个层次。输入一个段落后，若下一个段落和本段落是同一层次的，按【Enter】键；若下一个段落比本段落低一个层次，按【Enter】

键后再按【Tab】键；若下一个段落比本段落高一个层次，按【Enter】键后再按【Shift+Tab】组合键，根据需要安排文本的段落及层次。

如果要修改当前幻灯片的版式，在如图 12.12 所示的"幻灯片版式"列表中直接选择合适的版式即可。如果列表中的版式都不合适，可先选择"空白"版式，然后自行设计。

在"幻灯片/大纲"窗格中单击选中要删除幻灯片的缩略图，按【Delete】键，就可以快速删除该幻灯片。

12.2.4　应用设计模板

模板是一种设定了文字格式和相应图案的特殊文档，可以通过模板来创建新的演示文稿，也可以将模板添加到已存在的演示文稿中。使用了模板的演示文稿中的幻灯片都将具有同样的格式，从而使演示文稿获得统一的外观和近似的风格。

【实例 12-3】在【实例 12-2】的基础上使用设计模板，制作幻灯片的标题页（如图 12.13 所示）和正文页（如图 12.14 所示）。

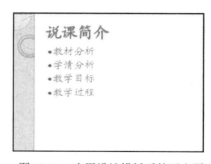

图 12.13　应用设计模板后的标题页　　　图 12.14　应用设计模板后的正文页

选中任意一张幻灯片，单击"设计"选项卡"主题"功能区中的"其他"按钮，打开"所有主题"列表，如图 12.15 所示，从中选择所需的主题，如"夏至"。

图 12.15　"幻灯片主题"列表

12.2.5 绘制图形

PowerPoint 的"绘图"工具栏中提供了数量不多但非常有用的绘图工具，这里只介绍 PowerPoint 特有的两种功能：绘制连接符和添加动作按钮。

1．绘制连接符

单击"插入"选项卡"插图"功能区中的"形状"按钮向下的小箭头，打开"形状"列表，在"线条"区域将显示如图 12.16 所示的连接符，它们在工业流程图或者电路图、结构图中经常看到，合理地使用它们可以制作专业性很强的演示文稿。

2．添加动作按钮

放映幻灯片时可以使用动作按钮切换幻灯片、上下翻页等。单击"插入"选项卡"插图"功能区中的"形状"按钮向下的小箭头，打开"形状"列表，在"动作按钮"区域将显示如图 12.17 所示的 12 种动作按钮。

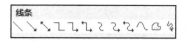

图 12.16 "连接符"列表

图 12.17 "动作按钮"列表

【实例 12-4】在【实例 12-3】的基础上对标题页（第一页）添加鼠标单击后播放下一页的动作按钮，如图 12.18 所示。

（1）选择标题页为当前幻灯片。

（2）选择"动作按钮"区域的第二个，在幻灯片的合适位置单击并拖曳鼠标添加大小适宜的动作按钮后，将自动弹出"动作设置"对话框，如图 12.19 所示，由"单击鼠标"选项卡和"鼠标移过"选项卡组成，在"单击鼠标"选项卡中设置鼠标单击动作按钮时演示文稿的相应动作。

图 12.18 添加"下一页"动作按钮

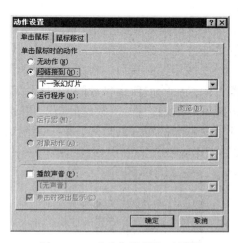

图 12.19 "动作设置"对话框

（3）在"超链接到"单选项的下拉列表中选择"下一张幻灯片"，这样单击刚创建的动作按钮就会播放下一张幻灯片。

在"超链接到"框中可能根据需要选择下一张幻灯片,如第一张、最后一张幻灯片、最近观看的幻灯片等,也可以选择结束放映。

【实例12-5】在【实例12-4】的基础上对第二页的每个子标题添加单击鼠标时起作用的动作按钮,在播放完每个子标题内容所包括的几张幻灯片后都自动返回到目录页(第二页)。要达到这样的效果,需要先制作"自定义放映"的流程。

(1)单击"幻灯片放映"选项卡"开始放映幻灯片"功能区中的"自定义放映"按钮向下的小箭头,在弹出的列表中单击"自定义放映"命令,打开"自定义放映"对话框,如图12.20所示。

(2)单击"新建"按钮,打开"定义自定义放映"对话框,如图12.21所示。在"幻灯片放映名称"文本框中输入自定义放映流程的名称:"教材分析",在"在演示文稿中的幻灯片"列表框中单击本放映流程的第一张幻灯片:"幻灯片3",单击"添加"按钮,将其添加到对话框右侧的"在自定义放映中的幻灯片"文本框中,再继续添加本放映流程的第二张幻灯片:"幻灯片4",以此类推。

图12.20 "自定义放映"对话框

图12.21 "定义自定义放映"对话框

(3)单击"确定"按钮,回到"自定义放映"对话框,再单击"关闭"按钮,关闭该对话框。

(4)选择第二页为当前幻灯片。选择"动作按钮"菜单第1行的第2个,在幻灯片的合适位置单击并拖曳鼠标添加大小适宜的动作按钮,效果如图12.22所示。

(5)按钮绘制完后,在弹出的"动作设置"对话框的"单击鼠标"选项卡中,选择"超链接到"列表中的"自定义放映",打开如图12.23所示的"链接到自定义放映"对话框,选择已设置好的放映流程:"教材分析",并选中"放映后返回"复选框,这样就可以非常方便地跳转到相关章节的对应幻灯片,而一旦到达章节末尾时,又可以自动返回目录。

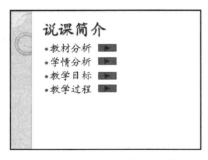

图12.22 对目录页添加动作按钮

图12.23 "链接到自定义放映"对话框

注意：

在制作按钮的过程中为了整齐美观，可以在先制作完成一个后，通过复制完成其余三个，最后单击"开始"选项卡"绘图"功能区中的"排列"按钮的向下小箭头，在弹出的列表中选择"对齐"命令。使用下级列表中的命令来调整位置，如图 12.24 所示。

图 12.24　"对齐"命令下级列表

12.3　设置演示文稿的格式

演示文稿的格式主要包括设计模板、母版及配色方案三个方面。

12.3.1　母板

PowerPoint 中提供了三种母版，具体如下。

➤ **幻灯片母版**：如图 12.25 所示，可以调整除标题幻灯片以外的所有幻灯片，控制某些文本特征（如字体、字号和颜色），另外它还控制了背景色和某些特殊效果（如阴影和项目符号样式）。

图 12.25　幻灯片母版视图

➤ **讲义母版**：主要作用是更改讲义的打印设计和版式，PowerPoint 中提供了每页打印 1 张、2 张、3 张、4 张、6 张、9 张等 6 种打印模式。

➢ **备注母版**：备注可以对文稿内容起到注释说明的作用，而备注母版可以控制注释的显示格式，从而使演示文稿中的注释具有统一的格式。

单击"视图"选项卡"母版视图"功能区中相应的按钮就可以打开对应的母版视图，然后进行编辑、调整等工作。下面介绍如何编辑母版中的对象。

注意：

在母版中做的编辑与格式设置，在其他视图中都不能修改。

【实例 12-6】为除首页以外的幻灯片添加如图 12.26 所示的页脚信息。

（1）打开需要编辑的演示文稿。

（2）单击"插入"选项卡"文本"功能区中的"页眉和页脚"按钮，打开"页眉和页脚"对话框，如图 12.27 所示，幻灯片母版中包含日期和时间、幻灯片编号及页脚三项内容。

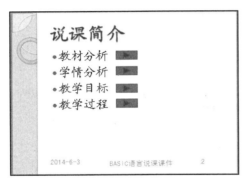
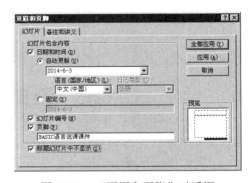

图 12.26　添加了页脚信息的幻灯片　　　　图 12.27　"页眉和页脚"对话框

（3）选中"日期和时间"复选框，并选择"自动更新"单选项后，在下拉列表中选择时间和日期的样式，在"语言国家/地区"列表框中选择语种。如果要插入某个特定的日期就选择"固定"单选项。

（4）选中"幻灯片编号"复选框，给幻灯片添加编号。

（5）选中"页脚"复选框，并在文本框中直接输入页脚的文字："BASIC 语言说课课件"。

（6）选中"标题幻灯片中不显示"复选框，设置标题幻灯片中不显示页脚信息。

（7）单击"全部应用"按钮可将所设置的内容应用到每一张幻灯片中。单击"应用"按钮将所设置的内容只应用到当前幻灯片中。

（8）刚添加的页脚信息使用的是系统默认的样式，要调整就需要在母版中进行设置。单击"视图"选项卡"母版视图"功能区中的"幻灯片母版"命令，打开"幻灯片母版"窗口。

（9）在"日期"区单击，在"开始"选项卡"字体"功能区中设置字体为"Times New Roman"，字号为"20"；在"页脚"区单击，设置字体为"华文新魏"，设置字号为"24"；在"数字"区单击鼠标右键，在弹出的快捷菜单中选择"编辑文本"，在"#"的前面输入"第"，后面输入"页"。单击选中"数字"区后，单击"开始"选项卡"字体"功能区右下角的 按钮，打开"字体"对话框，如图 12.28 所示，设置中文字体为"隶书"，数字字体为"Times New Roman"。

（10）单击"幻灯片母版"选项卡的"关闭母版视图"按钮 ，切换回幻灯片视图，继续编辑当前的演示文稿。

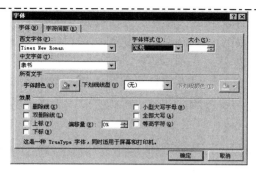

图 12.28　"字体"对话框

为备注和讲义添加页眉和页脚的过程和上述操作基本相同，只需在"页眉和页脚"对话框的"备注和讲义"选项卡中进行相应设置就可以了。

【实例 12-7】在母版中添加动作按钮，即首页中只有"下一页"按钮，如图 12.29 所示；其余页面中均有"上一页"和"下一页"按钮，如图 12.30 所示。

图 12.29　在母版中添加了动作按钮的标题页

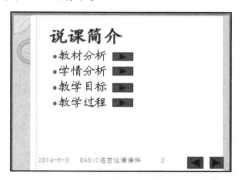

图 12.30　在母版中添加了动作按钮的正文页

（1）先在"幻灯片视图"中删除前面添加的"下一页"按钮，单击"视图"选项卡中的"幻灯片母版"按钮，在左侧窗格中选择"标题母版"，在右侧的"标题母版"中调整"数字"区的大小，在右下角绘制"下一页"动作按钮，如图 12.31 所示。

（2）在左侧窗格中选择"幻灯片母版"正文页，在右侧的"幻灯片母版"中，调整"页脚"区和"数字"区的大小，在右下角绘制"上一页"和"下一页"动作按钮，如图 12.32 所示。

图 12.31　在标题母版中添加动作按钮

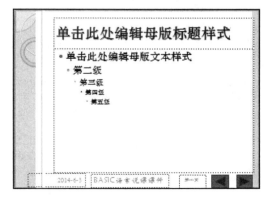

图 12.32　在幻灯片正文母版中添加动作按钮

【实例 12-8】在制作演示文稿的过程中，经常需要在所有幻灯片中加入同一个对象，如会议的会标、工厂的厂标等，如图 12.33 所示，这可以通过给母版添加背景对象来实现。

（1）打开要设置的演示文稿，单击"视图"选项卡"母版视图"功能区中的"幻灯片母版"按钮，打开"幻灯片母版"窗口，进入幻灯片母版编辑状态。

（2）在左侧窗格选择"幻灯片母版"后，单击"插入"选项卡中的"图片"命令，在"插入图片"对话框中选择要插入的图片。

图 12.33　在母版中添加图片

（3）使用"图片工具/格式"中的按钮对插入的图片进行调整，并将其移至幻灯片的右上角。

12.3.2　设计模板

PowerPoint 提供了两种模板：设计模板和内容模板。使用设计模板，可以将设计模板所定义的幻灯片外观应用到自己所创建的演示文稿中。内容模板是在设计模板的基础上增加了建议内容的一种模板，用这种模板，在有提示的地方输入文字，可以快捷地创建非常专业的演示文稿。前面已经介绍过如何对已有的演示文稿使用内置的设计模板，下面来了解如何用设计模板创建新的演示文稿，以及如何创建新的设计模板。

图 12.34　新建演示文稿

1．使用设计模板创建新的演示文稿

（1）单击"文件"菜单中的"新建"命令，在窗口右侧"可用的模板和主题"中单击"样本模板"选项，如图 12.34 所示。

（2）在出现的模板列表中选择所需的设计模板，单击右侧的"创建"按钮即可。

2．创建新的设计模板

虽然 PowerPoint 提供了大量专业的模板样式，但个性的模板还需要自己创建。创建模板最有效的方法是创建个性化的母版，在母版中设置背景、自选图形、字体、字号、颜色、动画方法等，为了充分展示自己的个性，创建模板之前，要先制作好背景图片、动画小图、装饰小图、声音文件。制作背景图片时，图片的色调最好淡雅些，也可以加上个性化的图形文字标志。为了让设计模板文件小一些，图片的格式最好用 .jpg 格式。

【实例 12-9】制作个性化设计模板，应用后如图 12.35 和图 12.36 所示。

（1）新建空白演示文稿，选择任意一种版式，单击"视图"中的"幻灯片母版"，打开母版进行编辑。

（2）在"幻灯片母版"左侧窗格选择第一个"幻灯片母版"，删除掉原有的图片和不需要的装饰，插入"来自文件"的图片，制作好正文幻灯片的背景图片，并设置好标题及正文的字体等格式。

图 12.35　应用个性化模板的标题页　　　　图 12.36　应用个性化模板的正文页

（3）在"幻灯片母版"左侧窗格选择第二个"标题母版"，删除掉原有的图片和不需要的装饰，插入"来自文件"的图片，制作好标题幻灯片的背景图片，并设置好标题及正文的字体等格式。

（4）单击"文件"菜单中的"另存为"命令，打开"另存为"对话框，在"文件名"文本框中输入新建设计模板的名称："个性化模板"，在"保存类型"下拉列表框中选择"演示文稿设计模板（*.potx）"，则"保存位置"自动跳转到"Microsoft Office"文件夹下的"Templates"子文件夹中，如图 12.37 所示，则新建的设计模板出现在"可用的模板和主题"中"个人模板"列表中，如图 12.38 所示。

图 12.37　"另存为"对话框

图 12.38　"新建演示文稿"对话框

3．使用演示文稿内容模板

内容模板在样式上与设计模板基本相同，只不过是在它的基础上添加了针对主题的示范内容幻灯片。

（1）单击"文件"菜单中的"新建"命令，在右侧"可用的模板和主题"中选择"根据现有内容新建"选项，如图 12.39 所示。

图 12.39　选择"根据现有内容新建"选项

（2）打开"根据现有演示文稿新建"对话框，选择与要创建的演示文稿主题相同的演示文稿，如"文本作图"，如图 12.40 所示。

图 12.40　"根据现有演示文稿新建"对话框

（3）单击"新建"按钮，可发现本演示文稿共有 22 张幻灯片，用自己的文本代替幻灯片中的文本，制作出演示文稿的所有幻灯片。

12.3.3　设置主题颜色

应用了一种主题样式后，如果用户觉得所套用样式中的颜色不是自己喜欢的，则可以更改主题颜色。主题颜色是指文件中使用的颜色集合，更改主题颜色对演示文稿的效果最为显著。用户可以直接从"颜色"下拉列表中选择预设的主题颜色，也可以自定义主题颜色来快速更改演示文稿的主题颜色。

1．应用内置的主题颜色

在 PowerPoint 2010 中有一组预置的主题颜色，用户可以选择一种配色方案直接套用，具体操作如下：

（1）打开前面实例中制作的"文本作图.pptx"，在"设计"

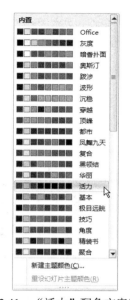

图 12.41　"活力"配色方案列表

选项卡中单击"颜色"按钮，从打开的列表中选择一种主题颜色，如选择"活力"配色方案，如图 12.41 所示。

（2）应用内置主题颜色后的效果，如图 12.42 所示

2．自定义主题颜色

如果用户对于内置的主题颜色都不满意，则可以自定义主题的配色方案，并可以将其保存下来供以后的演示文稿使用，具体操作如下。

（1）打开"文本作图.pptx"，在图 12.41 中单击"新建主题颜色"选项，弹出"新建主题颜色"对话框如图 12.43 所示。

图 12.42　应用内置主题颜色后的效果

图 12.43　"新建主题颜色"对话框

（2）选择"文字/背景色"。在"新建主题颜色"对话框中可以对幻灯片中各个元素的颜色进行单独设置。例如，单击"文字/背景-深色 1"右侧的下拉三角按钮，从展开的下拉列表中选择颜色，如图 12.44 所示。

（3）设置自定义配色的名称。采用相同的方法，更改其他背景或文字颜色，设置完毕后，

在"名称"文本框中输入新建主题颜色的名称,这里输入"自定义配色 1",如图 12.45 所示,然后单击"保存"按钮。

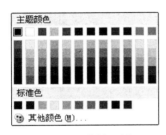

图 12.44　颜色列表

图 12.45　输入新建主题颜色的名称

12.4　设置放映及打包幻灯片

PowerPoint 对演示文稿中的幻灯片进行排列、组合后可以按一定的顺序或者方式一张张地展示出来。

12.4.1　设置动画效果

PowerPoint 允许将幻灯片上的文本、形状、声音、图像和其他对象都设置为不同的动画显示方式,这样就可以突出重点、控制信息的流程,并提高演示文稿的趣味性。在电子演示文稿的每一张幻灯片中,都可以将文本设置为按字母、词或段落的形式出现,使图形或其他对象(图表或图像)循环渐进出现,甚至可以动态显示图表的元素,具有极强的动画效果。

1．动画显示文本和对象

在 PowerPoint 中设置幻灯片上对象的出现顺序和播放时间来动态显示文本和对象。

【实例 12-10】以"文本作图.pptx"的第二张幻灯片为实例,第一页切换过来后,标题文本从右侧非常快地飞入,正文的每一行文字在"单击鼠标"后,从左侧飞入,四个动作按钮在最后一行正文文本飞入后,自动显示出来。

(1)打开演示文稿"文本作图.pptx",在"普通视图"中选择第二张幻灯片。

(2)选中标题"说课简介",单击"动画"选项卡"动画"功能区中的"飞入"动画,如图 12.46 所示。

(3)单击图 12.46 中的"效果选项"按钮中向下的小箭头,打开如图 12.47 所示的列表,选择"自右侧"选项。

(4)"计时"功能区设置。在"动画"选项卡的"计时"功能区中,单击"开始"后面的向下小箭头,在弹出的列表中有三个选项,分别是:"单击时"、"与上一动画同时"和"上一动画之后"。本例中的设置如图 12.48 所示,"开始":单击时,"持续时间":0.50,"延迟":0.25。

图 12.46 "动画"功能区

图 12.47 "进入"选项列表

（5）选择内容区域，设置为"单击时"、"自左侧"、"飞入"。

（6）选择一个动作按钮，再按【Shift】键，同时选择其他三个动作按钮，设置为："上一动画之后"、"自顶部"、"飞入"。

（7）选择要调整出场顺序的对象，单击"动画"选项卡"高级动画"功能区中"动画窗格"按钮，打开"动画窗格"任务窗格，单击"上移"按钮 或 "下移"按钮 ，调整该对象在当前幻灯片中的出场顺序，如图 12.49 所示。

图 12.48 "计时"功能区

图 12.49 动画窗格

（8）单击"幻灯片放映"选项卡中的"从当前幻灯片开始"按钮，观看设置效果。

2．动画显示图表

在 PowerPoint 中，插入到演示文稿中的各种图表、表格等是一种较为特殊的对象。默认时图表或者表格都作为一个独立的主体来处理，即只能一次性地进行动画播放，但也可以进行设置后，将图表中的各元素分解开，从而分别应用动画效果逐一显示。

注意:

因为在幻灯片中导入图表的技能将在下一章中学习,所以在本节中用 PowerPoint 中默认的图表进行学习。

【实例 12-11】将图表作为一个整体添加动画效果。

(1)插入一张新的幻灯片,选用有图表对象的版式,效果如图 12.50 所示,双击右侧的图表缩略图,插入系统默认的图表样例。

(2)进行适当的调整后,效果如图 12.51 所示。

图 12.50 新插入的有图表对象的幻灯片

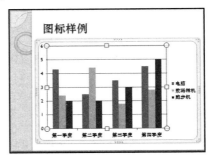

图 12.51 在幻灯片中插入默认图表

(3)在普通视图中,选择该图表。在"动画"选项卡"动画"功能区选择"进入"中的一种效果,如"飞入"效果,它使幻灯片播放时整个图表按"飞入"效果出场。选择"退出"中的一种效果,如"轮子"效果,它使图表在退出幻灯片时按"轮子"效果退出。

【实例 12-12】为图表元素添加动画效果。

(1)在对整个图表中应用动画效果后,单击"动画"选项卡"动画"功能区中的"效果选项"向下的小箭头,打开如图 12.52 所示的列表。

图 12.52 "效果选项"列表

(2)在列表中"轮辐图案"区设置其中一种效果,如:3 轮辐图案。在"序列"区选择除"作为一个对象"外的某个选项,如"按系列"。

12.4.2　设置幻灯片的切换效果

幻灯片的切换效果是指在放映演示文稿的过程中，切换两张幻灯片时所具有的动画效果。在 PowerPoint 中提供了多种切换效果。

（1）切换到幻灯片浏览视图。选择要设置切换效果的幻灯片，单击"切换"选项卡"切换到此幻灯片"功能区（图 12.53）右下角向下的小箭头，打开切换效果列表，选择"分割"效果，如图 12.54 所示。

图 12.53　"切换到此幻灯片"功能区

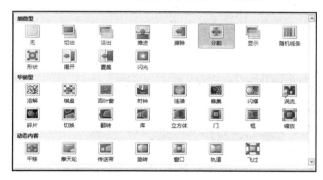

图 12.54　切换效果列表

（2）如果要将演示文稿中所有幻灯片的切换都设置成一种效果，在"计时"功能区中单击"全部应用"按钮 全部应用 。

（3）如果要将多张幻灯片设置成不同的切换方式，选择某张幻灯片后，再在"切换到此幻灯片"功能区选择一种切换方式，重复该操作就可以设置成多种切换方式。

12.4.3　设置放映方式

在 PowerPoint 中，根据使用的需要，有 3 种不同的放映方式供选择。

➢ **演讲者放映**：以全屏方式放映幻灯片，并且可以在演示过程中暂停放映以添加会议细节或即席演讲，是最常用的放映方式。

➢ **观众自行浏览**：以小型窗口显示的方式放映幻灯片，观众可以对幻灯片进行移动、编辑、复制和打印操作，并且可以通过垂直滚动条快速切换幻灯片。

➢ **在展台浏览**：在无人管理的全屏幕状态下自动运行演示文稿，适合于在展示会议上使用。但这种放映方式需要事先为幻灯片设定好自动导入的时间，并将切换幻灯片的方式设定为"如果存在排练时间，则使用它"。

单击"幻灯片放映"选项卡"设置"功能区中的"设置幻灯片放映"按钮，打开"设置放映方式"对话框，如图 12.55 所示，对幻灯片的"放映类型"、"放映幻灯片"、"放映选项"，以及"换片方式"等进行设置。

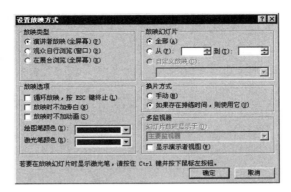

图 12.55　"设置放映方式"对话框

【**实例 12-13**】使用排练计时功能对幻灯片的放映时间进行精确地计算后，设置展台自动播放方式，来控制幻灯片的放映进度。

（1）选择演示文稿的第一张幻灯片，单击"幻灯片放映"选项卡"设置"功能区中的"排练计时"命令，打开排练方式，这时会在放映窗口上出现一个"录制"对话框，如图 12.56 所示。

（2）在中间显示的是播放当前幻灯片所使用的时间，后面显示的是播放整个幻灯片所使用的时间。如果认为当前幻灯片中的对象所停留的时间合适的话，可以通过单击"录制"对话框中的 ➡ 按钮来对下一个对象进行计时，单击 ↩ 按钮可以重新设置当前幻灯片中对象的播放时间，单击 ⅠⅠ 按钮可以暂停排练。

（3）当结束放映后，系统会自动弹出如图 12.57 所示对话框，显示放映当前幻灯片所需时间，并且询问是否按照排练的录制时间来放映幻灯片，单击"是"将会自动进入幻灯片浏览视图，每张幻灯片的左下角都显示了所录制的排练时间。

图 12.56　"录制"对话框

图 12.57　"排练计时"提示框

（4）单击"幻灯片放映"选项卡"设置"功能区中的"设置幻灯片放映"按钮，打开"设置放映方式"对话框。

（5）在"放映类型"选项组中选择"在展台浏览"，如图 12.58 所示。

（6）在"放映选项"中，选择"放映时不加旁白"将自动隐藏旁白部分的内容。选择"放映时不加动画"将自动隐藏事先为幻灯片中的对象设定好的动画效果。

（7）在"放映幻灯片"选项组中设置放映范围为"全部"。系统默认的是放映全部的幻灯片，如果有特殊的要求，在"从……到……"框中可以设置放映时的起始页码和终止页码。此外，还可以在"自定义放映"中选择只播放事先选好的一组幻灯片。

（8）在"换片方式"选项组中可以设置放映时切换幻灯片的方式。选择"如果存在排练时间，则使用它"，这样就可以按照先前每张幻灯片设定好的时间进行换片。

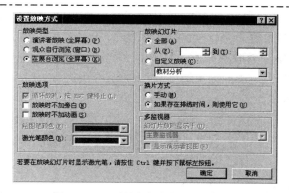

图 12.58 "设置放映方式"对话框

（9）按【F5】键开始放映后，将自动按照排练计时设定的进度播放，按【ESC】键可以退出播放。

12.4.4 幻灯片的放映

单击"幻灯片放映"选项卡"开始放映幻灯片"功能区中的"从当前幻灯片开始"  按钮，将会从当前幻灯片开始放映。单击 "从头开始" 按钮及按功能键【F5】都将会从第一张幻灯片开始放映。幻灯片的放映方式有"一般放映"和"控制放映"两种。

➤ **一般放映**：指按照预先设定的页码顺序，从第一张开始按顺序放映幻灯片，并且在放映过程中不受外界的干预。

➤ **控制放映**：一般是演讲人通过鼠标和键盘控制演示文稿内容的播放进程。

鼠标和键盘在放映幻灯片中所起作用简介如下：

① 鼠标控制：在幻灯片放映过程中，单击鼠标右键将会弹出"控制放映"快捷菜单，如图 12.59 所示。在该菜单中可以控制幻灯片的播放。

图 12.59 "控制放映"快捷菜单

➤ **上一张或下一张**：可以跳转到当前幻灯片的上一页或下一页幻灯片。

➤ **定位至幻灯片**：将会弹出下一级子菜单，对正在演示的幻灯片设置定位，这种方式比较适合篇幅较长的演示文稿。

➤ **自定义放映**：将会弹出下一级子菜单，显示已经创建好的自定义放映，选择其中一个进行放映。

➤ **屏幕**：将弹出下一级子菜单，可对屏幕效果进行设置，如黑屏，以起到吸引观众注意的作用。

➤ **指针选项**：将弹出下一级子菜单，对鼠标指针的特征进行设置。

➤ **帮助**：打开"幻灯片放映帮助"对话框，此对话框中显示了幻灯片放映导航快捷方式、排列或记录快捷方式、媒体控制快捷方式和墨迹标记快捷方式。

➤ **暂停**：暂时停止幻灯片的放映。

➤ **结束放映**：可以终止幻灯片的放映。

② 隐藏幻灯片：在演示文稿的放映过程中，针对不同的观众，可能需要播放不同的幻灯片，可以隐藏不需要播放的幻灯片，即在放映时不显示。选中要设置为隐藏的幻灯片，单击"幻

灯片放映"选项卡"设置"功能区"隐藏幻灯片"命令,即可将该张幻灯片隐藏。再次单击"隐藏幻灯片"命令可以撤销隐藏。

如果在放映过程中希望放映被设置为隐藏的幻灯片,可以在任一张幻灯片上单击鼠标右键,在弹出的快捷菜单中选择"定位至幻灯片"命令,在弹出的列表中双击设置了隐藏的幻灯片,就可以显示被隐藏的幻灯片。

12.5 添加多媒体对象

12.5.1 添加声音和音乐

1. 在幻灯片中插入剪辑库中的声音
(1)打开需要加入声音的幻灯片。

(2)单击"插入"选项卡"媒体"功能区中"音频"按钮的向下小箭头,从中选择"剪贴画音频"命令,打开如图 12.60 所示的"剪贴画"窗格。

(3)单击合适的声音图标,在幻灯片中会出现一个喇叭图标,将图标移动到合适的位置,然后将鼠标移动到它的上面,就会出现播放控制工具条,如图 12.61 所示。单击▶按钮可以播放音频文件,预览演示幻灯片时出现的效果,

图 12.60 "剪贴画"窗格　　　　图 12.61 播放控制工具条

2. 在幻灯片中插入文件中的声音
在整个演示文稿的播放过程中添加轻柔的背景音乐,可以很好地烘托氛围。

(1)选择要插入声音文件的幻灯片。

(2)单击"插入"选项卡"媒体"功能区中的"音频"按钮上向下小箭头,选择"文件中的音频"命令,打开"插入音频"对话框,选择声音文件后,单击"插入"按钮,在幻灯片中增加一个声音图标,如图 12.62 所示。

(3)该图标可以放大、缩小,还可以根据需要移到幻灯片中的任何位置。调整的方法与图片对象的调整方法相同。

（4）选中声音图标，单击"高级动画"功能区中的"动画窗格"按钮，打开"动画窗格"对话框，如图 12.63 所示。在此对话框中可以调整音频的播出顺序。

图 12.62　增加了声音图标的幻灯片　　　　图 12.63　　"动画窗格"对话框

（5）选择声音对象右侧的下拉箭头，在列表中选择"效果选项"，打开"播放音频"对话框，如图 12.64 所示。

（6）在"开始播放"选项组中选择"从头开始"单选项，在"停止播放"选项组中选择并设置"在'22'张幻灯片后"单选项，因为本演示文稿共 22 张幻灯片，这样就能在播放过程中一直播放背景音乐，否则只能在当前幻灯片中播放插入的音乐，切换到下一张时声音就停止了。

（7）在"音频工具/播放"选项的"音频选项"功能区中，将"开始"设置成"跨幻灯片播放"，选中"循环播放，直到停止"复选框，这样音频就可以一直播放了。如果播放时，不想显示声音图标，则选中"放映时隐藏"复选框，如图 12.65 所示

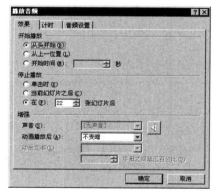

图 12.64　　"播放音频"对话框　　　　　图 12.65　　"音频选项"功能区

12.5.2　添加影片

1．插入剪辑库中的影片剪辑

Microsoft Office 提供了丰富的影片剪辑，可以制作生动的动画效果，如图 12.66 所示的项目按钮就代表内置影片剪辑，播放时出现动画效果。

（1）单击"插入"选项卡"媒体"功能区中的"视频"按钮的向下小箭头，从中选择"剪

贴画视频"命令，打开"剪贴画"任务窗格，如图 12.67 所示。

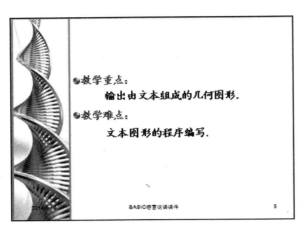

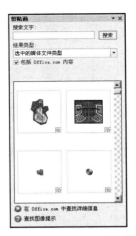

图 12.66　添加了影片剪辑的幻灯片　　　　图 12.67　　"剪贴画"任务窗格

（2）在列表框中选择要插入的影片剪辑，将插入的影片剪辑拖曳到合适的位置后再复制一个，全部选中后，用"开始"选项卡"绘图"功能区中的"排列"按钮中的"对齐"命令进行适当调整。

2．在幻灯片中插入影片文件

（1）打开需要添加影片的幻灯片。

（2）单击"插入"选项卡"媒体"功能区中的"视频"按钮的向下小箭头，从中选择"文件中的视频"选项，打开"插入视频文件"对话框，如图 12.68 所示。

（3）在对话框中选择插入视频的文件名，单击"插入"按钮。

（4）将插入的影片剪辑拖曳到合适的位置，如图 12.69 所示，单击"播放"按钮就可以观看了。

图 12.68　　"插入视频文件"对话框　　　　图 12.69　　插入影片

12.5.3　录制旁白

1．录制旁白

如果希望在幻灯片放映时有演讲者提供的声音解说，可以通过给演示文稿录制旁白的方法，把声音加进幻灯片中。

（1）选择需要录制旁白的幻灯片，单击"幻灯片放映"选项卡"设置"功能区中的"录制幻灯片演示"按钮的向下小箭头，打开"录制幻灯片演示"列表，如图 12.70 所示。

（2）单击"从头开始录制"或"从当前幻灯片开始录制"命令，打开"录制幻灯片演示"对话框，如图 12.71 所示。

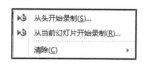

图 12.70　"录制幻灯片演示"列表

图 12.71　"录制幻灯片演示"对话框

（3）选中"旁白和激光笔"复选框，单击"开始录制"按钮。

（4）录制旁白以后，在每张幻灯片的右下角会出现一个声音图标。选中"幻灯片放映"选项卡"设置"功能区的"播放旁白"命令，在放映幻灯片时，所录制的旁白会自动播放。

2．删除幻灯片的旁白

当不再需要幻灯片的旁白时，只需在幻灯片视图中，选中图 12.70 中"清除"命令，在弹出的下级菜单中选择"清除当前幻灯片中的旁白"或"清除所有幻灯片中的旁白"选项。

3．隐藏旁白

如果希望在幻灯片放映过程中不播放旁白，而又不想删除所录制的旁白，则取消"幻灯片放映"选项卡"设置"功能区中的"播放旁白"命令就可以了。

4．给单张幻灯片录制声音

（1）打开需要录制声音的幻灯片。

（2）单击"插入"选项卡"媒体"功能区中的"音频"按钮的向下小箭头，选择"录制音频"命令，弹出"录音"对话框，如图 12.72 所示。

图 12.72　"录音"对话框

（3）声卡和麦克风安装正确后，单击"录制"按钮■开始录音，完成后单击"停止"按钮■。

图 12.73　"文件"菜单

（4）单击"播放"按钮■，播放所录制的内容，检查声音无误后，在"名称"文本框中输入声音的名称。

（5）单击"确定"按钮，返回幻灯片视图，在幻灯片中出现了一个声音图标。

12.5.4　打包幻灯片

演示文稿进行打包后，可以在没有安装 PowerPoint 的计算机上放映演示文稿。

（1）单击"文件"按钮，如图 12.73 所示。选择"保存并发送"命令，在下级菜单中选择"将演示文稿打包成 CD"选项，单击"打包成 CD"

按钮。

（2）弹出"打包成 CD"对话框，如图 12.74 所示，在此对话框中可以选择添加更多的 pptx 文档一起打包，也可以删除不打包的 pptx 文档，单击"复制到文件夹"按钮。

（3）单击"选项"按钮，打开如图 12.75 所示的"选项"对话框，选择"嵌入 TrueType"字体，以避免发生字体失真的现象。此外，还可以设置打开和修改演示文稿的密码。

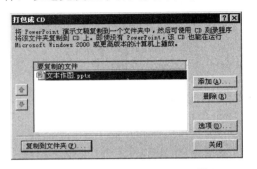

图 12.74　"打包成 CD"对话框

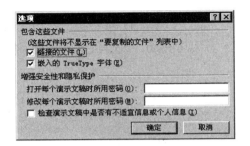

图 12.75　"选项"对话框

（4）在"打包成 CD"对话框中单击"复制到文件夹"按钮，打开"复制到文件夹"对话框，如图 12.76 所示，可以将演示文稿复制到指定位置的文件夹中。

（5）在"打包成 CD"对话框中选择"添加"按钮，在"添加文件"对话框中可以将多个演示文稿打包在一起。

（6）单击"确定"按钮后，系统会自动运行打包复制到文件夹程序，在完成之后自动弹出打包好的文件夹，其中有一个 AUTORUN.INF 自动运行文件。如果打包到 CD 光盘上，这个文件则具备自动播放功能，如图 12.77 所示。

图 12.76　"复制到文件夹"对话框

图 12.77　"说课稿 CD"文件夹

（7）将打包好的文档刻录成 CD 光盘就可以拿到没有 PowerPoint 或者 PowerPoint 版本不兼容的计算机上播放了。

　习题 12

一、选择题

1. 在 PowerPoint 2010 的幻灯片浏览视图下，不能完成的操作是（　　　）。

　　A. 调整个别幻灯片的位置　　　　　　　B. 删除个别幻灯片

　　C. 编辑个别幻灯片内容　　　　　　　　D. 复制个别幻灯片

2. 在 PowerPoint 2010 中，对于已创建的多媒体演示文档可以用（　　　）命令转移到其他未安装 PowerPoint 2010 的机器上放映。

　　A. 文件/保存　　　　　　　　　　　　B. 文件/保存并发送/将演示文稿打包成 CD

　　C. 复制　　　　　　　　　　　　　　　D. 幻灯片放映/设置幻灯片放映

3. 在 PowerPoint 2010 中，"开始"选项卡中的（　　　）可以用来改变某一幻灯片的布局。

　　A. 绘图　　　　　　B. 版式　　　　　　C. 幻灯片配色方版　　　D. 字体

4. 在 PowerPoint 2010 中，在浏览视图下，按住【Ctrl】键并拖曳某幻灯片，可以完成（　　　）操作。

　　A. 移动幻灯片　　　　B. 复制幻灯片　　　　C. 删除幻灯片　　　　D. 选定幻灯片

5. 在 PowerPoint 2010 中，在（　　　）视图中，用户可以看到画面变成上下两半，上面是幻灯片，下面是文本框，在文本框中可以记录演讲者讲演时所需的一些重点提示。

　　A. 备注页视图　　　　B. 浏览视图　　　　C. 幻灯片视图　　　　D. 黑白视图

6. 在 PowerPoint 2010 中，有关幻灯片母版中的页眉、页脚说法错误的是（　　　）。

　　A. 页眉或页脚是加在演示文稿中的注释性内容

　　B. 典型的页眉/页脚内容是日期、时间及幻灯片编号

　　C. 在打印演示文稿的幻灯片时，页眉/页脚的内容也可打印出来

　　D. 不能设置页眉和页脚的文本格式

7. PowerPoint 2010 演示文稿中是由若干个（　　　）组成。

　　A. 幻灯片　　　　B. 图片和工作表　　　　C. Office 文档和动画　　D. 电子邮件

8. 在 PowerPoint 2010 中，在空白幻灯片中不可以直接插入（　　　）

　　A. 文本框　　　　B. 超链接　　　　C. 艺术字　　　　D. Word 表格

9. 在演示文稿中，插入超链接时所链接的目标是（　　　）。

　　A. 另一个演示文稿　　　　　　　　　　B. 同一演示文稿的某一张幻灯片

　　C. 其他应用程序的文档　　　　　　　　D. 幻灯片中的某个对象

10. 要终止幻灯片的放映，可直接按（　　　）键（或组合键）。

　　A.【Ctrl+ C】　　　B.【Esc】　　　　C.【End】　　　　D.【Alt+F4】

二、上机实习

1. 针对以下文字内容新建一个演示文稿"练习一"，并按要求完成操作。

（1）第一张幻灯片以标题幻灯片版式建立。主标题输入文字："水立方"；将幻灯片中的标题文字字体设置为"楷体"；字号设置为"63"；颜色设置为"红色"，加粗；加入 Microsoft 剪辑库中的一段音乐，使它在幻灯片放映过程中自动播放。

（2）第二张幻灯片以标题和内容版式建立。标题区输入文字"水立方简介"；文字字体设置为"楷体"；字号设置为"48"；颜色设置为"红色"，加粗。

内容区输入以下文字：

➢ 阳光下晶莹的水滴；

➢ 奇妙自洁不沾尘土；

➢ "智能泡泡"反光遮阳。

文字字体设置为"华文行楷"；字号设置为"36"；颜色设置为"蓝色"，加粗；并在每个项目的后面添加一个自定义动作按钮，链接到后面相应的幻灯片。针对上面的每个项目的标题，用下面的文字内容新建若干张幻灯片，并在该部分文字的最后添加一个自定义动作按钮，单击可以返回到第二张幻灯片。

幻灯片文字内容：

➢ 阳光下晶莹的水滴

"水立方"独特的结构设计思想使它具有了别具一格的视觉效果，它的内层和外层都安装有充气的枕头，梦幻般的蓝色来自外面那个气枕的第一层薄膜，因为弯曲的表面反射阳光，使整个建筑的表面看起来像是阳光下晶莹的水滴。而如果置身于"水立方"内部，感觉则会更奇妙，进到"水立方"里面，你会看到，像海洋环境里面的一个个水泡。

➢ 奇妙自洁不沾尘土

"水立方"从建筑到结构蕴涵着极高的科技含量。它的建筑外围护采用新型的环保节能 ETFE 膜材料，覆盖面积达到 10 万平方米，是目前世界上最大的 ETFE 应用工程。它们还有奇妙的自洁功能，它们不沾附尘土，风一吹，尘土就走了。

➢ "智能泡泡"反光遮阳

对一个游泳池来说，它的热需求大于它的冷需求，"水立方"晶莹通透的结构特征不仅可以给人带来美丽的视觉感受，而且具有极高的实用性，外面的阳光可以直接进入室内，给游泳池和室内空气加热。而在夏天，"水立方"的"智能泡泡"系统可以通过不同朝向、不同密度的反光斑点，以及在内外两层泡泡之间实现互相通风的技术手段，来改变遮阳系数，降低它的冷负荷，达到低温的目的。同时，"水立方"内部的空调系统也充分考虑到了节能和环保的问题，工程设计者实现了分层空调、分区空调这样一个概念，通过技术手段来降低了"水立方"里的空调能耗。

（3）设置放映方式。给所有幻灯片中的对象设置动画效果，切换效果；设置幻灯片的放映方式为自动播放，然后观看其放映效果；设置幻灯片的放映方式为单击鼠标后播放下一个对象，观看其放映效果。

第 13 章

综合应用

学习目标

■ 能够在 Word 文档中以嵌入、链接的方式插入 Excel 工作表或图表
■ 能够在 Excel 中插入 Word 文档
■ 能够将 Word 文档和演示文稿大纲相互转换
■ 熟练掌握在演示文稿中导入图表或工作表的方法

Microsoft Office 是一个办公自动化软件的大家族，每个 Office 程序都有自己的独到之处，都是用户完成公务的得力助手，其中 Word、Excel 和 PowerPoint 更是被熟悉它们的用户称作办公软件中的"三剑客"，这 3 个软件之间既有亲缘关系，又有各自的优势和特色。通过不同软件间的协作，可以提高工作效率。

13.1　在 Word 中使用 Excel

Word 的优势在于对文字和图形的编排和修饰，虽然 Word 中也有对表格的处理，但对于处理那些有关数据统计与分析类的表格，则显得有些力不从心。在 Word 文档中插入 Excel 工作表或图表，是解决这些问题的较为完美的方法。

Word 提供了几种将 Excel 数据插入 Word 文档的方法：

➤ 将工作表或图表插入到 Word 文档中；

➤ 复制或粘贴工作表或图表到 Word 文档中。

插入的电子表格具有数据运算等功能，而粘贴的 Excel 电子表格不具有 Excel 电子表格的计算功能。

13.1.1　插入 Excel 工作表或图表

（1）打开 Word 文档，单击"插入"选项卡中"表格"功能区中的"表格"按钮，在如图 13.1 所示的列表中选择"Excel 电子表格"命令。

（2）在插入点的位置打开如图 13.2 所示的 Excel 电子表格，在工作区中输入数据，如图 13.2 所示。

（3）输入结束后，单击 Word 工作区的任意位置，退出编辑状态，生成如图 13.3 所示的表格。

图 13.1　插入"Excel 电子表格"列表

图 13.2　Excel 工作窗口

信息技术市场对比			
项目	2011年	2012年	2013年	2014年
硬件	72.4	76.3	81.6	86.4
软件	31.3	33.8	36.8	40
服务	60.2	63.9	68.7	73.6

图 13.3　Excel 表格示例

13.1.2　粘贴 Excel 电子表格

（1）打开 Excel，选中需要复制到 Word 中的数据清单区域，并复制。

（2）打开 Word，在"开始"选项卡"剪贴板"功能区中单击"粘贴"按钮下方的箭头，打开"粘贴选项"列表，如图 13.4 所示，在列表中单击"选择性粘贴"选项。

（3）打开如图 13.5 所示的"选择性粘贴"对话框，选中"形式"列表框中的"Microsoft Excel 工作表对象"选项，单击"确定"按钮，效果如图 13.6 所示。

图 13.5　"选择性粘贴"对话框

图 13.4　"粘贴选项"列表

信息技术市场对比			
项目	2011年	2012年	2013年	2014年
硬件	72.4	76.3	81.6	86.4
软件	31.3	33.8	36.8	40
服务	60.2	63.9	68.7	73.6

图 13.6　选择性粘贴后的效果图

（4）同样双击 Excel 表格可以打开 Excel 工作窗口编辑数据，单击表格外部返回 Word 文档编辑状态。

13.1.3　粘贴普通表格

如果在"粘贴选项"列表中选择"保留源格式"、"使用目标样式"、"链接与保留源格式"或"链接与使用目标格式"，就可以将 Excel 数据表作为普通表格复制过来。

13.2　在 Excel 工作表中插入 Word 文档

13.2.1　在 Excel 中新建 Word 文档

（1）在 Excel 工作表中，单击要新建 Word 文档的单元格。

（2）单击"插入"选项卡"文本"功能区中的"对象"按钮，打开"对象"对话框的"新建"选项卡，如图 13.7 所示。选择"对象类型"列表框中的"Microsoft Word 文档"选项。

图 13.7　"对象"对话框的"新建"选项卡

（3）这时 Excel 窗口的功能区已变成熟悉的 Word 窗口样式，如图 13.8 所示。在其中编辑和格式化文档，与在 Word 中基本一样。

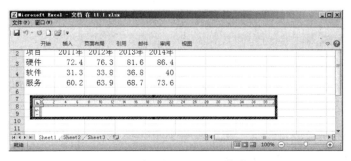

图 13.8　嵌入的 Word 文档窗口

13.2.2 在 Excel 中直接插入已存在的 Word 文档

（1）在 Excel 工作表中，单击要插入 Word 文档的单元格。

（2）单击"插入"选项卡"文本"功能区中的"对象"按钮，打开"对象"对话框的"由文件创建"选项卡，如图 13.9 所示。

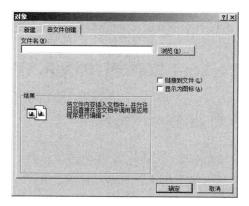

图 13.9　"由文件创建"选项卡

（3）单击"浏览"按钮，打开"浏览"对话框，在列表框中选择要插入的 Word 文档，单击"插入"按钮。选中"链接到文件"复选框，将以链接的方式插入文档。

（4）在 Excel 中单击，在工作表中将显示完整的文档内容。

注意:

双击以链接的方式插入的文档，可将 Word 源文件直接在 Word 工作窗口中打开，并可编辑和修改源文档。

13.2.3 将 Excel 数据表复制为图片

在 Excel 中选中数据表后，单击"复制"按钮，可以将数据表复制为图片让其他软件共享，这样可以最大限度地保护原始数据。

（1）选中需要复制成图片的数据表。

（2）单击"开始"选项卡"剪贴板"功能区中的"复制"按钮，在任务窗格中选择"复制为图片"命令，打开"复制图片"对话框，如图 13.10 所示。

图 13.10　"复制图片"对话框

（3）在"外观"选项栏中选择"如屏幕所示"选项，在"格式"中选择"图片"选项。

（4）打开 Office 的其他组件，用组合键【Ctrl+V】就可以把数据表的图片粘贴过去。

注意:

如果在复制图片时选择"如打印效果"，所复制的图片将不显示 Excel 自有的网格线。

13.3　PowerPoint 与其他 Office 组件的联合使用

在 PowerPoint 中也可以直接使用在其他组件中所创建的数据，例如使用 Word 创建的文档、表格，使用 Excel 制作的各种图表，甚至可以直接将 Excel 中创建的工作表中的数据添加到演示文稿中。

13.3.1　Word 文档和演示文稿大纲相互转换

（1）在 Word 窗口中，单击"文件"选项卡中的"选项"命令，选择左侧的"快速访问工具栏"，打开如图 13.11 所示"Word 选项"对话框。

（2）在"从下列位置选择命令"下拉列表项中选择"所有命令"选项。

（3）在所有命令列表框中选择"发送到 Microsoft PowerPoint"选项，单击"添加"按钮。

（4）单击"确定"按钮。可以看到，该命令已添加到快速工具栏中。

图 13.11　"Word 选项"对话框

（5）单击 按钮，即可完成 Word 文档和演示文稿大纲相互转换。

13.3.2　在演示文稿中嵌入 Word 文档

通过"发送"命令不仅可以将 Word 文档转换成演示文稿，还可以将 Word 文档内容作为对象插入到幻灯片中。

（1）在 PowerPoint 的演示文稿中选定一张幻灯片。

（2）单击"插入"选项卡中"文本"功能区中的"对象"按钮，打开"插入对象"对话框，如图 13.12 所示。

（3）选中"由文件创建"单选框，单击"浏览"按钮，打开"浏览"对话框，找到要插入的 Word 文档，效果如图 13.13 所示。

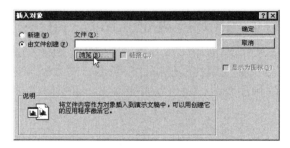

图 13.12　"插入对象"对话框

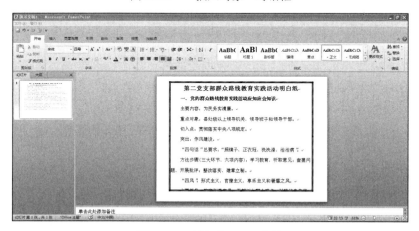

图 13.13　插入的 Word 文档

13.3.3　将 Excel 图表插入到幻灯片中

（1）打开一个已有的演示文稿，插入一张幻灯片，输入标题。

（2）单击"插入"选项卡"插图"功能区中的"图表"按钮，打开"插入图表"对话框，如图 13.14 所示，选择需要的图表类型。

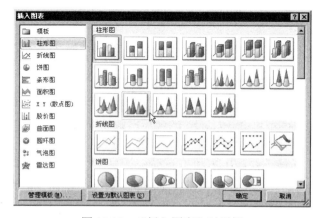

图 13.14　"插入图表"对话框

（3）单击"确定"按钮，自动打开 Excel 窗口，在表格中输入及编辑生成图表的数据，就可以在幻灯片中插入图表。

习题 13

一、单选题

（1）在 Word 2010 中使用标尺可以直接设置段落缩进，标尺顶部的三角形标记代表（　　）。

  A．首行缩进   B．悬挂缩进   C．左缩进   D．右缩进

（2）当一页内容已满，而文档文字仍然继续被输入，Word 将插入（　　）。

  A．硬分页符   B．硬分节符   C．软分页符   D．软分节符

（3）Word 在表格计算时，对运算结果进行刷新，可使用以下哪个功能键？（　　）

  A．【F8】键   B．【F9】键   C．【F5】键   D．【F7】键

（4）下列不属于"行号"编号方式的是（　　）。

  A．每页重新编号 B．每段重新编号 C．每节重新编号 D．连续编号

（5）在 Word 2010 中，在文档中选取间隔的多个文本对象，应该按下（　　）键（或组合键）。

  A．【Alt】   B．【Shift】   C．【Ctrl】   D．【Ctrl+Shift】

（6）在 Word 表格中，若要计算某列的总计值，可以用到的统计函数为（　　）。

  A．SUM   B．TOTA   C．AVERAGE   D．COUNT

（7）目录可以通过哪个选项插入？（　　）

  A．插入   B．页面布局   C．引用   D．视图

（8）在某行下方快速插入一行时最简便的方法是将光标置于此行最后一个单元格的右边，按（　　）键。

  A．【Ctrl】   B．【Shift】   C．【Alt】   D．【回车】

（9）格式刷的作用是用来快速复制格式，其操作技巧是（　　）。

  A．单击可以连续使用   B．双击可以使用一次

  C．双击可以连续使用   D．右击可以连续使用

（10）下列哪项不属于 Word 2010 的文本效果？（　　）

  A．轮廓   B．阴影   C．发光   D．三维

（11）在 Excel 2010 中，打开"单元格格式"的组合键是（　　）。

  A．【Ctrl+Shift+E】 B．【Ctrl+Shift+F】 C．【Ctrl+Shift+G】 D．【Ctrl+Shift+H】

（12）在单元格输入下列哪个值，该单元格显示 0.3？（　　）

  A．6/20   B．=6/20   C．"6/20"   D．="6/20"

（13）下列函数中，能对数据进行绝对值运算的是（　　）。

  A．ABS   B．ABX   C．EXP   D．INT

（14）在 Excel 2010 中，如果给某单元格设置的小数位数为 2，则输入 100 时显示（　　）。

  A．100.00   B．10000   C．1   D．100

（15）给工作表设置背景，可以通过下列哪个选项卡完成？（　　）

  A．"开始"选项卡   B．"视图"选项卡

  C．"页面布局"选项卡   D．"插入"选项

（16）以下关于 Excel 2010 的缩放比例，说法正确的是（　　）。

  A．最小值 10%，最大值 500%   B．最小值 5%，最大值 500%

C. 最小值 10%，最大值 400%　　　　　　D. 最小值 5%，最大值 400%

（17）已知在单元格 A1 中存有数值 563.68，若输入函数=INT(A1)，则该函数值为（　　）。

　　A. 563.7　　　　　　B. 563.78　　　　　　C. 563　　　　　　D. 563.8

（18）在 Excel 2010 中，仅把某单元格的批注复制到另外单元格中，方法是（　　）。

　　A. 复制原单元格，到目标单元格执行粘贴命令

　　B. 复制原单元格，到目标单元格执行选择性粘贴命令

　　C. 使用格式刷

　　D. 将两个单元格链接起来

（19）在 Excel 2010 中，如果要改变行与行、列与列之间的顺序，应按住（　　）键不放，结合鼠标进行拖曳。

　　A. 【Ctrl】　　　　　　B. 【Shift】　　　　　　C. 【Alt】　　　　　　D. 空格

（20）在 Excel 2010 中，最多可以按多少个关键字排序？（　　）

　　A. 3　　　　　　B. 8　　　　　　C. 32　　　　　　D. 64

（21）在 A1 和 B1 中分别有数字 12 和 34，在 C1 中输入公式 "=A1&B1"，则 C1 中的结果是（　　）。

　　A. 1234　　　　　　B. 12　　　　　　C. 34　　　　　　D. 46

（22）PowerPoint 2010 文档的扩展名为（　　）。

　　A. pptx　　　　　　B. potx　　　　　　C. ppzx　　　　　　D. ppsx

（23）在 PowerPoint 文档中能添加下列哪些对象？（　　）

　　A. Excel 图表　　　　　　B. 电影和声音　　　　　　C. Flash 动画　　　　　　D. 以上都对

（24）超链接只有在下列哪种视图中才能被激活？（　　）

　　A. 幻灯片视图　　　　　　B. 大纲视图　　　　　　C. 幻灯片浏览视图　　　　　　D. 幻灯片放映视图

（25）在幻灯片浏览视图中，哪项操作是无法进行的操作？（　　）

　　A. 插入幻灯片　　　　　　　　　　　　B. 删除幻灯片

　　C. 改变幻灯片的顺序　　　　　　　　　D. 编辑幻灯片中的占位符的位置

（26）在 PowerPoint 2010 中，从当前幻灯片开始放映的组合键是（　　）。

　　A. 【F2】　　　　　　B. 【F5】　　　　　　C. 【Shift+F5】　　　　　　D. 【Ctrl+P】

（27）当双击某文件夹内一个 PowerPoint 文档时，就直接启动该 PowerPoint 文档的播放模式，这说明（　　）。

　　A. 是 PowerPoint 2010 的新增功能　　　B. 在操作系统中进行了某种设置操作

　　C. 该文档是 ppsx 类型，是属于放映类型文档 D. 以上说法都对

（28）在幻灯片母版设置中，可以起到以下哪方面的作用？（　　）

　　A. 统一整套幻灯片的风格　　　　　　　B. 统一标题内容

　　C. 统一图片内容　　　　　　　　　　　D. 统一页码

（29）在 PowerPoint 2010 中，在以下哪一种母版中插入徽标可以使其在每张幻灯片上的位置自动保持相同？（　　）

　　A. 讲义母版　　　　　　B. 幻灯片母版　　　　　　C. 标题母版　　　　　　D. 备注母版

（30）在 PowerPoint 2010 中的段落对齐有几个种类？（　　）

　　A. 3　　　　　　B. 4　　　　　　C. 5　　　　　　D. 6

（31）在 PowerPoint 2010 中，快速复制一张幻灯片，组合键是（　　）。

　　A. 【Ctrl+C】　　　　　　B. 【Ctrl+X】　　　　　　C. 【Ctrl+V】　　　　　　D. 【Ctrl+D】

（32）在幻灯片视图窗格中，要删除选中的幻灯片，不能实现的操作是（　　）。

A．按【Delete】键　　　　　　　　　　　B．按【BackSpace】键

C．选择右键菜单中的"隐藏幻灯片"命令　　D．选择右键菜单中的"删除幻灯片"命令

（33）在 PowerPoint 2010 母版有几种类型？（　　）

A．3　　　　　　　　B．4　　　　　　　　C．5　　　　　　　　D．6

（34）在 PowerPoint 2010 中，如果暂时不想让观众看见一组幻灯片中的几张，最好使用什么方法？（　　）

A．隐藏这些幻灯片　　　　　　　　　　　B．新建一组不含这些幻灯片的演示文稿

C．删除这些幻灯片　　　　　　　　　　　D．自定义放映方式时，取消这些幻灯片

（35）幻灯片中的占位符的作用是（　　）。

A．表示文本的长度　　　　　　　　　　　B．限制插入对象的数量

C．表示图形的大小　　　　　　　　　　　D．为文本、图形预留位置

（36）在 PowerPoint 2010 中，默认的视图模式是（　　）。

A．普通视图　　　　B．阅读视图　　　　C．幻灯片浏览视图　　　　D．备注视图

二、上机操作

1．新建一篇文档，按以下要求操作。

（1）设置页面为 16 开，页边距为上、下、左、右均为 2 厘米。

（2）按要求输入下列文字，不能有错字。

中国红十字会

中国红十字会是中华人民共和国统一的红十字组织，是从事人道主义工作的社会救助的团体，是国际红十字运动的成员。中国红十字会以发扬人道、博爱、奉献精神，保护人的生命和健康，促进人类和平进步事业为宗旨。中国红十字会遵守国家宪法和法律，遵循国际红十字运动基本原则（人道、公正、中立、独立、志愿服务、统一、普遍），依照日内瓦公约及其附加议定书、《中华人民共和国红十字会法》和《中国红十字会章程》，独立自主地开展工作。中国红十字会根据独立、平等、互相尊重的原则参加国际红十字运动，发展同有关国际组织和各国红十字会或红新月会的友好合作关系。

（3）将输入的第二段文字，复制三次。

（4）将第一段的"中国红十字会"作为标题，格式设置为居中对齐、黑体、三号字，加下画线，颜色为红色。

（5）除标题外全文文字设置为楷体、小四号字，1.5 倍行距，将文中所有"红十字会"文字的颜色设为红色。

（6）第一段悬挂缩进 2 字符，行距为固定值 18 磅。给第一段段落加黄色底纹。

（7）第二段首行缩进 2 字符，右对齐，段前距 1 行，段后距 1 行。第二段文字加边框。

（8）将第三段进行分栏，分三栏，栏宽相等，加分隔线。

（9）在文档中插入剪贴画"医院"，按如下要求进行设置。

➢ 图片大小：取消锁定纵横比，高度 2 厘米，宽度 3 厘米。

➢ 图片加上实线边框，边框颜色为蓝色，粗细为 3 磅。

➢ 图片设为四周型环绕

➢ 图片位置：水平距页面 9 厘米，垂直距页面 13.2 厘米。

（10）在图片上插入一个文本框，文本框中写入文字"红十字会"。

➢ 文字为楷体、二号字，红色。水平居中。

➢ 文本框大小：高 1.5 厘米；宽 3 厘米。

➢ 文本框位置：水平距页面 12.5 厘米；垂直距页面 14.5 厘米。

➢ 文本框设置为绿色填充、蓝色边框线条。

> 环绕方式为：四周型。

（11）添加页眉"中国红十字会"格式为隶书、五号字、居中，页脚插入页码格式为中文大写。

（12）给第一段的"中国红十字会"6 个字加上批注"国内历史最悠久的人道组织"。

（13）表格操作，在文档后面空二行操作。

> 按样图绘制表格，并输入相应的文字，文本设置为宋体、五号字、中部居中。

> 设置表格外框线为粗线：1.5 磅；内框线为细线：0.5 磅。

河北省统一评标专家库评标专家在线报名确认表

姓名		性别		文化程度		
曾用名		民族		健康状况		
出生年月		政治面貌		籍贯		
外语语种		外语程度		专家证号		账片
身份证号		毕业学校				
所学专业		最高学位				
从事专业		职称				
工作单位		职务		是否院士		
单位归属		单位所属行业		是否公务员		
单位地址				是否退休		
单位电话		单位传真		家庭电话		
E-mail		手机		所属地区		

2．打开素材资料包中的 Excel.xls 文件，进行如下操作（第（2）～（7）题在 Sheet1 进行操作）。

（1）删除工作表 Sheet4 和 Sheet5，将区域 A2:E11 的数据复制到 Sheet3 的 B2:F11 区域，并将工作表 Sheet3 重命名为"原始数据"。

（2）用公式计算离差（离差=身高-平均身高），结果保留二位小数，数据格式设为左对齐。

（3）将标题格式改为"黄色"、"16 号"字、双下画线、红色底纹、跨列居中。

（4）将 A2:F13 区域加黑色粗外边框线、细内边框线；字段名下边线为双线、蓝色。

（5）将身高、离差、体重列设置为最适合的列宽，并将第 2～13 行的行高设为 19。

（6）将表格数据按胸围升序排列，胸围相同时体重轻的排在后面（"平均"身高所在行不参与排序）。

（7）用函数计算身高、体重的平均值；在 C15 单元格内输入日期：2004 年 9 月 1 日，设置前景为白色、背景为蓝色。

（8）在 Sheet2 中，筛选出所有男生中身高大于 170cm，体重超过 58 公斤的所有记录，并保留筛选标志。

3．打开"文件素材"PPT 文件，进行以下操作。

（1）将所有幻灯片的切换效果更改为"形状"、风铃的声音、每隔 3 秒换片。

（2）将第一张幻灯片的标题文本设置为华文行楷、30 磅字、加粗、有阴影，蓝色。其他文本设置为方正舒体、20 磅字、绿色。

（3）将所有幻灯片的标题区动画效果设置为"旋转"，速度为中速，按字母发送，在上一动画之后自动启动动画效果。将其余幻灯片文本的动画效果设置为"展开"，速度为快速，整体发送，在上一动画之后自动启动动画效果。

（4）将第一张幻灯片中的四项内容与相应的幻灯片建立超链接。

（5）在第一张幻灯片中插入音频文件"音频素材"。播放方式为循环播放，幻灯片放映时隐藏声音图标。

（6）在第三张幻灯片中插入链接到第一张和前一张幻灯片的动作按钮。

（7）在第五张幻灯片中插入视频文件"视频素材"，播放方式为自动播放。